中国海洋大学一流大学建设专项经费资助
教育部人文社会科学重点研究基地中国海洋大学海洋发展研究院资助

海洋治理
与中国的行动（2023）

OCEAN GOVERNANCE AND ACTION OF CHINA (2023)

金永明／主编

李大陆／执行主编

社会科学文献出版社
SOCIAL SCIENCES ACADEMIC PRESS (CHINA)

论海洋秩序与海洋规则的演进
（代序）*

金永明**

随着人类依赖海洋程度的加深，海洋的空间及资源的开发权、利用权成为各国竞相争夺的对象。如何合理地开发和利用海洋的空间及资源，实现有效利用海洋和公平正义目标，就需要对海洋秩序予以规范和维护。其中，海洋规则就是维护海洋秩序、实现海洋可持续发展的重要手段，也是我国建设海洋强国的重要保障。

实际上，维护海洋秩序的规则基础已由传统的海洋自由原则（绝对自由）、适当顾及原则（相对自由）发展到共同体原理（海洋综合性管理）。同时，控制海洋的方式和能力已由武力（硬实力）发展到规则（软实力）和责任，以实现控制海洋、利用海洋到保护海洋的目标升华，目的是使海洋更具开放性、包容性和可持续性。笔者认为，海洋秩序与海洋规则具有相互促进和提升的关系。

第一，海洋秩序的基础。海洋秩序的基础是海洋自由，即海洋对所有人开放，禁止私人占有及分割。这是从海洋的本质、功能和万民法等视角得出的结论，以发挥人类生存所需和各地物产的比较优势，实现人员交往、物资运输交换目标。而维持海洋交流交往的主要方式是军事威慑，以实现排他性用海、独享资源并获取暴利性经济目标，所以，传统海权具有垄断性和军

* 本文以《论海洋秩序与海洋规则的演进》为题，原载《中国海洋大学学报（社会科学版）》2023 年第 5 期。

** 金永明，中国海洋大学国际事务与公共管理学院教授、博士生导师，中国海洋大学海洋发展研究院高级研究员。

事性。

第二，海洋秩序的变化。针对雨果·格劳秀斯（Hugo Grotius）的海洋自由论，为维护英国对沿岸海域的控制尤其是确保国内法对有关渔业活动的规范得到实施，使英国对海洋的控制正当化，约翰·塞尔登（John Selden）提出了"领有海洋"的观点，即沿海国对海洋的控制可到武力或武器所及范围，这可以说是"领海制度"的萌芽。

第三，海洋秩序的规范。为使海洋行为、海洋活动有序化、规范化和可预见，需要制定海洋规则（海洋法），以维护和确保海洋秩序。海洋法的历史由来已久，主要内容是从适用于海上通商关系的罗德法（Lex Rhodia）发展起来的。现今，国际海洋法中最具代表性的成文法（狭义海洋法）为1958年的"日内瓦海洋法公约"体系（四个公约+《关于强制解决争端的任意签字议定书》）和1982年的《联合国海洋法公约》体系（正文+九个附件+2个执行协定）。在其关系上，《联合国海洋法公约》是对"日内瓦海洋法公约"的继承和发展；在其适用上，《联合国海洋法公约》优于"日内瓦海洋法公约"（见第311条第1款）。

第四，海洋法的内容。《联合国海洋法公约》体系主要包括三个方面的内容：（1）对各种不同属性海域（如领海、群岛水域、毗连区、专属经济区和大陆架、公海、国际海底区域等）的规范，包括海域的地位、沿海国和其他国家的权利和义务。（2）对海洋各种功能性事项（如用于国际航行的海峡、海洋渔业、海洋科学研究、海洋环境的保护和保全、海洋技术的发展和转让）的规范。（3）对海洋各种类型争端的解决制度，即海洋争端解决机制（如第15部分、附件5-8）。此外，《联合国海洋法公约》体系内设机构（如大陆架界限委员会、国际海底管理局、国际海洋法法庭）制定的制度和规范（裁决）；《联合国海洋法公约》体系外机构（如国际海事组织、联合国教科文组织）作出的决议和制定的制度，以及国际性争端解决机构的判决和裁决、各国的实践等。它们构成广义海洋法的重要组成部分。

事实上，《联合国海洋法公约》自1982年制定以来，已有40余年的历程，从批准加入《联合国海洋法公约》的国家（含欧盟）数量（169个）

以及各国对它的态度看，它已成为国际社会普遍遵守的重要规则，即多数规则已成为习惯法规范，成为规范海洋事务的权威性、框架性的法律文书。

第五，海洋法的实施。要使国际法包括海洋法内容在国际社会得到遵守，需要将海洋法内容融入各国国内海洋法中并诚意履行，以便得到贯彻和发展。例如，《维也纳条约法公约》第 26 条规定，凡有效之条约对其各当事国有拘束力，必须由各该国善意履行；《联合国海洋法公约》第 300 条规定，缔约国应诚意履行根据本公约承担的义务并应以不致构成滥用权利的方式，行使本公约所承认的权利、管辖权和自由。

此外，《维也纳条约法公约》第 27 条规定，一当事国不得援引其国内法规定为理由而不履行条约。即国内法的规定不能优先于条约，或称为"禁止援引国内法原则"。换言之，通过吸收或转换的方式制定的国内海洋法应符合国际海洋法的内容，包括原则和制度，否则不具有对抗性。应该说，《联合国海洋法公约》规范的原则和制度得到了较好的遵守并发挥了应有的作用。这是值得肯定的。

第六，海洋法的保障。尽管《联合国海洋法公约》是综合和全面地规范海洋事务的法律文书，也取得了较好的实施效果，但不可避免的是它也存在一些缺陷，包括在谈判审议过程中受到理念、利益、技术、政治妥协及一揽子交易等因素的限制，所以不可能完美。这些缺陷使得在实践中呈现分歧和对立。对此，《联合国海洋法公约》存在保障性或预备性规定。

例如，对于未予规定的事项，《联合国海洋法公约》"前言"指出，各缔约国确认本公约未予规定的事项，应继续以一般国际法的规则和原则为准据；对于法院或法庭应适用的国际法，第 293 条第 1 款规定，根据本节（导致有拘束力裁判的强制程序）具有管辖权的法院或法庭应适用本公约和其他与本公约不相抵触的国际法规则；对于专属经济区内未予归属的权利而产生的冲突，第 59 条规定，这种冲突应在公平的基础上参照一切有关情况，考虑到所涉利益分别对有关各方和整个国际社会的重要性，加以解决。这些条款内容为解决未予规定的事项提供了方向和指针，对于国家间争端或冲突的解决，具有保障作用。

第七，海洋法的发展。从海洋法的发展历程看，为实现《联合国海洋法公约》的普遍化进程，消除公海渔业资源因过度捕捞导致衰弱、枯竭等现象，以及随着科技的发展和加强对海洋生物多样性的保护，国际社会制定了《关于执行〈联合国海洋法公约〉第十一部分的协定》（简称"第十一部分执行协定"）、《执行1982年12月10日〈联合国海洋法公约〉有关养护和管理跨界鱼类种群和高度洄游鱼类种群之规定的协定》（简称"跨界鱼类执行协定"），以及新近通过的《〈联合国海洋法公约〉下国家管辖范围以外区域海洋生物多样性的养护和可持续利用协定》（简称《BBNJ协定》），以实现保护海洋多重、多种法益目标。

可见，海洋法特别是《联合国海洋法公约》，是一部动态和持续发展的法律文书，以实现为海洋建立一种法律秩序，以及和平、有效利用海洋，养护海洋生物资源，保护、保全海洋环境目标。

第八，海洋法与中国。全国人民代表大会常务委员会于1996年5月15日通过了关于批准《联合国海洋法公约》的决定，于1996年6月7日向联合国秘书长提交了批准书，自1996年7月7日起《联合国海洋法公约》对我国生效。为履行《联合国海洋法公约》义务，我国依据其原则和制度制定了多部涉海法律和规章，形成了中国海洋法制度体系，对于丰富和发展国际海洋法有一定的贡献。

目前中国海洋法制度中与安全有关的条款内容（如军舰在领海内的无害通过须事先许可或通知、对毗连区内的安全事项具有管辖权的规定）、针对"历史性权利"主张和"管辖海域"范围或种类等方面的内容，也存在不同的解释性分歧和对立，我国需要补充制定涉海有关的法律和规章，以增进理解，为维护海洋秩序作出贡献。

目　录

第三部分　福岛核污染水治理研究

第四部分　国际与区域海洋综合治理

第一部分
全球海洋治理理论

"海洋命运共同体"的国际法意涵：
理念创新与制度构建*

姚　莹**

摘　要：　以1982年《联合国海洋法公约》为核心的国际海洋法在制度
设计上存在不足，无法满足全球海洋治理的现实需求，国际
社会需要新的理念以及在新理念指导下制定新的制度来完善
与发展国际海洋法。"海洋命运共同体"理念是完善与发展
国际海洋法所需要的理念创新的中国方案。"海洋命运共同
体"理念的内涵包括"海洋安全共同体""海洋利益共同体"

　* 本文系国家社科基金新时代海洋强国建设研究专项"人类命运共同体理念下中国促进国际
海洋法治发展研究"（18VHQ001）和国家社科基金一般项目"南海诸岛适用大陆国家远洋
群岛制度的实证法基础及路径研究"（17BFX215）的阶段性成果。本文原载《当代法学》
2019年第5期。
** 姚莹，法学博士，吉林大学法学院教授。

"海洋生态共同体""海洋和平与和谐共同体"。在"海洋命运共同体"理念的指引下，国际社会应通过明确海上安全制度、制定国家管辖外海域开发制度、完善国家管辖外海洋生态环境保护制度以及丰富和平解决海洋争端制度的方式来完善与发展国际海洋法，推动国际海洋法治向更加公正合理的方向发展。

关键词： 海洋命运共同体　人类命运共同体　国际海洋法　《联合国海洋法公约》

海洋对于人类的生存与发展具有重要意义，海洋不仅属于沿海国，它还属于全人类。[①] 伴随着"21世纪是海洋世纪"共识的形成，作为"自私的、理性的行为体"的国家[②]纷纷加强对海洋的控制与开发利用。尽管作为国际海洋法最重要组成部分的《联合国海洋法公约》（以下简称《公约》）是在当时的历史条件下所能取得的最好结果，但由于它是国际政治斗争与各方利益妥协的结果，不可避免地在创设及分配海洋权益方面存在制度设计的不足，从而引发了全球范围内的"蓝色圈地运动"，《公约》本身对解决这一问题却无能为力。

为克服以《公约》为代表的国际海洋法在制度设计上的不足，国际社会需要新的理念以及在新理念指导下构建新的制度来完善与发展国际海洋法。在此背景下，2019年4月23日，习近平在青岛集体会见应邀出席中国人民解放军海军成立70周年多国海军活动的外方代表团团长时正式提出了

[①] 在全世界近200个国家和地区中，有150个国家的领土直接与海洋相连，被称为"沿海国"。参见张海文编著《〈联合国海洋法公约〉与中国》，五洲传播出版社，2014，第6~7页。

[②] Robert O. Keohane, "Institutional Theory and the Realist Challenge after the Cold War," in David A. Baldwin (ed.), *Neorealism and Neoliberalism: The Contemporary Debate*, New York: Columbia University Press, 1993, pp. 269-300.

"海洋命运共同体"的理念，① 作为"人类命运共同体"理念的重要组成部分，这是中国参与全球海洋治理的基本立场与方案。本文立足于探究"海洋命运共同体"理念的国际法意涵，从考察国际海洋法发展面临的困境及成因入手探讨进行国际海洋法理念创新的必要性，通过剖析"海洋命运共同体"理念的内涵指出该理念与完善和发展国际海洋法的现实需要相契合，并以此为基础对未来国际海洋法的制度构建提出中国方案。

一 理念创新：国际海洋法发展的现实需要

国际社会普遍认识到，建立和完善国际海洋秩序对于人类和平利用和保护海洋具有重要意义，因此国际海洋法成为国际法诸多部门中发展最为迅速的部门之一。但是在其发展过程中，也面临着诸多亟待解决的问题。

（一）国际海洋法发展面临的困境

根据《国际法院规约》第 38 条②，国际法的主要渊源可归结为三种：条约、习惯国际法和为各国承认的一般法律原则。作为国际法的一个部门法，国际海洋法的渊源主要体现为条约和习惯国际法，③其面临的困境主要体现在如下两个方面。

第一，作为普遍规则的习惯国际法在全球海洋治理过程中的作用非常有限。习惯国际法的作用随着《公约》的诞生而被削弱，并且证明一项习惯国际法存在的标准不明确进一步影响了其作用。《公约》在序言中就明确了其宗旨，即"在妥为顾及所有国家主权的情形下，为海洋建立一种法律秩序"。因此《公约》体系庞大，分为序言、正文、9 个附件及 2 个执行协定，

---

① 《习近平谈治国理政》第 3 卷，外文出版社，2020，第 463 页。

② 《国际法院规约》第 38 条规定了国际法院在处理案件时应当依据的国际法规范，该条被视为国际法各种渊源存在的权威说明。

③ 由于一般法律原则在国际海洋法渊源意义上界定存在一定的困难，适用上也有严格的限定条件，因此不在本文讨论范围之内。

其中正文共 17 个部分 320 个条款，其虽然包含了大量的制度创新，但更是对普遍承认的海洋习惯法的编纂。虽然《公约》在序言中同时承认其"未予规定的事项，应继续以一般国际法的规则和原则为准据"，但存在于《公约》体系之外的、被各国所普遍接受的海洋习惯法的范围是比较有限的，无法满足构建稳定的国际海洋法律秩序、治理全球海洋的现实需要。

第二，被誉为"世界海洋宪章"的《公约》在全球海洋治理中的作用被过分高估。作为国际政治斗争与各方利益妥协的结果，《公约》不可能为世界海洋确立全方位的法律秩序，也不可能保证每一个条款都清晰准确，否则《公约》很难被通过。有学者认为，《公约》的制定过程是一种"联合国贸易和发展会议模式"（UNCTAD），77 国集团同由发达国家和工业化国家组成的统一战线相互对立，它们都在致力于就规范海洋空间的利用所引起的竞争和冲突制定新的理性的秩序。① 而实力不均的国家在平等的基础上的合作，不能满足各自的利益诉求，这在海洋法领域表现得尤其明显。② 因此，《公约》作为这两种类型的国家妥协的产物，带有先天不足。

首先表现为在某些重要领域存在制度缺失。例如，《公约》中大陆国家洋中群岛制度的缺位。在第三次联合国海洋法会议上，以斐济、印度尼西亚、毛里求斯和菲律宾四国为代表的群岛国积极推动制定有关群岛的特殊制度来保护它们的海洋权益，得到了相当多的支持。同时，一些拥有洋中群岛的大陆国家主张，在构成国家的群岛与属于大陆国家的洋中群岛之间不应有差别，③ 要求在《公约》中引入大陆国家洋中群岛制度。由于海洋大国强烈的反对，那些声称洋中群岛问题应该被合理解决的国家被迫让步，所以《公约》第四部分仅适用于群岛国，大陆国家洋中群岛制度没有被规定。

---

① Lennox F. Ballah：《国家利益与建立理性的海洋秩序》，邢永峰译，载傅崐成等编译《弗吉尼亚大学海洋法论文三十年精选集（1977-2007）》（第一卷），厦门大学出版社，2010，第206~207 页。

② 〔美〕路易斯·亨金：《国际法：政治与价值》，张乃根、马忠法、罗国强、叶玉、徐珊珊译，张乃根校，中国政法大学出版社，2005，第159~160 页。

③ H. W. Jayewardene, *The Regime of Islands in International Law*, The Hague: Martinus Nijhoff Publishers, 1990, pp.140-142.

其次表现为条款规定上的模糊。例如，被视为"海洋领域新世界秩序的支柱之一"① 的《公约》争端解决机制具有"整体上的强制性、解决方法上的选择性以及适用范围上的不完整性"② 的特点，其中，"强制性"是其最重要的特征。然而，《公约》规定的强制性争端解决机制自身的模糊规定，加之缺乏一致的判断标准，致使在适用导致有拘束力裁判的强制程序时，门槛不一致，结果不一致。③

（二）国际海洋法发展困境的成因

有学者认为，以《公约》为代表的现代海洋法律秩序④的形成受到三个因素的影响：科技进步、传统法律无法满足沿海国在利用海洋资源上的考量以及大量发展中国家的涌现。⑤ 如果深入剖析就会发现，这三个因素背后体现的是几对矛盾的共同作用。

第一，海洋强国与其他沿海国之间的矛盾。这对矛盾体现了国际海洋法发展中的传统张力⑥：沿海国出于安全与资源开发利用的考量，希望主张更大的管辖海域，所以传统海洋法上的领海与公海两分法瓦解，公海的范围缩

---

① A. O. Adede, "Settlement of Disputes Arising under the Law of the Sea Convention," *American Journal of International Law* 69 (1975): 798.

② 高健军：《〈联合国海洋法公约〉争端解决机制研究》（修订版），中国政法大学出版社，2014，第 7 页。

③ 典型例子就是《公约》第 281 条、第 282 条、第 283 条、第 286 条、第 288 条、第 297 条和第 298 条规定上的模糊导致解释上的分歧，而这是确立《公约》附件七之下强制仲裁的前提条件。甚至有学者认为《公约》中的限制和例外规定以及规定的模糊性使强制性争端解决机制的实际效果与传统的以合意为基础的争端解决方式相当。参见 Gilbert Guillaume, "The Future of International Judicial Institutions," *International & Comparative Law Quarterly* 44 (1995): 848.

④ 鉴于习惯国际法在全球海洋治理过程中的作用非常有限，故下文论述主要围绕《公约》展开。

⑤ S. Bateman, D. R. Rothwell, and D. Vanderwaag, "Navigational Right and Freedoms in the New Millennium: Dealing with 20th Century Controversies and 21st Century Challenges," in D. R. Rothwell and S. Bateman (eds.), *Navigational Right and Freedoms and the New Law of the Sea*, Hague/Boston: Martinus Nijhoff Publishers, 2000, p. 314.

⑥ Louis B. Sohn, Kristen Gustafson Juras, John E. Noyes, and Erik Franckx, *Law of the Sea in a Nutshell*, 2nd ed., St. Paul, MN: West Publishing, 2010, pp. 516-517.

小，沿海区域扩展以及沿海国在这些区域内权力扩张；海洋强国基于其对海洋的控制能力上的优势，热衷于保护它们的航线，主张几乎不受限制的航行自由的权利，并通过《公约》的制度设计限制沿海国在管辖海域的权利。正如有学者形容的那样，海洋法的发展始终受到两种力量的影响，即由海洋吹向陆地的自由之风与陆地吹向海洋的统治之风。①

第二，发达国家与发展中国家之间的矛盾。《公约》第十一部分国际海底区域（以下简称"区域"）制度立足于全人类利益的同时充分考虑发展中国家的利益和要求，通过为海洋资源的勘探和开发提供一个更为公平的制度，从而使人类在最后的资源领域能够进行更好的管理和调整。② 但是，以美国为首的大多数发达国家对此表示强烈不满，一直采取不参加《公约》的态度。为了争取发达国家的批准，发展中国家作出了巨大让步，于1994年7月28日签订了实质上修正《公约》第十一部分的《关于执行海洋法公约第十一部分的协定》，重新平衡了发达国家与发展中国家之间的利益。

第三，沿海国家与非沿海国家之间的矛盾。《公约》不仅赋予了沿海国极大的海洋管辖权，也顾及了地理不利国和内陆国的利益，为广大非沿海国设置了许多海洋权利，例如利用公海的权利以及船舶悬挂其国旗的权利等。③ 引人注意的是，《公约》在"专属经济区"部分也引入了非沿海国的权利：在公平的基础上，参与开发同一分区域或区域的沿海国专属经济区的生物资源的适当剩余部分的权利，同时考虑到所有有关国家的相关经济和地理情况。④ 由于主动权掌握在沿海国手里，所以这些规定在实践中并未得到广泛执行。

这几对矛盾主要体现了两种类型国家截然不同的发展理念，它们的相互

① R. P. Anand, *Origin and Development of the Law of the Sea*：*History of International Law Revisited*, Hague：Martinus Nijhoff Publishers, 1983, pp. 89–91.

② 〔牙买加〕Kenneth Rattray：《确保普遍性接受：工业国家与发展中国家间利益的平衡》，黄洵译，载傅崐成等编译《弗吉尼亚大学海洋法论文三十年精选集（1977–2007）》（第一卷），厦门大学出版社，2010，第366页。

③ 《公约》第87条和第90条。

④ 《公约》第69条第1款和第70条第1款。

作用塑造了国际海洋法的特征，也在某种程度上构成了阻碍国际海洋法发展的内在原因。

（三）完善与发展国际海洋法需要理念创新

《公约》把原本自然一体的海洋人为地分割为许多不同区域，忽视了海洋作为"共有物"的本质属性，[①] 其制度设计也是前述两种不同类型的国家围绕"共有物"的外部界限的确定而进行博弈的结果。与其他领域相比，以国家主权为导向的传统思维方式与以共同体为导向的现代思维方式之间的紧张与冲突已经成为国际海洋法领域构建法律制度的前沿阵地。但是自利主义至少在法律层面上已经占了上风，海洋法律制度仍然主要适用"人人为我"原则。[②]

国家有时认识到自身的国家利益存在于共同体利益之中，但是其关注的重点也仅限制存在竞争关系的他国利益上。[③] 从 20 世纪后半叶开始，国家开始关注共同利益，而不仅仅是自身利益，国际法具有了"合作"的属性。但是这种转变实质上反映了国家间的合作主要是为了自身利益，而非为了共同体的利益或单个人的利益。[④]

完善与发展海洋法要回归海洋作为"共有物"的本质特征，超越零和博弈思维，立足真正意义上的共同体理念。随着海洋对国家的重要程度不断提升，不同海洋法律制度间的冲突可能会愈演愈烈，而诸如"礼让"以及

---

① 〔美〕路易斯·亨金：《国际法：政治与价值》，张乃根、马忠法、罗国强、叶玉、徐珊珊译，张乃根校，中国政法大学出版社，2005，第113～142页。

② "人类共同继承财产范式"的提出不能使人们相信某种共同体利益至少已经被考虑。例如，在开发专属经济区的同时，发展中国家宣称专属经济区以外的海底属于人类共同遗产的组成部分。由于缺乏勘探及开发所必要的高技术，发展中国家呼吁发达国家应该为了所有国家利益行事。有理由认为，它们行事时考虑国家的自身利益，多于代表人类的利益。参见〔意〕安东尼奥·卡塞斯《国际法》，蔡从燕等译，法律出版社，2009，第130～131页。

③ 〔美〕路易斯·亨金：《国际法：政治与价值》，张乃根、马忠法、罗国强、叶玉、徐珊珊译，张乃根校，中国政法大学出版社，2005，第157页。

④ 〔美〕路易斯·亨金：《国际法：政治与价值》，张乃根、马忠法、罗国强、叶玉、徐珊珊译，张乃根校，中国政法大学出版社，2005，第158～159页。

"协商解决"等新的理念将会用于调整这些冲突。①

二 中国方案：构建"海洋命运共同体"理念

理念即人们的内心信念，包括世界观、原则化的信念和因果信念。② 虽然近代国际法主要是威斯特伐利亚体系的产物，理念层面主要反映了西方的世界观和信条，但是二战后的国际法建立在体现多边主义精神的联合国宪章宗旨与原则基础之上，并非专属于西方国家，因此其他文明先进的"国际法观"应当被吸收借鉴。古代中国对外交往以"天下观"为基本世界观，"礼"是国家间的主要规范，反映了儒家思想在国际治理上的主张；③ 而在当代国际治理中，中国提出了"人类命运共同体"理念。

（一）"人类命运共同体"理念的提出

当今的国际社会正发生着重大的变革与转型，挑战层出不穷、风险与日俱增。中国作为国际社会的一员，一直扮演着一个核心的角色，其所发挥的作用远远超出一个安理会常任理事国的范畴。④ 国际社会普遍关注的问题之一就是影响力越来越大的中国带给世界的是希望还是挑战、是和平还是威胁？⑤ 在这样的背景下，中国需要向世界阐明和平发展的立场并贡献中国的国际法思想体系与方案，"人类命运共同体"理念应运而生。

2011 年，"人类命运共同体"的概念第一次出现在《中国的和平发展》

① Louis B. Sohn, Kristen Gustafson Juras, John E. Noyes, and Erik Franckx, *Law of the Sea in a Nutshell*, 2nd ed., St. Paul, MN: West Publishing, 2010, p. 521.
② 〔美〕朱迪斯·戈尔茨坦、罗伯特·O. 基欧汉：《观念与外交政策：信念、制度与政治变迁》，刘东国、于军译，北京大学出版社，2005，第 8 页。
③ 汤岩：《古代中国主导的国际法：理念与制度》，《中南大学学报（社会科学版）》2015 年第 5 期。
④ 〔英〕菲利普·桑斯：《无法无天的世界：当代国际法的产生与破灭》，单文华、赵宏、吴双全译，单文华校，人民出版社，2011，中文版序第 1 页。
⑤ 〔美〕埃里克·安德森：《中国预言：2020 年及以后的中央王国》，葛雪蕾、洪漫、李莎译，新华出版社，2011，第 1~12 页。

白皮书中，并于 2013 年 3 月由习近平主席在莫斯科首次向世界提出。① 2017
年 1 月，习近平主席在联合国日内瓦总部发表题为《共同构建人类命运共
同体》的演讲，系统阐释了"构建人类命运共同体，实现共赢共享"的中
国方案。② 2018 年 3 月十三届全国人大一次会议通过宪法修正案，"推动构
建人类命运共同体"被正式写入《宪法》序言部分，成为我国宪法的指导
原则之一。

"人类命运共同体"思想是一个具有全局性、战略性、前瞻性的思想体
系。"人类命运共同体"是对国际共同体概念的重大发展，代表着未来国际
社会的追求。国际共同体强调成员之间的相互依存，而这种相互依存产生了
一种全体的更高的利益，并在成员之间创建了共同的目标和责任，而且这种
共同体的组织应当扩展到国家生活的各个方面，可以是区域的，也可以是全
球的。③ 另外，国家之间存在争端并不会成为构建国际共同体的障碍，相
反，可以成为国际共同体构建的推动力量，因为国家之间由于争端而有了进
行更为深入交流和理解的机会。④ 传统的国际法是西方中心主义的国际法，
以国家利益为出发点，建立在零和博弈基础之上，以国家之间的对抗性为思
想内核，以控制扩张为理论目标；⑤ 而"人类命运共同体"思想指导之下的
国际法理念则坚持文明之间的交流互鉴，强调构建国家间的伙伴关系，以合
作共赢为出发点和目标，以融合性为思想内核，以伙伴关系理论为目标，是
中国对国际法发展的贡献。

"人类命运共同体"内涵可以概括为利益共同体与责任共同体：国家之
间交往越频繁，安全、环境等全球问题的边界就会越来越模糊，国际社会的

---

① 《习近平谈治国理政》，外文出版社，2014，第 272 页。
② 《习近平谈治国理政》第 2 卷，外文出版社，2017，第 537~549 页。
③ Oystein Heggstad, "The International Community," *Journal of Comparative Legislation and International Law* 35 (1935): 265-268.
④ Monica Hakimi, "Constructing an International Community," *American Journal of International Law* 111 (2017): 17-356.
⑤ 黄凤志、孙雪松：《人类命运共同体思想对传统地缘政治思维的超越》，《社会主义研究》2019 年第 1 期。

整体利益、国家之间的共同利益与合作就会越来越多;① 基于主权平等原则，所有共同体成员都应对国际共同体承担责任，但是可能因为能力的差异，大国会承担更重要的责任。就当前阶段来看，"人类命运共同体"依然是以国家为成员的共同体。② 但有学者指出，这一定位不能阐明共同体发展的目的和终极问题，作为对国际共同体概念的扬弃和升华的"人类命运共同体"的终极问题是人类的命运。③

（二）从"人类命运共同体"到"海洋命运共同体"

"人类命运共同体"是对人类未来发展作出的一项重要顶层设计，其基本架构是政治、经济、文化、安全、生态"五位一体"，所以从内容上看，必然包括"政治共同体""经济共同体""文化共同体""安全共同体"和"生态共同体";④ 从空间角度判断，至少应该包括"陆上命运共同体""海洋命运共同体"和"空间命运共同体"。因为"人类命运共同体"是一个内容丰富、开放性的概念，所以2019年4月23日习近平在青岛集体会见应邀出席中国人民解放军海军成立70周年多国海军活动的外方代表团团长时正式提出了"海洋命运共同体"理念，作为"人类命运共同体"理念的重要组成部分，"海洋命运共同体"是中国参与全球海洋治理的基本立场与方案。

习近平指出："我们人类居住的这个蓝色星球，不是被海洋分割成了各个孤岛，而是被海洋连结成了命运共同体，各国人民安危与共。""中国提出共建21世纪海上丝绸之路倡议，就是希望促进海上互联互通和各领域务实合作，推动蓝色经济发展，推动海洋文化交融，共同增进海洋福祉。我们

---

① 肖永平：《论迈向人类命运共同体的国际法律共同体建设》，《武汉大学学报（哲学社会科学版）》2019年第1期。

② 车丕照：《"人类命运共同体"理念的国际法学思考》，《吉林大学社会科学学报》2018年第6期。

③ 张辉：《人类命运共同体：国际法社会基础理论的当代发展》，《中国社会科学》2018年第5期。

④ 陈明琨：《人类命运共同体的内涵、特征及其构建意义》，《理论月刊》2017年第10期。

要像对待生命一样关爱海洋。"①

世界各国在追求自身海洋利益时，不管是单方还是共同的海洋资源分配与海域界定、海洋资源开发利用、海洋污染防治、海洋纠纷解决等事宜，都需要建立在一个确定的制度和规则基础上的、可以为各国所享有的正义感和安全感的价值秩序，②"海洋命运共同体"理念有助于这种价值秩序的形成。

（三）"海洋命运共同体"理念的内涵

"海洋命运共同体"是中国参与全球海洋治理的中国立场与方案，它既是理念也是实践，包括如下四个方面内容。

第一，倡导树立共同、综合、合作、可持续的新海洋安全理念，"海洋命运共同体"应该首先是"海洋安全共同体"。③ 海上安全主要包括传统的海上安全（指海上军事安全、海防安全、国土安全、政治安全等）和非传统海上安全（包括海上恐怖主义、海盗行为、环境污染、生态破坏等）。以《公约》为代表的国际海洋法体系形成后，各国军事力量正面冲突的情形虽未完全消除但大为减少，然而非传统安全威胁逐步上升，这两种情形都要求各国增强互信、平等相待、深化合作来加以应对。

第二，促进海上互联互通和各领域务实合作、共同增进海洋福祉的海洋治理理念，"海洋命运共同体"应该是"海洋利益共同体"。以海洋为载体和纽带的市场、技术、信息、文化等合作日益紧密，另外，定位为人类共同继承财产的海洋公域的开发问题的讨论正在进行，这些都要求各国奉行互利共赢的开发战略，坚持正确义利观，为促进海洋发展繁荣作出积极贡献。

第三，共同保护海洋生态文明的可持续发展理念，"海洋命运共同体"应该是"海洋生态共同体"。海洋是全球生命支持系统的基本组成部分，是全球气候的调节器，是自然资源的宝库。④ 随着工业文明的进步，海洋的生

---

① 《习近平谈治国理政》第 3 卷，外文出版社，2020，第 463、463~464 页。
② 杨华：《海洋法权论》，《中国社会科学》2017 年第 9 期。
③ 侯昂妤：《超越马汉——关于中国未来海权道路发展的思考》，《国防》2017 年第 3 期。
④ 张海文编著《〈联合国海洋法公约〉与中国》，五洲传播出版社，2014，第 6 页。

态环境与资源面临巨大的压力。由于海洋的整体性以及海洋活动的国际性，任何一个国家都无法独力保护海洋生态环境，需要所有国家协力解决。

第四，坚持平等协商的争议解决理念，"海洋命运共同体"应该是"海洋和平与和谐共同体"。构建"人类命运共同体"的首要目标就是"建设一个持久和平的世界"①。因此，通过和平方式解决争端，不诉诸武力或以武力相威胁是基本原则，构建"海洋和平共同体"；在和平方式中选择对话协商方式，实现国家意愿真实和充分地表达是最优选择，构建"海洋和谐共同体"。

有学者指出，构建"人类命运共同体"理念是相互依存理论的"中国版"，它是一种保障国家间合作的有效机制，能够深化各国的相互依存程度，合力解决人类社会面临的共同挑战。② 作为其子集的"海洋命运共同体"理念必将为维护海洋和平稳定、促进海洋发展繁荣、保护海洋生态环境、妥善解决海洋争端提供方向的指引，促进国际海洋法治的发展。

三 制度构建：形成中的"海洋命运共同体"规则体系

理念是制度构建的基础，也是评价制度成效的标准。理念创新不能停留在口头上，而要嵌入和内化于制度中，才能成为可信的承诺，获得制度化的力量。③ 虽然近代以来的国际体系是一个围绕"均势—霸权"不断发生变化的体系，但该体系的基本特征并未发生根本性的改变，始终体现为大国在政治经济领域具有支配地位、为国际社会提供安全产品以及在意识形态领域具

---

① 《习近平谈治国理政》第 2 卷，外文出版社，2017，第 541 页。
② 邱松：《新时代中国特色大国外交的理论与实践意义——兼论国际关系理论中中国学派的构建》，《新视野》2019 年第 3 期。
③ 王彦志：《"一带一路"倡议与国际经济法创新：理念、制度与范式》，《吉林大学社会科学学报》2019 年第 2 期。

有影响他国的强大能力。① 当代大国之间的竞争，已经不仅仅考虑经济实力等硬实力之间的竞争，更多地开始考虑制度层面的竞争，以维护一国的长远利益。②

海洋面临诸如海底资源的不合理开发、海洋生态环境的持续恶化、生物多样性遭到破坏等新的威胁，需要得到法律关注，海洋法将会发生变化。将来会用什么机制发展海洋法呢？不太可能有第四次联合国海洋法会议，更可能的发展方式是通过缔结处理具体海洋问题的全新区域性或全球性条约。③

构建"海洋命运共同体"是中国为全球海洋治理提供的"中国方案"。有学者指出，中国最终可能成为全球经济大国，全球化也可能会呈现中国的特点。④ 笔者同意这一论断。这意味着，随着中国为国际社会提供的公共产品的增多，未来的全球海洋治理方案也可能会呈现中国的特点，这需要我们切实地将"海洋命运共同体"理念转化为制度，并通过实践不断强化。国际法的大部分规则用法律条文的形式体现了国家之间实际存在的共同的或互补的利益。⑤ 而这种利益如果可以体现为"人类共同的利益"，那么在制度设计上就会满足国际社会的需要。

（一）明确海上安全制度

海上安全是构建"海洋安全共同体"的基本要求，是国际社会共同的价值追求，也是国际社会通过法律制度加以保护的主要对象。然而正如前文

① 郭红梅：《国际体系变革的中国方案：构建人类命运共同体》，《国际研究参考》2019 年第 4 期。

② 何其生：《大国司法理念与中国国际民事诉讼制度的发展》，《中国社会科学》2017 年第 5 期。

③ Louis B. Sohn, Kristen Gustafson Juras, John E. Noyes, and Erik Franckx, *Law of the Sea in a Nutshell*, 2nd ed., St. Paul, MN: West Publishing, 2010, pp. 523-524.

④ 巴殿君、王胜男：《论中国全球化认识观与全球治理的"中国方案"——基于人类命运共同体视域下》，《东北亚论坛》2019 年第 3 期。

⑤ 〔美〕汉斯·摩根索著，〔美〕肯尼斯·汤普森、戴维·克林顿修订《国家间政治：权力斗争与和平》（第七版），徐昕、郝望、李保平译，王缉思校，北京大学出版社，2006，第 328 页。

所述，海上安全制度包括传统的海上安全制度和非传统的海上安全制度，所以海上安全制度的体系非常庞大，几乎触及国际海洋法的每一个分支领域，例如，通道安全、资源安全、环境安全等。从这个意义上讲，一系列重要的国际条约都与"海上安全"有关，可以被视为是海上安全制度的组成部分，例如，1974 年《国际海上人命安全公约》、1979 年《国际海上搜寻救助公约》、1988 年《制止危及海上航行安全非法行为公约》、1992 年《生物多样性公约》等。但由于相关国际条约在规则制定上具有模糊性或拘束力不强，所以海上安全形势并不乐观，其中比较有代表性的问题就是航行自由问题。

航行自由作为国际海洋法最为古老的原则已经获得了普遍承认，并没有国家公开反对已经被视为"公共产品"的航行自由原则。[1] 航行自由问题是海洋强国与沿海国之间争议的重要问题，因为海洋法的发展过程就是"传统航行自由的缩小与国家管辖权的扩大"[2] 的过程；加之《公约》自身规定的模糊，从而给了各国任意解释的空间，更加剧了这种对立与斗争。近年来中美之间围绕美国在南海的航行自由问题所展开的争论就是典型例证。2018 年出版的《海洋自由：美国捍卫航行自由的斗争历程》一书就是美国学者支持美国"航行自由行动"、谴责中国的立场与做法的集中发声。[3] 对此，中国学者进行了有针对性的驳斥。[4] 从"海洋命运共同体"所倡导的共同、综合、合作、可持续的新海洋安全理念出发去审视航行自由问题，我们会得出一个结论，即限制海洋强国对《公约》相关条款的任意解释、防止航行自由被滥用符合国际社会对海上安全的共同关切。

---

[1] Myron H. Nordquist et al.（eds.），*Freedom of Navigation and Globalization*，Leiden/Boston：Brill Nijhoff，2015，p. 5.

[2] 杨泽伟：《航行自由的法律边界与制度张力》，《边界与海洋研究》2019 年第 2 期。

[3] James Kraska and Raul Pedrozo，*The Free Sea：The American Fight for Freedom of Navigation*，Annapolis：Naval Institute Press，2018.

[4] 包毅楠：《中美海洋法论争的"美国之声"——对〈海洋自由：美国捍卫航行自由的斗争历程〉有关"中国特色的航行自由"观点的评析及批判》，《国际法研究》2019 年第 2 期。

（二）制定国家管辖外海域开发制度

1. 制定"区域"开发规章

随着陆地矿产资源的日渐枯竭，丰富的国际海底矿产资源已经成为国际社会争相追逐的"热品"。[①] 制定科学合理、公平公正的"区域"开发规章是今后几年国际海底管理局（以下简称"海管局"）面临的一项重要任务。[②] 目前在海管局的主持下已经分别于 2016 年、2017 年和 2018 年制定了三个开发规章草案，内容不断丰富，结构也更加合理，但各国意见尤其是发达国家与发展中国家之间的意见尚未统一，开发规章仍然没有获得正式通过。

中国在"区域"开发规章制定过程中应发挥"引领国"的作用，[③] 这也是构建"海洋利益共同体"的一项重要内容。中国在"区域"开发规章制定过程中的基本立场可以概括为如下三点：第一，开发规章制定应体现可持续利用国际海底资源以造福全人类的精神，应当以鼓励和促进"区域"内矿产资源的开发为导向，同时兼顾海洋环保；第二，开发规章制定应充分考虑国际社会整体利益以及大多数国家特别是发展中国家的利益，坚持两个基本原则，即循序渐进、稳步推进原则和与人类认知水平相适应原则；第三，开发规章制定应当遵守包括《公约》在内的国际法，并应当充分考虑联合国主持下各国正在磋商的"国家管辖范围以外区域海洋生物多样性的养护和可持续利用（BBNJ）法律文书"的进展情况，并且尽量与之相衔接。

2. 制定国家管辖外海洋生物多样性养护和可持续利用制度

国家管辖外的深海蕴藏着巨大的经济价值，随着人类利用海洋的能力增

---

① 王勇：《国际海底区域开发规章草案的发展演变与中国的因应》，《当代法学》2019 年第 4 期。

② 目前国际社会已经通过《公约》与 2000 年《"区域"内多金属结核探矿和勘探规章》、2010 年《"区域"内多金属硫化物探矿和勘探规章》和 2012 年《"区域"内富钴铁锰结壳探矿和勘探规章》三个"探矿和勘探规章"，对于各国在"区域"的探矿和勘探活动作出了一系列规定，但是显然不能满足有效规制各国在"区域"内活动的需要。参见杨泽伟《国际海底区域"开采法典"的制定与中国的应有立场》，《当代法学》2018 年第 2 期。

③ 中国是第一批在"区域"内申请勘探合同的先驱投资者，目前中国已成为全球唯一与国际海底管理局签订富钴结壳、多金属结核和海底热液硫化物三种海底矿产资源勘探合同以及拥有四块专属勘探权和优先开采权矿区的国家。

强，各国开始将目光投向这一宝库，国家管辖外海洋生物多样性养护和可持续利用问题成为全球海洋秩序变革中的一个重要问题和新问题，制定《国家管辖范围以外区域海洋生物多样性的养护和可持续利用协定》（以下简称《BBNJ协定》①），为养护和可持续利用海洋生物多样性提供法律依据，成为当务之急。如果谈判成功，它将成为《公约》的第三个执行协定。《BBNJ协定》将填补《公约》的空白，调整现有海洋法律秩序。

在当下《BBNJ协定》谈判过程中，国际社会关注的焦点是"区域"生物遗传资源的法律地位及其分配问题，对此存在"公海自由原则下的海洋利用派"和"人类共同继承财产原则下的海洋惠益共享派"两种争议，且各国对于如何解读"人类共同继承财产"原则也存在一定的争议。我国在此问题的国际商讨中没有就海洋遗传资源适用的法律制度问题单独表达国家立场，然而"海洋命运共同体"理念可以为国家管辖外海域遗传资源分配提供一个新思路：通过唤醒国际社会的"命运共同体"意识，以资源共享、规则共建、责任共担、问题共解为伦理目标，构建公平正义的资源分配秩序。② 这将是既相关又有别于公海自由原则和"区域"及其资源属于人类共同继承财产原则③的、在"海洋命运共同体"理念指导下的新的分配制度。

（三）完善国家管辖外海洋生态环境保护制度

环境安全与绿色可持续发展的生态系统本来就是"人类命运共同体"思想的题中应有之义。所以，构建"海洋命运共同体"也应该把目光更多地投向探讨如何保护海洋生态环境问题上来。④《公约》第十二部分专章规

---

① 《BBNJ协定》已于2023年6月达成。

② 李志文：《国家管辖外海域遗传资源分配的国际法秩序——以"人类命运共同体"理念为视阈》，《吉林大学社会科学学报》2018年第6期。

③ 有学者建议，中国政府应结合本国的实际情况，对人类共同继承财产原则进行重新解读。Aline Jaeckel, Kristina M. Gjerde and Jeff A. Ardro, "Conserving the Common Heritage of Humankind—Options for the Deep Seabed Mining Regime," *Marine Policy* 78 (2017): 741-742.

④ 陈秀武：《"海洋命运共同体"的相关理论问题探讨》，《亚太安全与海洋研究》2019年第3期。

定了"海洋环境的保护和保全",① 但由于其用语的"弹性"比较大,导致"硬法不硬",不能有效保护海洋环境。此外,《生物多样性公约》明确对海洋环境保护的具体措施以及减少对生物多样性的负面影响作出了规定。但是该公约依然采用了诸如"尽可能""酌情"等具有极大解释空间的模糊用语,② 使其约束力大打折扣。

由于各国在国家管辖外海域的活动受到的约束和限制较少,该海域生态环境受到国家活动的威胁,设立海洋保护区成为最优选择,但各国对此存在较大争议。国家管辖外海域包括两种类型:公海和"区域"。由于二者法律地位不同,所以相关海域生态环境保护问题在《BBNJ 协定》和"区域"开发规章中被分别讨论。

中国是渔业大国与"区域"先驱投资者,所以无论是在公海建立海洋保护区还是在"区域"开发规章中规定担保国和承包商的环保责任,都会对中国经济利益造成影响。但是,中国作为负责任大国和"海洋命运共同体"理念的提出者,应积极参与完善国家管辖外海洋生态环境保护制度,以利益共同体(共同开发资源)和责任共同体(共同保护环境)为基本内核,③ 以"共同但有区别责任"为原则,完善国家管辖外海洋生态环境保护制度,以应对各国所共同面临的海洋生态环境恶化与资源退化危机。

(四)丰富和平解决海洋争端制度

《公约》所处理的问题十分复杂,实质上涉及所有缔约国的重大利益,更容易引发争议,并且解决这些问题的难度也更大。所以,有必要在《公

---

① 《联合国海洋法公约》第十二部分共有 11 节 46 条,包括:一般规定,全球性和区域性合作,技术援助,监测和环境评价,防止、减少和控制海洋环境污染的国际规则和国内立法,执行,保障办法,冰封区域,责任,主权豁免,关于保护和保全海洋环境的其他公约所规定的义务。

② 刘丹:《海洋生物资源保护的国际法》,上海人民出版社,2012,第 17~18 页。

③ 其中责任共同体是基础。责任共同体构建的缺失,就无法构建利益共同体,更谈不上命运共同体。江河:《人类命运共同体与南海安全合作——以国际法价值观的变革为视角》,《法商研究》2018 年第 3 期。

约》中建立一个有效的争端解决机制，采用所谓的"自助餐厅"式方法，为审慎地解决争端确立一个剩余可选的框架机制，① 这被视为是《公约》的一大变革。一般来说，国际争端通常通过外交途径来解决，或在国家同意的基础上提交国际司法或仲裁机构。但是《公约》建立了一个强制性争端解决机制去处理重要的海洋争端，② 在当时毫无疑问成为国际关系的"反趋势"，却也成为《公约》的一大特色。但遗憾的是，《公约》强制性争端解决程序的实际运行效果不尽如人意。③

和平解决海洋争端作为国际海洋法的一项基本原则，其内涵是极为丰富的。解决争端的目的是使争端国之间的关系恢复到争端发生之前的状态，或至少不会导致争端国间关系的恶化或局势升级。那么，当解决争端的条件不具备，或争端当事国根本无意愿去解决争端时，"管控分歧"就比"解决争端"更加务实，所以"和平搁置争端"无疑也是一种务实的选择。④ 坚持平等协商的争议解决理念是构建"海洋命运共同体"的基本要求，中国所倡导的"相互尊重、合作共赢"的新型国家关系无疑为和平搁置争端提供了实践支持。

在一定程度上讲，制度是理想利己主义的产物。制度的影响似是而非：它们对美好生活至关重要，但也可能致使偏见的制度化，使得许多人难以过上美好生活。⑤ 如果制度构建是在公正的理念指引之下进行，那么制度会对人类的美好生活至关重要。"海洋命运共同体"理念就是可以指引构建公平合理的海洋治理制度的公正理念。

---

① 〔英〕J. G. 梅里尔斯：《国际争端解决》（第五版），韩秀丽、李燕纹、林蔚、石珏译，法律出版社，2013，第243~246页。

② Natalie Klein, *Dispute Settlement in the UN Convention on the Law of the Sea*, Cambridge：Cambridge University Press，2005，p. 349.

③ 姚莹：《菲律宾"南海仲裁案"管辖权和可受理性问题裁决评析——以〈联合国海洋法公约〉第298条的解释为切入点》，载《中国国际法年刊：南海仲裁案管辖权问题专刊》，法律出版社，2016，第171~194页。

④ 黄瑶：《论人类命运共同体构建中的和平搁置争端》，《中国社会科学》2019年第2期。

⑤ 〔美〕罗伯特·O. 基欧汉：《局部全球化世界中的自由主义、权力与治理》，门洪华译，北京大学出版社，2004，第18~19页。

四　结语

传统的海洋法图景体现了沿海国与海洋大国间的利益妥协，全球价值观念的演变已经补充并在某些地方改变了这幅图景。有影响力的主体开始通过对外输出理念的方式来影响世界海洋秩序的走向，"海洋命运共同体"理念就是中国为全球海洋治理提供的中国方案。

"一带一路"是构建"人类命运共同体"的基本路径，而推进海上丝绸之路的建设有助于构建"海洋命运共同体"，为推动国际海洋法的发展提供理念与制度上的驱动力。2019 年 6 月 28 日，习近平在 G20 大阪峰会上重申了构建"人类命运共同体"理念。① 6 月 29 日，G20 各国达成蓝色海洋愿景，以 2050 年为目标，将努力把海洋塑料垃圾减为零。② 这是中国的理念创新嵌入全球治理的最新实践，未来的全球海洋治理方案也可能会呈现越来越多的中国特色。

---

① 《习近平在二十国集团领导人峰会上关于世界经济形势和贸易问题的讲话（全文）》，中国商务部网站，http：//www.mofcom.gov.cn/article/i/jyjl/l/201907/20190702878519.shtml。

② 《G20 各国达成蓝色海洋愿景 2050 年将海洋塑料垃圾减为零》，https：//baijiahao.baidu.com/s？id＝1637667059099763267&wfr＝spider&for＝pc。

海洋命运共同体理念对马克思恩格斯海洋观的继承与发展[*]

郭新昌　吴慧敏^{**}

摘　要： 海洋命运共同体理念是人类命运共同体理念在海洋领域的体现，是中国为全球海洋治理贡献的中国智慧与中国方案。海洋命运共同体理念关于海洋经济发展、海洋生态保护、海洋安全和国际海洋合作等方面的重要论述，在本质上与马克思恩格斯海洋观是一致的，是一脉相承又与时俱进的关系。海洋命运共同体理念的提出，彰显了马克思主义的强大生命力，是习近平新时代中国特色社会主义思想的重要组成部分，是对马克思恩格斯海洋观的原创性贡献。

关键词： 海洋命运共同体　马克思恩格斯海洋观　海洋合作

"我们人类居住的这个蓝色星球，不是被海洋分割成了各个孤岛，而是被海洋连结成了命运共同体，各国人民安危与共。"① 2019 年习近平第一次正式提出海洋命运共同体理念。海洋命运共同体是人们在某种共同条件下结

---

　*　本文受国家社会科学基金思政专项（21VSZ102）资助。

　**　郭新昌，中国海洋大学马克思主义学院教授，中国海洋大学海洋发展研究院研究员；吴慧敏，济宁医学院马克思主义学院助教。

① 《习近平谈治国理政》第 3 卷，外文出版社，2020，第 463 页。

成的集体，或各行为体在共同海洋利益下形成的海洋领域统一组织或类组织形态。① 党的十八大以来，从"建设海洋强国"到"一带一路建设"再到"构建海洋命运共同体"，是中国共产党人运用马克思恩格斯海洋观对当代全球海洋治理的深刻思考和回答，对马克思恩格斯海洋观作出了原创性的贡献。

一 既有研究回顾与评析

（一）对马克思恩格斯海洋观的研究

根据对 CNKI（知网）符合"马克思恩格斯海洋观"搜索主题的文献进行分析发现，当前国内直接以马克思恩格斯海洋观为研究对象的文章仅 6 篇，检索时间为 2023 年 8 月 15 日。其中河海大学刘学坤对马克思恩格斯的海洋政治观进行了阐释，并分析其对我国海洋建设的重要影响。② 上海海事大学张峰从世界市场理论、国际交往理论、资本逻辑理论、全球化理论四个方面具体阐述了马克思恩格斯的海洋观。③ 河海大学李映红、张婷通过分析马克思恩格斯海洋观形成的背景、主要内容，重点阐述了马克思恩格斯海洋观的当代价值。④ 清华大学马克思主义学院王小龙论述了马克思恩格斯海洋观与黑格尔海洋思想之间的联系。⑤ 大连海事大学朱颜在其博士学位论文中提到马克思恩格斯海洋观既包括对海洋的自然本质的认识，也包括对海洋在社会发展和变革中所起到的作用的论述。⑥ 大连海事大学毕长新、史春林从

① 袁沙：《倡导海洋命运共同体 凝聚全球海洋治理共识》，《中国海洋报》2018 年 7 月 26 日。
② 刘学坤：《马克思恩格斯的海洋政治观研究》，《河海大学学报（哲学社会科学版）》2022 年第 3 期。
③ 张峰：《马克思恩格斯海洋观的理论逻辑》，《集美大学学报（哲社版）》2022 年第 2 期。
④ 李映红、张婷：《马克思恩格斯的海洋观及其当代价值》，《江西社会科学》2020 年第 11 期。
⑤ 王小龙：《马克思与恩格斯的海洋观：世界历史中的海洋与国运》，《太平洋学报》2015 年第 7 期。
⑥ 朱颜：《马克思恩格斯海洋观及其当代价值研究》，博士学位论文，大连海事大学马克思主义学院，2016。

海洋经济角度论述了马克思恩格斯海洋经济思想对当今的启示价值。①

国内大多数学者以本身的研究为基础，研究马克思恩格斯海洋观中某一方面的内容。其中胡素清对海洋观的内涵方面进行了研究。他认为："海洋观是对海洋以及人海关系的总的看法和根本观点。"② 马克思恩格斯十分重视海洋运输的作用，认为海洋贸易必须依赖海洋运输的发展。在我国，有关马克思恩格斯海洋运输理论的研究，始于程恩富关于"马克思运输理论"的研究，虽取得了较大的成果，但思想较为分散。③ 随后，张峰从其他角度对马克思恩格斯的航运经济思想进行了研究。④ 李凤图、汪保康侧重于从海权方面对马克思恩格斯海洋观进行研究。⑤ 张峰从马克思恩格斯的著作入手，从资本、大工业、世界市场、海上运输、海军等角度分析其海权思想。⑥ 刘中民认为要正确看待海权在国家发展中的作用。⑦

国外学者侧重于对海洋观进行研究，对马克思恩格斯海洋观的系统研究较少。对于海洋观的研究，主要从国家利益的角度分析海洋霸权的归属问题，以及通过海洋法来研究海洋所有权问题。如美国杰出的军事理论家马汉提出著名的"海权论"。格劳秀斯与塞尔登就"海洋自由"或"海洋封闭"展开论战，"海洋自由论"旨在开放被葡萄牙、西班牙侵占的海洋领域，"海洋封闭论"则是为了维护英国在海洋领域的权益，它们实质上都是为统治阶级利益服务。

（二）对海洋命运共同体理念的研究

海洋命运共同体理念一经提出，便引起国内学术界的重视。以 CNKI 数

---

① 毕长新、史春林：《马克思恩格斯海洋经济思想及其当代价值》，《大连理工大学学报（社会科学版）》2020 年第 3 期。
② 胡素清：《以人海关系为核心的海洋观》，《浙江学刊》2015 年第 1 期。
③ 程恩富：《马克思的运输理论与我国交通运输经济的发展》，《赣江经济》1987 年第 1 期。
④ 张峰：《马克思恩格斯的航运经济思想》，《中国流通经济》2012 年第 6 期。
⑤ 李凤图、汪保康：《马克思主义海权观探析》，《党史文苑》2014 年第 24 期。
⑥ 张峰：《马克思恩格斯海权思想的脉络体系及其现代启示》，《马克思主义研究》2014 年第 5 期。
⑦ 刘中民：《海权发展的历史动力及其对大国兴衰的影响》，《太平洋学报》2008 年第 5 期。

据库为检索源，检索方式为篇名，检索词为"海洋命运共同体"，时间跨度不限，共得到 115 条相关文献题录，检索时间为 2023 年 8 月 15 日。通过分析发现海洋命运共同体理念研究的文献数量总体呈现上升趋势。国内学术界有关海洋命运共同体理念的研究起步较晚，直到 2018 年海洋命运共同体理念研究才引起国内学术界的关注，2019 年"海洋命运共同体"理念提出后，其成为国内学术界研究的热点问题。通过对 CNKI 数据库中符合"海洋命运共同体"检索条件的文献发表年份进行描述性统计发现，2018 年至 2021年，年度发文量总体呈现增长趋势，2018 年至 2019 年发文量增速加快，累计发文量呈逐年上升趋势。

文章主题是对论文内容的简练概括，通过对文章主题进行分析能够发现某一研究领域的热点研究主题。通过对 115 篇文献分析可以看出海洋命运共同体理念研究主要与海洋命运共同体构建、内涵，全球海洋治理，国际海洋法等内容息息相关。关于"海洋命运共同体构建"方面，薛桂芳[1]，卢静[2]，刘叶美、殷昭鲁[3]等学者从制度设计层面来推动海洋命运共同体的构建。张景全提到构建人类海洋命运共同体既需要讲权利，也需要基于道德与责任的伦理。[4] 仲光友、徐绿山认为海洋命运共同体的构建需要各国海军的合作。[5] 关于"海洋命运共同体内涵"的研究，王茹俊、王丹从生成逻辑、思想意涵和理论品格三个方面系统论述了海洋命运共同体理念的内涵。[6] 孙超、马明飞认为海洋命运共同体理念包括经济、政治、文化、安全、生态五

---

① 薛桂芳：《海洋命运共同体构建：条件准备与现实路径》，《上海交通大学学报（哲学社会科学版）》2023 年第 3 期。

② 卢静：《全球海洋治理与构建海洋命运共同体》，《外交评论（外交学院学报）》2022 年第1 期。

③ 刘叶美、殷昭鲁：《"海洋命运共同体"的构建理念与路径思考》，《中国国土资源经济》2021 年第 7 期。

④ 张景全：《海洋安全危机背景下海洋命运共同体的构建》，《东亚评论》2018 年第 1 期。

⑤ 仲光友、徐绿山：《关于构建"海洋命运共同体"理念的认识和思考》，《政工学刊》2019年第 8 期。

⑥ 王茹俊、王丹：《海洋命运共同体理念：生成逻辑、思想意涵与理论品格》，《大连海事大学学报（社会科学版）》2022 年第 1 期。

部分。① 关于"全球海洋治理"方面，杨震认为海洋命运共同体理念为解决海洋治理困境提供了方向和理论方面的依据。② 袁沙深入阐述了海洋命运共同体理念下海洋治理的内在要求。③ 全永波、盛慧娟认为当前需要从法律方面推进海洋治理。④ 关于"国际海洋法"方面，郭萍、李雅洁认为海洋命运共同体理念不仅与现行国际法基本原则相吻合，而且是对国际法基本原则的进一步发扬和创新。⑤ 任筱锋对国家海洋基本法的立法意图、范围等进行了论述。⑥ 杨泽伟则认为当前国际海洋危机管控的法律制度仍存在着较多缺陷，需要进一步进行完善。⑦

目前国外尚未对海洋命运共同体理念进行针对性研究，但国外的有些著作在一定程度上对习近平关于海洋方面的论述进行了阐释。如美国斯坦福大学薛理泰系统论述了习近平提及的关于维护海洋权益的重要意义。⑧ 新加坡国立大学郑永年则指出中美关系是中国制定海洋政策时需要最先考虑的核心问题。⑨ 他对"一带一路"建设给予了肯定，认为其解决了当前海洋领域的发展难题。⑩ 日本学者吉原恒淑和美国学者霍姆斯对中国海洋领域的发展以及美国对亚洲的相关海洋政策作了系统的阐述。⑪

---

① 孙超、马明飞：《海洋命运共同体思想的内涵和实践路径》，《河北法学》2020 年第 1 期。
② 杨震：《论全球海洋治理与海洋命运共同体》，《云梦学刊》2022 年第 3 期。
③ 袁沙：《倡导海洋命运共同体 凝聚全球海洋治理共识》，《中国海洋报》2018 年 7 月 26 日，第 2 版。
④ 全永波、盛慧娟：《海洋命运共同体视野下海洋生态环境法治体系的构建》，《环境与可持续发展》2020 年第 2 期。
⑤ 郭萍、李雅洁：《国际法视域下海洋命运共同体理念与全球海洋治理实践路径》，《大连海事大学学报（社会科学版）》2021 年第 6 期。
⑥ 任筱锋：《对"国家海洋基本法"起草工作的几点思考》，《边界与海洋研究》2019 年第 4 期。
⑦ 杨泽伟：《论"海洋命运共同体"构建中海洋危机管控国际合作的法律问题》，《中国海洋大学学报（社会科学版）》2020 年第 3 期。
⑧ 薛理泰：《论中国海洋战略之未来走向》，《同舟共进》2013 年第 11 期。
⑨ 郑永年：《通往大国之路——中国与世界秩序的重塑》，东方出版社，2011。
⑩ 郑永年、张弛：《"一带一路"与中国大外交》，《当代世界》2016 年第 2 期。
⑪ 〔日〕吉原恒淑、〔美〕霍姆斯：《红星照耀太平洋——中国崛起与美国海上战略》，钟飞腾、李志斐、黄杨海译，社会科学文献出版社，2014。

可以看出，国外对中国海洋领域的研究多偏重于习近平对海洋外交和海洋权益方面的论述及看法。究其原因，在于中国在海洋领域的政策关乎中国与各国的关系，关乎东亚地区乃至世界大局的稳定。此外，还有部分东亚、美国的学者侧重于研究习近平关于海上军事力量建设及海洋主权维护方面的重要讲话。国外学者对海洋命运共同体的整体研究成果并不多。

（三）简述

尽管现有研究已取得一定成绩，但还存在不足或改进空间。对海洋命运共同体理念的研究分为海洋治理、海洋权益、海洋生态等主题，但对于海洋命运共同体理念与马克思恩格斯海洋观之间比较分析研究的较少。本研究通过将海洋命运共同体理念与马克思恩格斯海洋观进行比较分析，认为海洋命运共同体理念是对马克思恩格斯海洋观的继承与发展，进而提出海洋命运共同体理念的创新价值。

二　海洋命运共同体理念对马克思恩格斯海洋观的继承与发展

海洋命运共同体理念关于海洋经济发展、海洋生态保护、海洋安全和国际海洋合作方面的重要论述，具有与马克思恩格斯海洋观一脉相承性、鲜明的时代性和与时俱进的理论品质，对马克思恩格斯海洋观作出了原创性的贡献。

（一）海洋经济发展

马克思主义认为，海上贸易促进了资本主义的发展，使资产阶级的地位不断上升，促进了西方工业的繁荣。海洋命运共同体理念注重发展海洋经济的同时，强调要坚持陆海统筹。

1. 海上贸易促进资本主义的发展

马克思认为，资本主义生产方式与交换方式的变革在资产阶级的产生过程中发挥了重要作用，而资本主义的发展与海上贸易是相互促进、相互影响的。"世界市场使商业、航海业和陆路交通得到了巨大的发展。这种发展又反过来促进了工业的扩展"①。海上贸易的发展，使世界市场的规模不断扩大，吸引越来越多的资本家投身其中。一方面，这些资本家所在国家的生产与消费被纳入世界经济体系中，具有全球化的性质。"大工业便把世界各国人民互相联系起来，把所有地方性的小市场联合成为一个世界市场。"② 另一方面，资本主义生产方式在全球范围内进行传播，破坏其他国家原有的封建关系，从而获取全球市场和资源。"美洲的发现、绕过非洲的航行，给新兴资产阶级开辟了新天地……因而使正在崩溃的封建社会内部的革命因素迅速发展。"③ 随着海上贸易的不断发展，资产阶级的地位远远超过其他阶级。

海上贸易在促进资产主义发展的同时，还促进了西方工业的繁荣。马克思指出："交通运输工具的发展会缩短一定量商品的流通时间，那么反过来说，这种进步以及由于交通运输工具发展而提供的可能性，又引起了开拓越来越远的市场，简言之，开拓世界市场的必要性。"④ 商品的销售市场和生产场所之间存在的距离使得商品出售与周转的时间出现差异，交通工具的改进在一定程度上可以减少商品运输的时间，但不会使商品价格间的差异消失，只是不再像之前那样明显。贸易的繁荣使人们对商品的需求增多，从而对生产提出了一定的要求，在一定程度上促进了机器大工业的发展。生产的发展使工厂主们在短时间内可以获得产品，减少了生产储备形式上的产品的堆积，但同时增加了市场上商品储备形式上的产品的数量。马克思曾以棉花为例，分析了海洋运输与生产之间的联系。马克思认为，如果可以保证英国和美国之间的海上运输不会中断，那么英国国内就可以减少棉花的储备数量，⑤ 原本用于储备棉花的资金可转为采购棉花的资金，增加采购的数量。

---

① 《马克思恩格斯选集》第 1 卷，人民出版社，2012，第 401~402 页。
② 《马克思恩格斯文集》第 1 卷，人民出版社，2009，第 680 页。
③ 《马克思恩格斯文集》第 2 卷，人民出版社，2009，第 32 页。
④ 《马克思恩格斯选集》第 2 卷，人民出版社，2012，第 369 页。
⑤ 《马克思恩格斯文集》第 6 卷，人民出版社，2009，第 161 页。

2. 坚持陆海统筹，推动蓝色经济发展

"推动蓝色经济发展，共同增进海洋福祉。"[①] 党的十八大以来，中国高度重视海洋经济的发展，致力于推进海洋经济向质量效益型转变，不仅注重传统产业技术升级，将新兴海洋技术应用到海洋传统产业中去，注重海洋技术人才的培养，同时也高度重视海洋新兴产业的发展，以科技创新引领海洋经济的发展。在国家政策引领下，2022 年全国海洋生产总值 94628 亿元，占国内生产总值的比重为 7.8%，[②] 海洋第一、第二、第三产业所占比重逐步优化，现代化海洋产业结构正在加速构建。

21 世纪是大规模开发利用海洋的世纪，各沿海国家瞄准海洋发展空间，制定适合本国发展的海洋战略。我国是陆海兼备的大国，海洋和陆地在国家发展中都具有重要的地位。相比于陆地思维，海洋思维更具开放性与包容性，更符合当前世界发展的形势，这要求我们要合理分布海洋与陆地产业。党的十九大报告提出："坚持陆海统筹，加快建设海洋强国。"[③] 陆海统筹改变了"以陆定海"的传统观念，强调将海洋与陆地看作一个有机的整体，实现高效联动、和谐发展。

（二）海洋生态保护

马克思主义认为，自然资源并不是无限的，对海洋资源的利用要注重可持续性。中国提出海洋命运共同体理念，呼吁世界各国一道承担海洋治理责任。

1. 海洋资源的可持续性

在马克思生活的年代，对海洋的争夺成为当时国际战争爆发的主要原因。马克思在《资本论》中将劳动和自然资源看作财富的来源，"撇开社会

---

① 《习近平谈治国理政》第 3 卷，外文出版社，2020，第 464 页。

② 《2022 年中国海洋经济统计公报》，自然资源部网站，http://gi.mnr.gov.cn/202304/P020230414430782331822.pdf。

③ 习近平：《决胜全面建成小康社会 夺取新时代中国特色社会主义伟大胜利——在中国共产党第十九次全国代表大会上的报告》，人民出版社，2017，第 33 页。

生产的形态的发展程度不说，劳动生产率是同自然条件相联系的。这些自然条件都可以归结为人本身的自然（如人种等等）和人的周围的自然。外界自然条件在经济上可以分为两大类：生活资料的自然富源，例如土壤的肥力，鱼产丰富的水域等等；劳动资料的自然富源，如奔腾的瀑布、可以航行的河流、森林、金属、煤炭等等。在文化初期，第一类自然富源具有决定性的意义；在较高的发展阶段，第二类自然富源具有决定性的意义"①。在农耕社会，生活资料的自然富源占据主导地位，到了资本主义社会，生产资料的自然富源起着决定性作用。新航路开辟后，以英国为代表的自然富源稀缺的国家通过海外贸易获得大量生活、生产的自然富源，进行了工业革命，英国也因此成为头号资本主义强国。各海洋国家对海洋的争夺，归根到底是对海洋资源的争夺。

马克思在《1844 年经济学哲学手稿》中指出，如果不能遵循可持续发展的原则，开展任何劳动对于人类自身来说都是不利的，他反对一味提及劳动和生产力而忽视自然环境的可持续发展。"至于斯密，现在我们更加明白他的观点了，因为他说，流动资本必须每年补偿和不断更新，其办法是人们不断从海洋、土地和矿山取得它。可见，他这里的流动资本纯粹是从物质方面来说的，这些产品同土地脱离关系，成为个别化的，从而成为可移动的，或者像鱼类等等以其现成的个体形式从它们的天然环境中分离出来。"②

马克思和恩格斯通过对当时社会现状的分析，已经意识到资本主义社会中人与自然之间存在的各种问题，并提出了自己的见解。在他们看来，自然是先于人类社会存在的，人类并不是自然的主人，人类的社会实践活动要依赖自然才能得以实现，因此在利用自然的同时也应该注意对环境的保护，实现资源的可持续性开采。

2. 持续加强海洋环境污染防治

进入 21 世纪，随着海洋在国家发展中战略地位的提升，人类对海洋的

---

① 《马克思恩格斯选集》第 2 卷，人民出版社，2012，第 239 页。
② 《马克思恩格斯全集》第 31 卷，人民出版社，1998，第 133 页。

开发利用强度逐渐加大，一系列无节制的开发使海洋生态环境遭到了严重的损害。据测算，全球每年有 480 万吨~1270 万吨塑料垃圾被排放入海。① 这些塑料漂浮在海上，严重影响海洋生物的生存，并会通过海洋生物进入人的体内，对人体健康造成危害。与此同时，气候的变化也会导致海水 pH 值下降，从而对海洋生物以及海洋系统造成不可逆的影响。②

与日益严峻的海洋治理形势相对的是极个别国家无视人类共同需求，一味地将本国利益置于人类公共利益之上。治理意愿低的现状，严重影响了治理的成效。要破解全球海洋治理困境，实现人海关系的和谐，就必须寻求以共赢取代零和的新理念，形成全球海洋治理的合力。

"中国高度重视海洋生态文明建设，持续加强海洋环境污染防治，保护海洋生物多样性，实现海洋资源有序开发利用，为子孙后代留下一片碧海蓝天。"③ 海洋命运共同体理念的提出是中国向世界发出的建设"生态海洋""绿色海洋"的信号，表明中国主张与各国合力打造全球海洋治理新格局，愿意并且呼吁全世界一起去承担海洋开发利用后的治理责任，将全球各国的命运紧密地联系在一起。各国根据实际情况承担相应的责任，共同改善海洋的生态环境，促进海洋的可持续发展，以此来维护人类的生存空间与发展空间。

（三）海洋安全

马克思恩格斯通过对荷兰兴衰的观察，认为海上力量影响国家的兴衰。海洋命运共同体理念倡导树立新安全观，共同维护海洋安全。

1. 海上力量关系国家的兴衰

随着海上贸易的发展，海洋在国家发展战略中的地位日益提升。为保障

① Jenna R. Jambeck et al., "Plastic Waste Inputs from Land into the Ocean," *Science*, Vol. 47, 2015, pp. 768-771.

② Intergovernmental Panel on Climate Change (IPCC), *Climate Change* 2013: *The Physical Science Basis*, Cambridge: Cambridge University Press, 2014, pp. 294, 528.

③ 《习近平谈治国理政》第 3 卷，外文出版社，2020，第 464 页。

海上运输安全，需要建立强大的海军。在马克思恩格斯生活的年代，由于国际海洋公约的不健全、对海洋划分不明确，海盗猖獗，海上运输面临着严重的安全威胁。"对于一种地域性蚕食体制来说，陆地是足够的；对于一种世界性侵略体制来说，水域就成为不可缺少的了。"① 为了保护海外殖民地不被蚕食以及海上运输通道的安全，各海洋国家纷纷建立起强大的海军，以保障国家的海洋权益。"亚得利亚海上贸易的复兴和轮船航运业的发展，迟早要使从威尼斯衰落时起消失了的亚得利亚海军重新建立起来。"② 强大的海军保证了资本主义国家在海外的利益，保证了世界市场的进一步扩展以及工业革命的深化。

马克思恩格斯通过分析荷兰从兴起到衰落的过程，得出海上力量影响国家国际地位的一般规律。18 世纪荷兰积极发展商业和海洋运输业，成为当时欧洲最强大的殖民国家，殖民制度又促进了荷兰工商业以及海外贸易的发展。"它的渔业、海运业和工场手工业，都胜过任何别的国家。这个共和国的资本也许比整个欧洲其余地区的资本总和还要多。"③ 海外贸易的发展，要求荷兰必须有一支强大的海军来保护其商船的安全，其在荷兰争取独立以及获得制海权方面也发挥了不可替代的作用。

在当时，海上实力的强弱代表着国家实力的高低，而海军则是判断一国海上力量是否强大最直接的体现。海军在海外殖民地的获得以及保证船队航行安全方面发挥着重要作用。但海上力量的强弱并不仅仅简单地取决于海军武器的状况，雄厚的资本主义工业基础才是国家海上力量的决定因素。恩格斯在《反杜林论》中指出："现代的军舰不仅是现代大工业的产物，同时还是现代大工业的样板，是浮在水上的工厂——的确，主要是浪费大量金钱的工厂。大工业最发达的国家差不多掌握了建造这种舰船的垄断权。"④ 正如荷兰与英国之间的较量，最后以荷兰的失败而告终，究其原因是由两国的工

① 《马克思恩格斯全集》第 44 卷，人民出版社，1982，第 322 页。
② 《马克思恩格斯全集》第 12 卷，人民出版社，1962，第 98 页。
③ 《马克思恩格斯全集》第 43 卷，人民出版社，2016，第 817 页。
④ 《马克思恩格斯选集》第 3 卷，人民出版社，2012，第 552~553 页。

业基础以及经济发展水平决定的。马克思恩格斯认为，海洋促进了资本主义工业的发展，资本主义工业的发展程度决定了国家力量的强弱，工业是国家海上力量发展的坚强后盾，如果没有强有力的工业支撑，就会像荷兰一样走上衰落的道路。

2. 树立新安全观，合作维护海洋安全

随着经济全球化的发展，国际社会普遍受到海上传统安全威胁与非传统安全威胁，无论是国家间的海上冲突还是海盗威胁，都会对国家的经济发展与安全造成一定的影响。

海洋命运共同体理念的提出，表明了中国愿同世界各国以平等对话的方式解决海洋争端，化解海上冲突，构建海上危机管控以及沟通机制，携手应对各种海上安全威胁，增强各国之间的战略互信。海洋命运共同体理念倡导树立新安全观，主张各国应坚持互利共赢，以和平的方式解决海上争端，共同维护海洋的安宁。

（四）国际海洋合作

马克思明确提出海洋是"各国共有的大道"的思想，主张海洋是属于全人类的。[①] 海洋命运共同体理念倡导加强各国的互联互通，通过"一带一路"建设实现沿线国家的合作。

1. 海洋是各国共有的大道

马克思明确提出海洋是"各国共有的大道"的思想："作为各国共有的大道的海洋是不能处于任何中立国主权之下的。"[②] 马克思认为，各国争夺的只是大陆沿岸以及航运航道，而海洋则是自然界的一个组成部分，是人类进行社会实践活动的载体以及物质基础。

格劳秀斯曾以"共有物"和"公有物"对"领土"和"海洋"这两个概念进行比较和划分。在他看来，公有物是在主权国家产生之后产生的，领

---

① 参见《马克思恩格斯全集》第15卷，人民出版社，1963，第452页。
② 《马克思恩格斯全集》第15卷，人民出版社，1963，第452页。

土是公有的，带有浓厚的政治色彩，是特定的政治共同体中人群所实施的占有行为。海洋不属于任何主权国家或主权者，具有自然属性，是共有的，属于所有人。通过对海洋属性的研究，格劳秀斯反对将海洋变成陆地化的行为，强调要维持海洋"共有物"的自然属性。

马克思认为，海洋并不是一个国家或是特定的政治共同体所私有的，而是全人类共有的。地理大发现后，西班牙、葡萄牙等国家疯狂地进行海外殖民活动，对海洋进行割据占有。直到《联合国海洋法公约》对"公海"进行了划分，国际社会才出现一种新的海洋划分依据。马克思"海洋是各国共有的大道"的观点与《公约》中的"公海"的划分在法理层面不谋而合，站在全人类的高度去认识海洋、利用海洋。

2. 推进"一带一路"建设，促进海上互联互通

海洋命运共同体理念的提出，表明中国愿与世界各国共同发展，共享发展利益。2013 年 10 月 3 日在访问印尼时，习近平提出："中国愿同东盟国家加强海上合作，共同建设 21 世纪'海上丝绸之路'。"① "海上丝绸之路"建设从最初的中国倡议已逐渐上升为相关国家的共识，为国家间的经济政治等多方面的交流合作注入了强劲动力。

21 世纪"海上丝绸之路"建设倡导构建共商共建共享新型国际合作关系。其中"共商"指各主权国家享有平等的权利，共同商议国际事务，在这过程中要兼顾到各方的利益。"共建"主张中国加强与各主权国家的多方合作，共同建设。"共享"指各主权国家互利共赢，共同分享发展成果。在"共商共建共享"原则的指导下，各主权国家加强合作，增强战略互信，实现互利共赢。当前，"一带一路"倡议获得越来越多的国家的认可和加入。把构建海洋命运共同体和"一带一路"倡议相结合起来，通过"一带一路"建设，加强沿线国家的互联互通，实现合作共赢，使 21 世纪"海上丝绸之路"成为我国全面开发利用海洋的一个新平台，在此基础上更好地推动海洋命运共同体的构建。

---

① 《习近平谈治国理政》，外文出版社，2014，第 293 页。

三 海洋命运共同体理念对马克思恩格斯海洋观继承与发展的意义

（一）理论意义

海洋命运共同体理念对马克思恩格斯海洋观的继承与发展具有重要的理论价值，既丰富了马克思恩格斯海洋观，赋予其新的时代内涵，又发展了中国化的马克思主义，使其永葆创新性。

1. 丰富了马克思恩格斯海洋观

海洋命运共同体理念继承了马克思恩格斯关于发展海洋经济、保护海洋生态、加强海军建设等方面的内容，但同时也根据新的时代背景提出了新论述、新概念。

马克思恩格斯海洋观是在资本主义经济迅速发展的背景下形成的，不可避免地带有时代的烙印。21 世纪是大规模开发利用海洋的世纪，随着陆地资源以及空间的日益紧张，越来越多的国家加大对海洋的投入，以期掌握未来海洋主动权，然而各国在利用海洋的过程中难免会遇到各种新问题、新挑战。海洋命运共同体理念立足于当前海洋现状、放眼世界，将马克思恩格斯的海洋观与当今世界海洋开发利用的实际相结合，丰富了马克思恩格斯的海洋观，为其赋予新的时代内涵，是指导中国以及世界各国海洋治理的新方案。它开阔了马克思恩格斯海洋观的新视野，指出今后海洋开发利用的方向，是我国在海洋发展中的一次重大的创新，发展了马克思恩格斯的海洋观。

2. 发展了中国化的马克思主义

海洋命运共同体理念的提出经历了一个比较长的过程。从以"向海图存"为主线的海洋发展战略，到实行以"发展"为主线的开放性海洋政策，再到确立"实施海洋开发"的海洋发展战略，21 世纪初提出建设"和谐海洋"的思想，我国对海洋的开发利用体现鲜明的时代性。

站在新的历史起点上，我国准确把握时代方向，对新时代在海洋领域的发展形势进行科学的研究判断，发表一系列重要讲话、作出一系列重大部署，形成了系统的以"强国"为核心的外向型海洋体系，为我们进一步开发利用海洋提供了行动指南。2012 年党的十八大报告首次从国家层面正式提出建设海洋强国。[①] 在随后召开的中共中央政治局第八次集体学习中，又对"建设海洋强国"作出了进一步的部署。[②] 2017 年党的十九大报告中对海洋强国的建设提出了新的要求，指出要"加快建设海洋强国"[③]。2019 年4 月 23 日习近平第一次正式提出"推动构建海洋命运共同体"[④]。

从建设"海洋强国"到"一带一路"倡议，再到"海洋命运共同体"倡议，我国根据实际不断调整海洋政策，不断发展中国化的马克思主义。

（二）应用价值

海洋命运共同体理念对马克思恩格斯海洋观的继承与发展具有重要的实际应用价值，不仅向世界传播了中国愿承担大国责任的声音，而且有利于更好地推动海洋命运共同体的建设。

1. 向世界传播中国声音

海洋命运共同体理念是继"人类命运共同体"倡议后的又一中国智慧、中国方案，是中国向世界发出的构建"和平之海""合作之海""生态之海""绿色之海"的信号。当前海洋发展问题日益突出，各种非传统安全威胁与新兴的海洋问题层出不穷，对各国海洋的开发利用都造成了不同程度的阻碍。海洋命运共同体理念的提出，表明中国愿同世界各国以平等对话的方式解决海洋争端，化解海上冲突，构建海上危机管控以及沟通机制，携手应对各种海上安全威胁，增强各国之间的战略互信。

---

① 参见《十八大以来重要文献选编》上，中央文献出版社，2014，第 31 页。

② 《习近平：要进一步关心海洋、认识海洋、经略海洋》，中国政府网，https：//www. gov. cn/govweb/ldhd/2013-07/31/content_2459009. htm。

③ 习近平：《决胜全面建成小康社会　夺取新时代中国特色社会主义伟大胜利——在中国共产党第十九次全国代表大会上的报告》，人民出版社，2017，第 33 页。

④ 《习近平谈治国理政》第 3 卷，外文出版社，2020，第 463 页。

海洋命运共同体理念的提出，为海洋资源的共同开发贡献了中国智慧。在经济全球化的大潮下，任何一个国家都无法脱离大环境实现独立发展。海洋命运共同体理念的提出，使世界各国在战略互信的基础上，在不丧失主权立场的条件下，通过资金、技术的整合来合理开发利用海洋资源，加强国家间海洋经济合作，促进各国的发展，从而实现全球海洋利益的共享。

海洋命运共同体理念的提出，为构建全球海洋治理体系提供新的途径。海洋命运共同体理念将全球各国的命运紧密地联系在一起，谁都不可能独自享有海洋发展的利益，同时谁也不可能独自完成海洋治理的任务，构建同呼吸共命运的全球联合体，表明中国愿意并且呼吁全世界一起承担海洋开发利用后的治理责任，要求各国根据实际情况去承担相应的责任，共同改善海洋的生态环境，促进海洋的可持续发展，以此来维护人类的生存空间与发展空间。

2. 更好地推动海洋命运共同体的建设

海洋命运共同体的构建不是一蹴而就的，而是一个长期的过程。当前关于海洋命运共同体的构建仍面临着许多困难，如一些国家的不支持甚至是阻碍全球海洋治理体系的构建，逃避本该承担的国际责任；国家间缺乏战略互信与沟通，处于无秩序的合作状态，甚至有些国家企图"搭便车"，享受别国海洋治理的成果；国家间的法律依据不同，对利益的分配难以满足所有国家的要求，人身以及财产安全难以得到切实的保障等等，这些困难的解决不是短时间内就可以完成的，在未来的发展中可能还会遇到其他的阻碍。海洋命运共同体的构建任重而道远，应立足于当前的发展现状，着力解决眼下的难题，实现阶段性的发展。

四　结语

马克思恩格斯海洋观形成于资本主义迅速发展、世界格局发生重大变化的 19 世纪。马克思恩格斯在研究资本主义的过程中，意识到海洋在资本主义发展中的重要作用，在《反杜林论》《共产党宣言》《资本论》等多本著作中论述了海洋运输、海上贸易在资本主义发展过程中发挥的作用，形成了系统的海洋观。

　　海洋命运共同体理念继承了马克思恩格斯关于海洋经济发展、海洋生态保护、海洋安全和国际海洋合作等方面的内容，同时又结合当今世界海洋形势实现了创新性发展。当今世界海洋发展形势仍然严峻，海洋领域传统与非传统安全威胁层出不穷，对各国海洋的开发利用造成了不同程度的阻碍。站在新的历史起点上，作为海洋命运共同体倡议的发起国，我国要更加积极地加强与世界各国在海洋领域的合作，携手解决当前海洋治理难题，向世界展示中国负责任的大国形象。

基于生成式人工智能的涉海翻译：
优势、挑战与前景

周忠良　任东升*

摘　要：　涉海翻译关乎国家海洋形象的构建和国家海洋话语的全球化传播，是国家对外传播中国海洋文化、中国海洋发展方案，推动"一带一路"倡议的重要手段。ChatGPT 作为一种新型生成式人工智能，拥有强大的语义解析能力、语境理解能力、知识生成能力和多语言支持能力，因此具有优越的自动翻译性能，应用于涉海翻译具有多方面的优势。本文以 ChatGPT 为例，研究生成式人工智能在涉海翻译中的应用，分析其翻译机理、优势、挑战和前景，旨在为国家涉海翻译能力建设提供参考。

关键词：　生成式人工智能　ChatGPT　涉海翻译　翻译能力

人工智能生成内容（Artificial Intelligence Generated Content，AIGC）近年来获得快速发展，逐渐成为人工智能领域的一个重要部分。2020 年 5 月，美国人工智能公司 OpenAI 发布世界上首个千亿参数级的大型语言模型 GPT-3（generative pre-trained transformer 3）。ChatGPT-3 作为生成式语言模型，表

* 周忠良，中国海洋大学外国语学院博士研究生；任东升，中国海洋大学外国语学院教授、博士生导师，中国海洋大学海洋发展研究院高级研究员。

现出强大的语义理解、内容生成、文本处理能力，可在人的提示下生成流畅的文本，围绕特定的主题撰写新闻稿，模仿人类话语方式根据人的意图进行叙事和文学创作，表明通过超大型数据和参数训练出来的大型语言模型能够迁移到其他类型的任务。2022 年 11 月，OpenAI 发布对话式语言大模型 ChatGPT（chat generative pre-trained transformer）。该模型具有强大的交互能力。用户可使用自然语言以对话的形式与 ChatGPT 进行交互，使之完成自动问答、自动文摘、知识整理、机器翻译、聊天对话等多种自然语言理解和自然语言生成任务。2023 年 3 月，OpenAI 发布新一代生成式预训练大模型 GPT-4，不仅具备比 ChatGPT 更强的自然语言文本理解能力、问题求解能力和推理能力，还具备解析图片内容的多模态理解能力。海洋是国家发展的战略空间。党的十八大从国家战略高度提出建设海洋强国目标。涉海翻译关涉国家海洋形象的构建和国家海洋话语的全球化传播，是对外传播中国海洋文化、中国海洋发展方案，推动"一带一路"倡议的重要手段。ChatGPT 具有多语言支持性能，因此拥有卓越的翻译能力，作为涉海翻译的工具，具有广阔的应用前景。有鉴于此，本文就 ChatGPT 涉海翻译的相关议题展开分析，供学界参考。

一 ChatGPT 翻译原理及应用优势

ChatGPT 翻译采用编码器-解码器架构，结合自注意力机制，利用 Transformer 模型进行翻译任务。ChatGPT 拥有强大的语义解析能力、语境理解能力、知识生成能力和多语言支持能力，应用于涉海翻译，较之于人工翻译或传统机器翻译模式具有独特的优势。

（一）ChatGPT 翻译原理

ChatGPT 是一个基于 Transformer 架构的语言模型，使用编码器-解码器结构以及自注意力机制来实现翻译。在翻译过程中，ChatGPT 将待翻译的文本作为输入，经过编码器进行编码，然后将编码后的表示传递给解码器。解码器根据编码的表示生成翻译后的文本。同时，使用自注意力机制帮助模型在生成翻译文本时关注输入文本中的关键信息。具体而言，编码器负责将待翻译的文本序列转换为一系列隐藏表示向量。它通过多层的自注意力机制捕捉输入文本中各个词之间的依赖关系和重要信息。自注意力机制可以帮助模型在编码过程中同时考虑输入文本中所有位置的信息，以更好地表示文本语义和结构。解码器接收编码器生成的隐藏表示向量，并根据这些表示逐步生成目标语言的文本序列。解码器同样使用自注意力机制，但在生成过程中还会结合编码器的隐藏表示和目标语言部分已生成的单词来决定下一个单词的生成。在编码器和解码器中，自注意力机制用于计算每个词与其他所有词之间的注意力权重。通过自注意力机制，模型可以根据输入文本中不同词之间的相关性动态调整每个词的表示，从而更好地捕捉文本的上下文信息。在解码阶段，模型通过逐步生成目标语言的文本，并结合自注意力机制来对输入文本的不同部分进行关注，从而生成连贯且准确的翻译结果。

ChatGPT 作为一个通用语言处理模型，对传统机器翻译产生了颠覆性影响，具体表现为：ChatGPT 主要采用无监督预训练方式，不再区分双语数据或者单语数据，也不再区分语言种类，这种方式极大地降低了数据获取的成本，并且可以通过学习获得面向多语言的翻译能力；ChatGPT 的核心模型是单向生成式解码器，实际就是基于文本前缀预测下一个词语，可以利用任何类型的文本数据（包括代码数据等）进行训练，从而能够学习到更加丰富更加通用的语言知识和模式，具有更强的语言和领域泛化能力；ChatGPT 的无监督学习方式和巨大的上下文窗口使其可以学习到更丰富的上下文信息，从而在翻译时具有更强的上下文理解能力，能够更加准确地翻译含有歧义或复杂结构的句子；ChatGPT 表现出更强的理解能力，生成的译文更容易让用户接受，翻译结果更加流畅、更加准确；ChatGPT 不再局限于仅接收用户待翻译输入然后输出译文结果，更擅长遵循用户交互意图进行实时修改和更新，实现了更加拟人的翻译过程。

（二）ChatGPT应用于涉海翻译的优势

ChatGPT强大的语义解析能力、语境理解能力、快速响应能力赋予其卓越的自动翻译功能，应用于涉海翻译具有多方面的优势。

一是有助于提高翻译准确性。2020年面世的ChatGPT-3参数量高达1750亿。[①] 谷歌开发的Switch Transformer模型的参数量首次超过万亿。[②] 北京智源研究院研发的预训练模型"悟道2.0"参数量超过1.75万亿。[③] 基于巨量数据的预训练使ChatGPT类的新型生成式人工智能具有优良的内容生成能力、强大的语境析读能力和自我学习能力，拥有丰富的知识面。指令微调机制使ChatGPT能忠实地响应人的指令，类人对齐使之能避免输出有害内容和拒绝响应知识范围之外的提示，保证输出的内容符合用户的期望。在翻译过程中，ChatGPT基于自身海量预训练数据，利用深度学习技术，自动学习和理解源语言文本，获取源文本的语义和语法结构，并对上下文进行推断和理解，捕捉语言的复杂性，因此在处理长句子、复杂语境和多义词时表现较好。为验证翻译的准确性，笔者抽取2023年《中华人民共和国和菲律宾共和国联合声明》第十三条内容输入ChatGPT，并指令"将本段翻译成英文"。原文为：两国元首就南海局势深入坦诚交换意见，强调南海争议不是双边关系的全部，同意妥善管控分歧。双方重申维护及促进地区和平稳定、南海航行和飞越自由的重要性，同意在《南海各方行为宣言》以及《联合国宪章》和1982年《联合国海洋法公约》基础上，以和平方式处理争议。得到的译文为：The heads of the two countries had a thorough and candid exchange of views on the South China Sea situation, emphasizing that the South China Sea dispute is not the whole of bilateral relations, and agreeing to properly

---

① T. Brown, B. Mann, N. Ryder et al., "Language Models are Few-shot Learners," Proceedings of the Advances in Neural Information Processing Systems, 2020, pp. 1877–1901.

② W. Fedus, B. Zoph, N. Shazeer, "Switch Transformers: Scaling to Trillion Parameter Models with Simple and Efficient Sparsity," 2021 ArXiv: 2101. 03961.

③ 车万翔、窦志成、冯岩松等：《大模型时代的自然语言处理：挑战、机遇与发展》，《中国科学：信息科学》2023年第9期。

manage differences. The two sides reiterated the importance of maintaining and promoting regional peace and stability, freedom of navigation and overflight in the South China Sea, and agreed to peacefully resolve disputes on the basis of the Declaration on the Conduct of Parties in the South China Sea, the United Nations Charter, and 1982 United Nations Convention on the Law of the Sea. 分析可知，译文的语法正确，句法自然，文件标题翻译准确。整体上，译文语言较流畅地道，符合英语表达习惯。

二是有助于提高翻译效率。ChatGPT 是一个自动化翻译工具，可以快速响应人的翻译需求。在执行涉海翻译任务时，ChatGPT 庞大的预训练数据就会自动成为背景性知识库、语料库、术语库、信息库，为生成准确译文提供语言和专业层面的支撑。ChatGPT 翻译的底层逻辑主要基于 Transformer 模型，是一种基于自注意力机制的深度神经网络架构，可以快速准确地计算出原文和译文之间的语义对应关系，从而高效地完成翻译任务。与传统的人工翻译相比，可极大地节省时间和人力成本，并提高翻译效率。与百度翻译、有道翻译、谷歌翻译、DeepL 等机器翻译软件相比，ChatGPT 的微调机制赋予其更强的交互性，使之能在人的指令提示下调整译文词汇、句法、风格特征，更能适应多样化的涉海翻译场景需求。

三是从译者角度看，ChatGPT 可提升翻译工作体验。ChatGPT 以对话的形式进行翻译，易于操作，具有极高的用户友好性。译者可直接与机器人交互，输入需要翻译的内容，即可获取翻译结果。在这一过程中，译者无须付出太多的知识成本、注意力成本、时间成本。ChatGPT 基于大规模预训练模型开展工作，可通过迭代和持续学习不断改进和优化翻译效果。随着时间的推移，可从用户反馈和相关数据中获得更多信息，在此基础上自我调整模型参数，帮助译者提升翻译质量。ChatGPT 的训练语料涵容广泛的领域、多种语篇类型和多种语言，因此具有很强的多样性和灵活性。这使得 ChatGPT 与其他机器翻译软件相比，具有更高的泛化能力，可以更好地适应不同语言、文化、专业背景，为译者生成更为准确的翻译结果。此外，ChatGPT 表现出很强的可扩展性，可与谷歌、New Bing 等搜索引擎集成，还可提供插件服务，以获取最新信息，运行计算，使用第三方服务。基于 GPT-4，微软发布了 Copilot 智能助手，大幅度提升了 Office、GitHub 等工具的智能水平和服务能力。[①] 良好的可拓展性，有利于译者有效整合不同类型的翻译服务工具，改善工作体验。

四是有助于提高国家涉海翻译能力。ChatGPT 支持多种语言对之间的互译，包括中、英、法、德、西、阿、日等常用的国际语言，也可进行荷兰语、芬兰语、乌克兰语、蒙古语等小语种的互译。2013 年以来，中国大力推动共建"一带一路"倡议。截至 2023 年初，中国已同 147 个国家和 32 个国际组织签署 200 余份共建"一带一路"合作文件。[②] "一带一路"共建国家众多，涉及的语言具有多样性，对中国的涉海翻译能力提出了新的挑战。ChatGPT 的多语言翻译功能突破了人工翻译的语种数量局限，有助于我们拓展翻译文本的语言对象，为复语、多语涉海翻译提供助力，提高国家涉海翻译能力。

二 ChatGPT 涉海翻译面临的问题

如前所述，较之于人工翻译和谷歌翻译、DeepL、Trados 等翻译软件和翻译平台，ChatGPT 具有无可比拟的优势，有助于提高翻译质量，提升译者工作体验，提高国家涉海翻译能力，因而在国家涉海翻译领域具有广阔的应用前景。任何事物都有两面性，也应注意到，ChatGPT 用于涉海翻译也潜藏着风险。

（一）翻译准确性问题

ChatGPT 翻译具有较高的准确性。但语言具有复杂性。首先，不同语言之间的表达方式和习惯用法可能存在差异。这可能导致 ChatGPT 的翻译结

---

① 车万翔、窦志成、冯岩松等：《大模型时代的自然语言处理：挑战、机遇与发展》，《中国科学：信息科学》2023 年第 9 期。
② 杜占元：《积极向国际社会传播全球治理的中国方案》，《对外传播》2022 年第 5 期。

果发生意义偏移或遗漏，影响翻译的准确性。其次，ChatGPT 虽具有强大的语境理解能力，但毕竟是机器，语言感知能力、理解能力和逻辑思维能力无法与人相比，也不具备专业译者的能动性，因此在翻译中处理具有多义性的词语、结构复杂的句子或内涵丰富的语境时，可能忽略或误解一些重要的上下文信息，导致翻译结果不准确或不连贯。最后，语言是文化的一部分，特定的文化背景和语言习惯可能给翻译造成困难。ChatGPT 可能无法理解文化异质性因素，也就难以译出文化负载项如典故、谚语或隐喻的原义。此外，ChatGPT 翻译的准确性还受制于预训练语料。如果预训练语料没有涵盖特定领域的专业术语和行业特点词汇，翻译时就可能出现术语翻译错误。

（二）翻译伦理问题

语言承载着社会意识，是社会价值观的反映。ChatGPT 大规模利用通用语料作为基底数据训练模型，这些语料不可避免地承载着人类社会的道德观念、规范标准、伦理价值。ChatGPT 拥有自主深度学习能力，大量数据通过无监督式深度学习进入训练数据库。"无监督式学习的输入和输出均为未知，使机器拥有更多的自主性，但这种方式极易将数据库推进更深的'黑箱'"[①]，难以规避计算偏见问题。以性别偏见为例，国内已有研究表明，ChatGPT 在算法层面存在性别歧视倾向。研究者在使用 GPT-2 进行模型预测时，其算法有 70.59% 的概率将教师预判为男性，将医生预测为男性的概率也高达 64.03%，女性被认为上述职业的概率明显低于男性。[②] 国外也有研究发现，使用带有性别偏见的语料训练模型，可能导致训练后的词向量具有性别歧视，例如，"man" 与 "honorable" 的语义距离显著地小于 "woman"，"woman" 与 "submissive" 的语义距离小于 "man"。性别偏见

---

① 李昭熠：《智能传播数据库偏见成因与规制路径》，《当代传播》2020 年第 1 期。
② 邹开亮、刘祖兵：《ChatGPT 的伦理风险与中国因应制度安排》，《海南大学学报（人文社会科学版）》2023 年第 4 期。

在机器翻译等自然语言处理任务中也普遍存在。[①] 语言模型的偏见问题在很大程度上是由训练数据中存在的偏见导致的。语言模型的数据偏见会对其算法产生影响，容易使算法习得偏见，最终影响其内容生成的决策。在执行翻译任务时，ChatGPT 的输出是基于其在训练数据中获得的信息。如果训练数据中存在不当、歧视性或有害性的内容，就可能会生成类似的翻译结果。当翻译的内容涉及宗教、种族、性别、文化、政治等敏感问题时，数据偏见会损害用户权益，影响社会和谐和国际关系。在 ChatPGT 中提问"ChatGPT 翻译是否存在偏见"？得到的回答是：ChatGPT 是一种基于大规模训练数据的机器翻译模型，本身并不具有偏见。但是，在训练数据中存在一些文化、社会和语言上的差异，这可能会导致模型产生某种形式的偏见。例如，现有的数据集中可能存在性别或种族方面的偏差，这可能会影响到 ChatGPT 生成的翻译结果。另外，模型也可能因为语言表达形式的差异，而产生某些误解或误译。此外，由于模型的训练数据取自互联网或特定领域，对于一些场景的翻译可能缺乏相关知识或背景信息，从而导致一定程度的偏见问题。可见，ChatGPT 自身并不否认翻译偏见发生的可能性。ChatGPT 产生于美国，根植于西方的社会文化土壤，其底层语料不可避免地带有西方意识形态烙印而对中国存在政治、文化、价值观偏见。在使用 ChatGPT 对外翻译中国"海洋强国""人类海洋命运共同体""一带一路"倡议等国家涉海核心话语时，要强化政治审核，避免翻译偏见损害国家形象、国家利益。

（三）翻译安全问题

翻译安全研究是"从安全论视角审视翻译、研究翻译，对翻译中的种种现象进行安全剖析；或从翻译研究角度审视安全、研究安全，对安全中的

---

① T. Bolukbasi, K. W. Chang, J. Y. Zou et al., "Man is to Computer Programmer as Woman is to Homemaker? Debiasing Word Embeddings," *Proceedings of the Advances in Neural Information Processing Systems*, 2016.

种种现象进行翻译及翻译研究方面的剖析"，[①] 关注翻译在国家安全中的作用、地位、影响。ChatGPT 作为一种具有高交互性智能化翻译工具，现在已经日益介入翻译行业，具有广阔的应用前景。经由 ChatGPT 翻译的内容在国家的对外传播中发挥着越来越重要的作用。在这种语境下，讨论其翻译安全问题十分重要。ChatGPT 拥有海量的语言数据并且学会了人类的言说方式，这使得它在翻译中不仅可以产生准确的内容，也可能因自身数据、算法、知识、理解力等方面的局限产生有偏见性、负面的内容。ChatGPT 涉海翻译的安全问题包括翻译内容安全、翻译语言安全、翻译话语安全和翻译数据安全。翻译内容安全指向翻译的准确性，涉及源文本信息、知识、立场、态度、情感等方面内容的忠实表达，衡量的标准为是否忠实地传达了原文意图表达的内容。误译漏译越多，翻译的内容安全性越低。翻译语言安全涉及语言使用规范，衡量的标准就是 ChatGPT 翻译所用的语言是否对译入社会的语言习惯、规范、标准造成了损害。翻译话语安全涉及国家海洋话语翻译的准确性问题。"中国特色海洋话语是经由国家产生、被国家认定、为国家所用、体现国家权威、具有中国本土气质的海洋话语"[②]，是国家海洋治理理念的核心内容。翻译话语安全要求译者准确传达国家海洋话语的内涵，实现国家涉海话语对外传播和国家海洋形象构建的目的。如将"'一带一路'倡议"翻译成"'Belt and Road' Strategy"，就有违源话语的本真意图，对国家形象造成不利影响。ChatGPT 从用户提供的输入数据中获取潜在的个人信息、机构业务信息或国家涉密信息，因此确保用户的隐私信息和数据安全至关重要。《中华人民共和国数据安全法》中第三条将"数据安全"定义为通过采取必要措施，确保数据处于有效保护和合法利用的状态，以及具备保障持续安全状态的能力。涉海翻译数据安全即确保涉海翻译数据得到有效保

---

① 许建忠：《翻译安全学·翻译研究·翻译教学》，载天津市社会科学界联合会编《发挥社会科学作用 促进天津改革发展——天津市社会科学界第十二届学术年会优秀论文集》（上），人民出版社，2017。
② 周忠良、任东升：《基于语料库的中国特色海洋话语译传研究：框架、内容与原则》，《中国海洋大学学报（社会科学版）》2022 年第 4 期。

护和合法利用的能力，包含翻译数据本身的安全和翻译数据防护的安全，防止"翻译数据泄露、滥用、数据异化"，[①] 危害国家翻译安全。

针对上述问题，可从多方面入手建立涉海翻译质量保障体系，提高国家涉海翻译水平。

可从 ChatGPT 的运行逻辑角度解决 ChatGPT 翻译准确性问题。一方面，在 ChatGPT 预训练数据中注入涉海语料，将有关中国海洋话语的知识、信息、术语、数据等纳入语言模型，使之获得巨量的不同语种、不同内容类型、不同语言风格的涉海文本，增强基底数据的专业性，从而增强 ChatGPT 涉海专业文本的语义解析、语境识别能力，提高翻译准确性。另一方面，优化模型的反馈机制，设置合理的再训练策略，推动 ChatGPT 的自我学习机制正向运行，使之能持续改进和优化翻译品质。此外，建立人工涉海翻译质量保障体系，加强译审工作，经由人工的质量管理体系，确保翻译准确性。

采取综合性措施防范 ChatGPT 翻译伦理风险。一方面，在模型的训练数据上，强化筛选和清洗，避免使用涉及种族、性别、宗教、政治、文化偏见方面的内容，通过"去偏化"，实现基底数据的价值中立。同时，对用户提供的涉译数据进行保密，防止泄露隐私。强化知识产权保护，确保涉译数据的透明、合法使用。构建适当的模型监督机制，开发翻译伦理管理软件、工具，构建生成式人工智能翻译伦理指南，使涉海翻译有规可依。

OpenAI 采用了 6 种方法提高 ChatGPT 的安全性：从预训练数据中去除有害的文本内容，如规模庞大的色情内容等；通过指令微调方法约束模型对不安全问题的回复，避免模型产生有害回答；通过奖励器给模型回复进行偏好评分，并通过强化学习对安全内容加以奖励；通过分类器给模型回复进行基于安全规则的评价，并同样使用强化学习方法；通过人类专家进行对抗测试，不断地找出安全薄弱环节，不断地迭代加强模型；线上实时检测生成回

[①] 王华树、刘世界：《大数据时代翻译数据伦理研究：概念、问题与建议》，《上海翻译》2022 年第 2 期。

复的有害性，若意外生成有害回复则提示用户或终止回复。[①] 我们也可借鉴这种思路用于解决涉海翻译安全问题。此外，有必要强化翻译安全研究，探究 ChatGPT 广泛应用于涉海翻译语境下，翻译内容安全、语言安全、话语安全、数据安全问题的发生机制、典型特征和解决路径，构建系统的涉海翻译安全观，实现观念层面的革新。还要建立"国家翻译安全审查体系"，[②] 从国家安全高度界定涉海翻译的安全问题，形成涉海翻译安全监理机制，提高翻译治理能力和水平。

三 ChatGPT 涉海翻译研究前瞻

ChatGPT 应用于涉海翻译具有独特优势，也面临着各种挑战。有必要从译语、译者、翻译管理和 ChatGPT 本身角度，强化生成式 AI 语境下的涉海翻译问题研究，以提升国家涉海翻译能力。

（一）译语特征研究

基于涉海翻译具体场景，采用平行对比的方式，系统分析 ChatGPT 翻译与人工翻译的语言特征。在语法、词汇、语块、句法、篇章、语用、修辞等层面对比二者的异同，归纳译语的风格特征，分析 ChatGPT 译语表达的流畅性、地道性，考察 ChatGPT 的译语表达能力及其形成机制。文本是翻译研究的重要对象，研究基于 ChatGPT 的涉海翻译语言特征，对于提升国家涉海翻译水平具有重要意义。

（二）译者研究

采用 ChatGPT 从事涉海翻译，译者需面对的全新工作语境衍生出大量值得研究的课题。例如，在生成式人工智能翻译情景中，译者行为有何特

---

① 车万翔、窦志成、冯岩松等：《大模型时代的自然语言处理：挑战、机遇与发展》，《中国科学：信息科学》2023 年第 9 期。
② 任东升、高玉霞：《国家翻译实践学科体系建构研究》，《中国外语》2022 年第 2 期。

征？译者的翻译认知发生何种变化？译者的翻译伦理与传统翻译模式存在哪些差异？新的翻译模式对译者的知识结构、能力结构提出了什么要求？译者的翻译决策过程与传统翻译模式有何差异？译者对 ChatGPT 翻译持何种态度，采用 ChatGPT 翻译的动机是什么？译者是涉海翻译主体。研究生成式人工智能翻译模式下的译者行为、认知、能力、态度、伦理等，有助于揭示翻译行为发生过程和机制，助力译者提升涉海翻译能力。

（三）翻译管理研究

生成式人工智能在涉海翻译中的广泛应用，对翻译管理提出了新的挑战。ChatGPT 改变了翻译业态和模式，使涉海翻译工作更加依赖语言模型、算法、大数据、人工智能、云技术等。因此，翻译技术管理的重要性日益凸显，其研究议题包括基于生成式人工智能翻译的技术规格、技术标准的研制，翻译工具、平台、数据、资源的开发，翻译质量保障体系的建设，翻译伦理、翻译安全的维护，翻译人才培养体系的改革，翻译产品对外传播体制机制建设，等等。翻译技术管理需要着力做好两个方面的工作，即加强对翻译技术的管理和强化翻译管理的技术，前者强调管理能力，关键在于管理层面的制度化建设，后者注重技术能力，关键在于提升翻译管理的"软技术"和"硬技术"。[①] 强化翻译管理研究，有利于提高国家涉海翻译管理水平。

（四）生成式人工智能翻译本体研究

译语特征、译者行为、翻译管理属于外围研究。ChatGPT 作为翻译手段和平台，本身蕴含诸多研究议题。

ChatGPT 翻译能力提升路径研究。语言模型的性能与模型参数量、数据量、训练时长之间存在着一种规律性的关系，即模型的性能随着参数量、数据量、训练时长的指数级增加而呈现线性提升。[②] 因此，要提升 ChatGPT 的

---

① 任东升：《国家翻译实践工程初探》，《上海翻译》2022 年第 2 期。
② 车万翔、窦志成、冯岩松等：《大模型时代的自然语言处理：挑战、机遇与发展》，《中国科学：信息科学》2023 年第 9 期。

翻译能力，需要进一步增大模型规模，增加训练数据。同时，优化数据结构，提升数据质量，增强数据的专业化特征，提高语言模型翻译的专业适应能力。模型的规模对其知识表示能力、语义解析能力、抽象概念理解能力、内容生成能力有直接影响。现有模型大都以自回归方式生成内容，难以处理连续、结构化输入，成文本生成的长度受限。因此有必要通过优化模型架构，提升其持续对话和长文本生成能力，进而提升翻译能力。

ChatGPT 翻译应用场景研究。ChatGPT 等新型 AI 拥有强大的语言理解能力、知识求解能力、命题写作能力、翻译能力，这些能力可触发更多的涉海翻译应用需求。基于 ChatGPT 的运行逻辑和工作机制，探索涉海翻译新的应用场景，将成为相关研究的重要议题。例如：（1）翻译信息求解，在涉海翻译过程中，译者遇到专业术语、概念、知识问题时，可通过与 ChatGPT 的多轮对话，获取相关专业知识，形成专题知识图谱，解决背景知识问题，提高翻译的准确性。微软的 Bing 搜索已集成 ChatGPT 能力并进入公测阶段，搜索引擎与生成式 AI 的有机融合，能极大提升译者的翻译信息求解能力。（2）虚拟译审，ChatGPT 通过深度学习机制学习了大量的领域性知识和通用语言知识，二者的结合使其具有超越人类译者的翻译能力。在涉海翻译过程中，译者通过系列指令可调动 ChatGPT 利用其多方面能力审校涉海翻译文本的语言、专业问题，充当虚拟译审的角色。（3）翻译资料库建设，利用 ChatGPT 的内容生产功能，构建涉海翻译的知识库、数据库、案例库、术语库、语料库等，形成专业的翻译资源支撑体系，服务国家涉海翻译能力建设。

ChatGPT 多模态翻译能力研究。模态是指人类通过感官（如眼睛、耳朵等）跟外部环境（如人、机器、物件、动物等）之间的互动方式。用单个感官进行互动的叫单模态，用两个的叫双模态，用三个或以上的叫多模态。[①] 多模态语义识解、多模态情感分析、多模态信息处理是当前大数据、大模型、强算法等人工智能研究的热点。微软已提出能够感知语音、语言和

---

① 顾曰国：《多媒体、多模态学习剖析》，《外语电化教学》2007 年第 2 期。

视觉信息的多模态大模型 Kosmos-1。OpenAI 最新发布的 GPT-4 已经能准确理解图文多模态的输入。多模态翻译关涉不同语言文化背景的声音、图像、文字信息的识别与翻译，对语言模型的算法、架构、数据提出了新的要求。海洋气象、海洋工程、海洋管理、海洋开发、海洋生态等涉海文本往往具有融文字、声音、图片、视频于一体的多模态特征。开发生成式 AI 的多模态翻译功能是人工智能语言能力研究的前沿性热点。

ChatGPT 个性化涉译服务。个性化技术在搜索、推荐和对话系统中已经有广泛的应用。购物平台搜索引擎可根据用户的搜索历史，推测其购物偏好并推荐商品。Facebook、微信、微博等内容分发平台根据用户的内容消费习惯，构建精准的用户画像，并利用算法推荐机制为用户推送个性化内容。个性化技术突出个体需求和精准服务，体现"以人为本"的原则。生成式 AI 如 ChatGPT 目前尚不具备个性化服务能力，仅能在一轮对话内部进行上下文学习。随着个性化技术的更新迭代，未来 ChatGPT 有能力根据用户使用记录进行建模，准确描绘用户画像，并为用户提供个性化的内容生成服务。对于涉海翻译而言，ChatGPT 可基于译者翻译过的文献、检索词、阅读过的材料，形成译者个性化兴趣向量，构建更为准确的译者画像，提供更优质的翻译、信息、知识服务，提高译者工作效率和工作体验。

ChatGPT 翻译安全性研究。ChatGPT 的内容生产结果受其预置的算法影响。算法不具备人的逻辑能力、理解能力、认知能力，因此不可能保证 ChatGPT 产出内容的完全准确性。ChatGPT 内容生产的准确性还受制于其训练语料的知识范围。当前以 ChatGPT 为代表的生成式 AI 还存在一些问题，如幻觉生成、信息错误、逻辑冲突、刻板偏见等，表现为"一本正经地胡说八道"。随着 ChatGPT 在各领域的应用日益广泛，其影响力将越来越大。ChatGPT 生成的知识、价值观错误可能引发严重后果。就涉海翻译而言，对国家关键涉海话语的误译和对外传播，容易损害国家海洋文明形象，不利于国家海洋话语权的构建。未来基于生成式 AI 的翻译安全性研究一方面将聚焦翻译知识安全、语言安全、话语安全、文化安全问题，另一方面将更多地关注意识形态安全问题。前者属于显性问题，后者则更为隐蔽。涉海翻译的意识形态安全关涉国家翻译利益，对之进行研究的意义不言而喻。此外，ChatGPT 翻译语义解析、译本生成过程中的安全保障机制仍存在大量待解"黑箱"，目前还没有令人信服的理论和方法揭示 ChatGPT 通过什么样的方法保障翻译的安全性，因而其翻译安全保障机理也是一个值得探索的议题。

四 结语

生成式人工智能深度介入涉海翻译给我们带来诸多启示。在涉海翻译实践方面，在国家层面，应出台相关政策、制度推动基于人工智能技术的涉海翻译能力建设，强化翻译技术创新和应用，同时研制生成式人工智能翻译技术规范和标准，确保技术使用符合规范，保障翻译安全；译者应直面人工智能给翻译行业带来的挑战，主动学习、应用新技术，充分利用新技术带来的优势提升翻译效能，适应新的翻译模式。在涉海翻译研究方面，要重视新技术引发的翻译业态变革，研究生成式人工智能对翻译模式、翻译心理、翻译语言、翻译过程、翻译传播、译者行为等方面的影响，基于涉海翻译的新场景、新需求、新挑战，发现新趋势、新问题，构建新概念、新理论，解决新问题。总之，基于生成式人工智能的涉海翻译作为一个研究领域，蕴含丰富的研究议题，因此有必要整合人工智能、翻译学、语言学、传播学、海洋科学等学科理论进行深入研究。

"新时代航行自由观"的价值、内涵与路径*

金永明**

摘　要： 航行自由是全球海洋秩序的核心内容，美国为维持世界霸权，鼓吹"海洋航行自由"论并付诸行动。这种单方面曲解海洋法规则尤其是歪曲航行自由制度的主张和行为严重威胁海上安全和海洋秩序，引发国家间海上活动争议和冲突。中国应倡导"开放包容、安全畅通""和而不同""和平、合作、和谐"等具有航行自由特质和中国文化元素及时代要素的航行自由观（简称"新时代航行自由观"），这是协调各国立场和权益、兼顾自身经验和时代特点的中国方案。在"百年未有之大变局"下，中国倡导的这种航行自由观不仅开启海洋法规则体系完善进程，成为与西方强国在国际法规则、航行自由解释话语权方面进行斗争的重要标志，也符合构建"海洋命运共同体"的理念和目标。在全球海洋治理面临挑战和变革的背景下，中国提出"新时代航行自由观"，既可为海洋治理贡献中国智慧和中国力量，也可为推进"海洋命运共

---

* 本文系国家社会科学基金重大研究专项"维护钓鱼岛主权研究"（18VFH010）、国家社会科学基金重大项目"我国南海岛礁所涉重大现实问题及其对策研究"（16ZDA073）的阶段性研究成果之一，原载《国际展望》2023 年第 4 期，收入本书时，做了修改。

** 金永明，法学博士，中国海洋大学国际事务与公共管理学院教授、博士生导师，中国海洋大学海洋发展研究院高级研究员。

同体"的构建作出应有贡献。

关键词： 航行自由　海洋新秩序　国际法治　海洋命运共同体　新时代航行自由观

　　航行自由是现代国际法发展过程中的一个重要概念。① 中国作为 21 世纪的新兴海洋大国以及最大的南海沿岸国，一贯重视和维护国际法公认的航行自由。以美国、英国、澳大利亚等为代表的一些西方国家不断以"非法限制航行自由"为由攻击中国正当的海洋权利主张及相关国内立法。② 这实际上反映出美国等西方海洋强国同中国在"航行自由"这一重要命题的内涵认知上存在明显分歧。针对航行自由问题，国内外学者发表了大量研究成果。这些成果主要集中在两个方面。首先，外国军舰在领海内无害通过制度上的分歧：自由使用论与事先许可（通知）论之间的对立，以及直线基线的适用争议。③ 主流的观点和公正的主张是，外国军舰在领海内的无害通过应遵守沿海国关于领海的法律和规章，法理依据是《联合国海洋法公约》

① Hasjim Djalal, "Remarks on the Concept of 'Freedom of Navigation'," in Myron H. Nordquist, Tommy Koh and John Norton Moore（eds.）, *Freedom of Seas*, *Passage Rights and the 1982 Law of the Sea Convention*, Leiden：Martinus Nijhoff Publishers, 2009, pp. 65–66.

② 例如，美国常驻联合国代表凯莉·克拉夫特（Kelly Craft）于 2020 年 6 月 1 日致信联合国秘书长古特雷斯，表达对中国"非法海洋主张"的抗议。"Letter from Ambassador Kelly Craft to Secretary-General António Guterres on South China Sea," https：//usun. usmission. gov/wp-content/uploads/sites/296/200602 _KDC_ChinasUnlawful. pdf。

③ 关于军舰在领海内无害通过的代表性研究成果，主要有陈振国《论领海的无害通过权》，《政治与法律》1985 年第 1 期；李红云：《论领海无害通过制度中的两个问题》，《中外法学》1997 年第 2 期；李红云：《也谈外国军舰在领海的无害通过权》，《中外法学》1998 年第 4 期；田士臣：《外国军舰在领海的法律地位》，《中国海洋法学评论》2007 年第 2 期；金永明：《论领海无害通过制度》，《国际法研究》2016 年第 2 期。直线基线的划定不仅涉及《联合国海洋法公约》第 7 条所涉"海岸线极为曲折""紧接海岸有一系列岛屿""不应明显偏离海岸的一般方向和接近陆地领土"等要件的解释分歧，而且涉及大陆国家远洋群岛划设群岛直线基线的对立。张华：《中国洋中群岛适用直线基线的合法性：国际习惯法的视角》，《外交评论》2014 年第 2 期。

（以下简称"《公约》"）第30~31条。① 其次，针对专属经济区内的军事活动争议：自由使用论和事先许可（通知）之间的对立。即在沿海国家专属经济区内的军事测量、联合军事演习、谍报侦察等军事活动，在性质上属于与经济活动没有直接关系的行为，对其的管辖权归属沿海国还是使用国之间的争议（即剩余性权利归属争议），在原则上表现为自由使用论和事先许可论之间的分歧。② 其涉及对《公约》第58条第1款"与这些自由有关的海洋其他国际合法用途"解释上的对立和分歧。由于《公约》并未规定"军事活动"的概念，即使从"海洋和平利用""海洋科学研究"视角也不能达成共识，所以只能通过有关国家的双边对话包括建立危机管控机制加以解决。③

---

① 邵津：《关于外国军舰无害通过领海的一般国际法规则》，载中国国际法学会编《中国国际法年刊（1989）》，法律出版社，1990，第138页。其中，对于军舰在领海内的无害通过予以程序限制（事先许可或通知）的国家有40多个。J. Ashley Roach and Robert W. Smith, *Excessive Maritime Claims* (Third Edition), Leiden：Maritinus Nijhoff Publishers, 2012, pp. 250-251, 258-259。

② Raul（Pete）Pedrozo, "Preserving Navigational Rights and Freedoms：The Rights to Conduct Military Activities in China's Exclusive Economic Zone," *Chinese Journal of International Law*, 2010, 9（1）：9-30; Zhang Haiwen, "Is It Safeguarding the Freedom of Navigation or Maritime Hegemony of the United States? —Comments on Raul（Pete）Pedrozo's Article on Military Activities in the EEZ," *Chinese Journal of International Law*, 2010, 9（1）：31-48。

③ 金永明：《专属经济区内军事活动问题与国家实践》，《法学》2008年第3期；金永明：《中美专属经济区内军事活动争议的海洋法剖析》，《太平洋学报》2011年第11期。对于在专属经济区内军事活动争议，中美两国国防部门已缔结了《建立重大军事行动相互通报信任措施机制谅解备忘录》及其附件、《海空相遇安全行为准则谅解备忘录》及其附件。金永明：《美国的南海问题政策解析及前景展望》，《人民论坛·学术前沿》2021年第3期。对于在专属经济区内拥有军事活动自由权利内容，参见 Ivan Shearer, "Military Activities in the Exclusive Economic Zone：The Case of Aerial Surveillance," *Ocean Yearbook*, 2003, 17（1）：548-562。针对专属经济区内军事活动问题，在日本海洋政策研究财团主导下成立了"21世纪专属经济区研究小组"，于2005年9月制定了《专属经济区水域航行与飞越的行动指针》，对军事活动问题、海洋科学研究和水文调查活动等内容予以界定。参见日本海洋政策研究财团编《海洋白皮书：日本的动向，世界的动向（2006）》（内部资料），2006，第195~197页。参见 http：//www.sof.jp。对该行动指针的评论，参见 Ocean Policy Research Foundation, Guidelines for Navigation and Overflight in the Exclusive Economic Zone：A Commentary, 2006, pp.3-86。另外，针对航行自由有关的内容，也涉及南海断续线、历史性权利等方面，有关成果参见高之国、贾兵兵：《论南海九段线的历史、地位和作用》，海洋出版社，2014，第1~49页；贾宇《试论历史性权利的构成要件》，《国际法研究》2014年第2期；贾兵兵《驳美国国务院"海洋疆界"第143期有关南海历史性权利论述的谬误》，《法学评论》2016年第4期；傅崐成、崔浩然《南海U形线的法律性质与历史性权利的内涵》，《厦门大学学报（哲学社会科学版）》2019年第4期。

在航行自由方面，受到普遍关注的是美国国务院发布的《航行自由年度报告》（Annual Freedom of Navigation Report）。美国自 1979 年以来，依据自身的利益需求和所谓法律立场，在其他国家的管辖海域实施所谓"航行自由行动"，这种挑战很多国家的海洋权益及立场、谋取自身私利的主张和行为，严重威胁航行安全，遭到包括中国在内的有关国家的强烈反对。①

中国应在吸纳国际法公认的航行自由的本质和特点的基础上，通过系统阐明针对海洋航行自由的立场和观点，倡导并形成具有中国文化元素及时代要素的航行自由观。这种航行自由观对完善海洋秩序、海洋治理和构建"海洋命运共同体"具有重要价值和意义。

一 "新时代航行自由观"的价值

中国适时提出"新时代航行自由观"，具有重要的理论与实践价值。这是在百年未有之大变局下中国启动海洋法规则体系完善进程，并对西方强国开展涉及国际法规则包括航行自由话语权斗争的重要标志。这也符合在全球海洋秩序面临挑战和全球海洋治理变革的背景下，使中国倡导的"海洋命运共同体"融入海洋法的规则和制度的需要，并能为呼应全球海洋治理理念升级作出中国贡献。

（一）价值之一：提升参与国际海洋法规则体系话语权的重要标志

作为国际规则中公认的具有法律约束力的国际法，与以往任何时期相比，都获得了中国有关主管机构和学界前所未有的重视。

在学界，国际法学者更加认识到中国对于推动当代国际法发展作出的重

---

① 针对美国"航行自由行动"的批判性成果，参见余敏友、冯洁菡《美国"航行自由计划"的国际法批判》，《边界与海洋研究》2020 年第 4 期。鼓吹美国航行自由行动的必要性和合理性成果，参见 Dale Stephen, "The Legal Efficacy of Freedom of Navigation Assertions," *International Law Studies*, 2004, 80: 235-256。

要贡献。[1] 有学者指出，随着中国日益走近世界舞台的中央，中国作为最大的发展中国家对于国际法的立场、态度、主张和贡献引人注目，并越来越具有更广泛和深远的影响。[2] 但需要注意的是，冷战结束以来，以欧美国际法为代表的西方国际法在理论和实践上仍处于主导地位，西方国家对于国际法领域的相关国际规则的制定具有较大影响力和话语权。在未来较长的一段时间内，西方国家在国际法领域仍将占据主导地位。为此，有学者指出，国际法的总体格局并没有变化，仍然是大国制定规则、小国承受规则。[3]

在国际海洋法领域，主要表现在近 20 年来以中国为代表的广大发展中国家同以美国为代表的西方传统海洋强国对《公约》中涉及航行自由的若干规则所进行的不同解读及由此引发的立场和实践上的明显对立。[4] 一方面，美国等西方国家经常以维护所谓"基于规则的国际秩序"（rules-based international order）和"基于规则的海洋秩序"（rules-based maritime order）自居，以本国或少数国家对某些国际海洋法规则的片面甚至完全错误的解读取代《公约》以及公认的国际海洋法规则。[5] 另一方面，中国在 2009 年和 2019 年分别提出构建"和谐海洋""海洋命运共同体"倡议，与美国等一些西方国家利己的国家利益至上观形成鲜明对照。

因此，究竟未来国际海洋法规则体系将继续由美国等西方传统海洋强国主导，还是将由以中国为代表的真正维护新时代全球海洋秩序、为广大沿海国家谋利益的发展中国家主导，要素之一取决于今后一段时期国际力量的对比变化以及东西方国家之间对于国际法规则的制定、变革有关的话语权斗争。为此，在海洋航行自由问题上作出符合时代要求的合理阐释，是获取国际话语权并丰富和发展国际海洋法规则的切入点和重要契机。

---

① 黄进：《中国为国际法的创新发展作出重要贡献》，《人民日报》2019 年 4 月 17 日。
② 柳华文：《论习近平法治思想中的国际法要义》，《比较法研究》2020 年第 6 期。
③ 何志鹏：《国际法哲学导论》，社会科学文献出版社，2013，第 352~353 页。
④ 黄惠康：《中国特色大国外交与国际法》，法律出版社，2019，第 228~231 页。
⑤ 例如，在所谓"南海仲裁案"中，代表欧美等西方国际法观点的仲裁庭对《联合国海洋法公约》以及习惯国际法作出了多处明显错误或片面的解读。参见中国国际法学会编《南海仲裁案裁决之批判》，外文出版社，2018，第 226~227、275 页。

中国如能在同以美国为代表的西方海洋强国关于航行自由问题的交锋中发挥自己的影响力，得到广大发展中国家的支持，在国际法的道德高地占据有利地位，就可以在国际海洋法领域进一步提升、巩固中国在相关国际问题治理领域和国际法领域的大国地位和作用。所以，中国在现阶段表明针对航行自由的立场和观点，并依据海洋航行自由的特质倡导和形成"新时代航行自由观"，符合中国构建"海洋命运共同体"、推动新时代全球海洋秩序变革的战略目标。

(二)价值之二：助推"海洋命运共同体"建设

中国提出并形成"新时代航行自由观"，不仅有利于提升自身在世界沿海国家中的号召力、影响力，有利于在同美国等西方海洋强国的博弈中获得制定新型国际海洋法规则体系的话语权，同时也是推动构建"海洋命运共同体"的重要举措。"海洋命运共同体"是"人类命运共同体"的重要组成部分，同时也是"人类命运共同体"在海洋领域的具体运用和深化。目前，世界各国对于利用海洋的认知态度尚无法摆脱传统意义上的国家主权与管辖权的桎梏。进入 21 世纪以来，各国纷纷加强对海洋空间和资源的控制与开发利用，《公约》因多种原因不可避免地在创设及分配海洋权益方面存在先天性的制度设计缺陷和不足，从而引发了全球范围内的"蓝色圈地运动"。因此，在海洋治理方面，国际社会需要新的理念以及在新理念指导下的新制度，其中包括完善与发展国际海洋法。[1] 而与航行自由有关的规则作为《公约》制度的基石，历来是各国为获取海洋空间和资源、控制海上重要战略通道以及维护自身海洋权益的角力场。[2]

合理、有效地解释和适用《公约》中涉及与航行自由有关的规则，不仅可以发挥维护、巩固中国既有海洋权利主张的作用，而且有利于中国在国

---

① 姚莹：《"海洋命运共同体"的国际法意涵：理念创新与制度构建》，《当代法学》2019 年第 5 期。

② 马得懿：《海洋航行自由的秩序与挑战：国际法视角的解读》，上海人民出版社，2020，第 15~17 页。

际舞台上与美国等一些西方国家积极斗争，逐步改变由个别国家基于私利片面解释航行自由相关制度的不利局面。正如有学者所指出的，积极运用航行自由制度，对解决中国海洋权利维护问题是必不可少的。[①]

国际社会正确认识和解读与航行自由有关的国际法规则，是构建"海洋命运共同体"的重要路径之一。中国适时提出"新时代航行自由观"，可以为推进构建"海洋命运共同体"提供理论基础和重要保障。

二 "新时代航行自由观"的核心内涵

如上所述，以美国为代表的西方国家所主张的"航行自由论"（尤其是"军事航行自由论"）在理论和实践上都存在明显问题，是对传统航行自由制度的片面甚至错误解读，服务于其维护世界霸权的需要。美国所谓的航行自由行动不仅侵害了沿海国管辖海域（尤其在领海、专属经济区内）的权益，而且片面解读了与海洋法有关的海洋自由规则。因为海洋法（尤其是《公约》）规定了不同海域的航行自由制度，各国在行使航行自由权时受到多种限制和约束，所以是一种相对的自由，不是横行自由和威胁自由。美国的所谓航行自由行动和主张，自然遭到包括中国在内的众多国家的坚决反对，各国需要批驳美国的认知和行为。

要客观、全面地阐述中国针对航行自由的立场和观点并形成"新时代航行自由观"，就必须明确与航行自由有关的若干原则或属性。首先是基本立场。提出并形成"新时代航行自由观"并不是舍弃传统国际法上的航行自由，而是基于传统国际法上航行自由制度的特点和性质进行正确解读，发挥正本清源的作用。因为只有正确理解航行自由的本质，才能在此基础上对当代国际法上的航行自由制度进行准确演绎。其次是重要理念。提出并形成"新时代航行自由观"需要结合当今百年未有之大变局下的国际形势，包括及时融入中国倡导的国际法理念，特别是引入"人类命运共同体"及"海

---

① 袁发强等：《航行自由的国际法理论与实践研究》，北京大学出版社，2018，第220页。

洋命运共同体"理念所蕴含的原则和精神，与时俱进地发展航行自由制度，更好地实现公正、公平目标。最后是实践要求。提出并形成"新时代航行自由观"需要符合国际社会的根本利益，并与"海洋命运共同体""人类命运共同体"以及国际法治蕴含的宏观理念和价值相符。因此，形成"新时代航行自由观"需要立足全球治理视野和国际法治精神，通过提出"中国方案"、制定符合国际社会共同利益的国际规则，重点解决现实航行自由理论和实践中的争议问题。

为此，本文拟从航行自由的本质、和平解决与航行自由争端有关的立场、构建和谐与合作的新时代全球海洋秩序三个方面，阐释"新时代航行自由观"的核心内涵。

（一）航行自由的本质：开放包容、安全畅通

上面已述及，航行自由是国际法上久已确立的一项权利，且被视为海洋自由的核心。[①] 该项权利能得到世界各国的普遍支持，是因为它始终致力于在各沿海国的主权和安全利益等个体利益同贸易、航运利益等国际社会的共同利益之间寻找最佳平衡。这种平衡体现了航行自由的本质，即开放包容、安全畅通。这也是倡导"新时代航行自由观"所必须坚持的核心原则。

第一，开放包容是航行自由的本质特征，体现了航行自由与海洋本身属性之间的密切联系，同时也是"人类命运共同体"理念的重要内涵之一。[②] 航行自由自身的进展就是与人类对贸易自由的追求相伴而生的。[③] 它带来了国际贸易的繁荣，实现了全球经济的大融合，因而传统的航行自由特别强调海洋自身的开放性。从历史上看，任何国家试图通过封闭海洋和瓜分海洋将海洋占为己有的努力均以失败告终。例如，在地理大发现时代，西班牙和葡

---

① 马得懿：《海洋航行自由的体系化解析》，《世界经济与政治》2015 年第 7 期。
② 徐宏指出，"开放包容是构建人类命运共同体的文明纽带，也是国际法的思想根基"。参见徐宏《人类命运共同体与国际法》，《国际法研究》2018 年第 5 期。
③ 〔荷〕格劳秀斯：《海洋自由论》，〔美〕拉尔夫·冯·德曼·马戈芬英译，马呈元译，中国政法大学出版社，2018，第 21~23、91~93 页。

萄牙曾于 1493 年得到罗马教皇亚历山大六世颁发敕令的授权，瓜分世界海洋，但旋即遭到法国、荷兰等其他国家的强烈反对，以至于西班牙和葡萄牙两国从未真正有效地对它们各自"拥有"的海洋行使"主权"。①

在现代国际海洋法体系（尤其在《公约》）中，航行自由开放包容的特征主要体现在各国船舶在各类海域中有不受阻碍的航行自由权。例如，在公海和专属经济区，《公约》规定了所有国家的船舶均享有航行自由（第87、58 条）；在沿海国的领海、群岛国的群岛水域，《公约》也规定了各国船舶的无害通过权以及群岛海道通过权（第 17、52、53 条）；在用于国际航行的海峡，规定了外国船舶的过境通行权及无害通过权（第 38、45 条）。

同时，为实现各国依航行自由原则享有的航行便利与沿海国安全利益之间的平衡，② 船舶在上述海域的通行权也受到《公约》条款的若干限制。例如，在公海和专属经济区，它受到"适当顾及"（due regard）原则（第 87、56 条）和"公海只用于和平目的"（第 88 条）的限制。外国船舶在领海内的通过应严格遵守沿海国关于无害通过领海的法律和规章，如不得损害沿海国的和平、良好秩序或安全，不得从事"有害"活动或与通过本身无关的活动（第 21、19 条）。在用于国际航行的海峡，过境通行的外国船舶不得对海峡沿岸国的主权、领土完整或政治独立进行任何武力威胁或使用武力，不得进行研究或测量活动（第 39、40 条）等。总之，航行自由的开放包容属性在《公约》体系下得到了较高程度的保障，而《公约》规定的这些合理限制并未影响各国行使正常航行的权利。

第二，安全畅通是各国享受航行自由的必要保障，这对于国际贸易和航运的重要性不言而喻。雨果·格劳秀斯（Hugo Grotius）在《海洋自由论》

---

① James Kraska and Raul Pedrozo, *The Free Sea: The American Fight for Freedom of Navigation*, Maryland: Naval Institute Press, 2018, p. 3; Yoshifumi Tanaka, "Navigational Rights and Freedoms," in Donald Rothwell et al. (eds.), *The Oxford Handbook of the Law of the Sea*, Oxford: Oxford University Press, 2015, pp. 536-537.

② 吕方园：《过度"航行自由"国家责任的逻辑证成——中国应对美国"航行自由"主张的策略选择》，《社会科学》2021 年第 6 期。

（*Mare Liberum*）中强调了保护海上贸易路线安全的重要意义。[①] 在当代，重要国际航道的安全依然面临挑战，特别是来自非传统安全因素的挑战。所以，如何确保国际航道乃至整个世界海洋的安全畅通，在当今全球海洋秩序下依然是一个"旧原则面临新挑战"的重要课题。

此外，《公约》虽对海盗罪行、海盗船舶以及外国军舰的登临等问题进行了具体而明确的规定（第100~107条），但对在位于沿海国管辖海域内发生的、沿海国因自身能力有限而无力惩治或管辖的海上抢劫行为，或对在公海上以政治目的而并非为私人目的从事的海上抢劫行为，仅凭《公约》规定的上述条款无法实现治理的要求和目标。为此，1988年国际海事组织（IMO）制定了《制止危及海上航行安全非法行为公约》（Convention for the Suppression of Unlawful Acts Against the Safety of Maritime Navigation），其中引入了"危及海上航行安全非法行为"的概念，并将《公约》规定的海盗罪行未能覆盖的其他威胁航行安全的行为列为缔约各国均可管辖处置的罪行，因而在一定程度上填补了《公约》在海上安全方面的缺漏。[②] 但该公约的实施效果并不理想。所以，国际社会在打击海盗、海上恐怖主义等危及海上航行安全活动上仍任重而道远，保障世界重要海域和海上通道的航行安全依然是各国真正实现航行自由的前提条件。所以，从航行自由的本质看，"安全畅通"依然是航行自由中不可或缺的重要内容。

（二）和平解决与航行自由争端有关的立场：和而不同、求同存异

如果说开放包容、安全畅通是构建"新时代航行自由观"必须坚持的传统航行自由的本质，那么"和而不同"则凸显了"新时代航行自由观"内涵中的中国文化元素。

事实上，与航行自由有关的问题是1973~1982年第三次联合国海洋法

---

① 〔荷〕格劳秀斯：《海洋自由论》，〔美〕拉尔夫·冯·德曼·马戈芬英译，马呈元译，中国政法大学出版社，2018，第24页。

② Natalie Klein, *Maritime Security and the Law of the Sea*, Oxford：Oxford University Press, 2011, pp. 151-152.

会议期间各国激烈交锋的议题之一。[①] 在《公约》"一揽子交易"（one package deal）的审议程序下，为顾及《公约》的完整性、权威性、普遍性，《公约》的最终文本中没有直接凸显各国之间关于航行自由问题的激烈矛盾，而且《公约》本身也明文禁止缔约国对《公约》条款进行任何保留。[②] 但这并不表示各国之间（特别是西方海洋强国同广大发展中国家之间）关于航行自由的诸多争议问题已经得到解决。实际上，对于《公约》未予明确规定的与航行自由有关的事项，多个发展中国家都发表了非条约保留性质的解释性声明。[③] 可见，《公约》诞生以来，各国对与航行自由有关的问题依然充满争议和分歧。为此，倡导并形成"新时代航行自由观"就必须正视这一客观事实，在承认存在争议和分歧的基础上，各国努力秉持诚意履行国际条约义务，尝试解决这些争议和分歧。

第一，坚持和而不同、求同存异的立场。"人类命运共同体""海洋命运共同体"理念均体现了中国传统文化中"和而不同"的思想。要实现和而不同，就需要在保证开放包容和安全畅通的基础上求同存异，而不是像西方海洋强国那样实施零和博弈。特别是西方海洋强国对属于"灰色地带"（grey zone）的海上军事活动强调所谓的自由，[④] 而这与争端各方原本应遵从的和平、和谐、和解的准则背道而驰，无益于它们在互相理解、互相信任、互相体谅的基础上解决问题。一方面，要承认包括中国在内的发展中国

---

① J. Ashley Roach, *Excessive Maritime Claims* (Fourth edition), Leiden: Brill Nijhoff, 2021, pp. 260-262, 432, 442.

② James Harrison, *Making the Law of the Sea: A Study in the Development of International Law*, Cambridge: Cambridge University Press, 2011, p. 51. 《公约》第 309 条规定，除非本公约其他条款明示许可，对本公约不得作出保留或例外。

③ 例如，《公约》第 310 条规定，第 309 条不排除一国在签署、批准或加入本公约时，作出不论如何措辞或用何种名称的声明或说明，目的在于除其他外该国国内法律和规章同本公约规定取得协调，但须这种声明或说明无意排除或修改本公约规定适用于该缔约国的法律效力。关于"解释性声明"内容，参见 J. Ashley Roach, Excessive Maritime Claims, pp. 266, 269-275, 442, 448, 454. 关于这些国家声明的梳理，参见赵建文《论〈联合国海洋法公约〉缔约国关于军舰通过领海问题的解释性声明》，《中国海洋法学评论》2005 年第 2 期。

④ 刘美：《海上军事活动的界定与美国南海"灰色地带行动"》，《国际安全研究》2021 年第 3 期。

家同以美国为代表的西方海洋强国之间在航行自由若干具体问题上存在分歧，要努力协调、化解分歧；另一方面，应当将分歧和矛盾限制在可控范围内，避免因航行自由问题引发直接对抗并造成重大损害。部分西方学者也表达过类似观点。例如，欧克斯曼（Oxman）和墨菲（Murphy）就曾表示，"无论是沿海国还是海洋大国，只要明示或默示地将自己对法律的解释'强加'给另一方，就是一种挑衅行为；在确定权威的解决方案之前，任何一方都不应被迫放弃自己的立场，争端双方都应尽量减少而不是增加对方作出暴力反应的可能性"①。可见，"和而不同""求同存异"实为和平解决航行自由的国际争端所必须秉持的原则或理念，应适用于发展中国家和西方海洋强国之间解决航行自由方面的争端。

第二，坚持加强沟通和协商解决争端的态度。习近平指出，"国家间要有事多商量、有事好商量，不能动辄就诉诸武力或以武力相威胁。"② 各国应该秉持"有事多商量、有事好商量"的态度。"有事"意味着在各方之间存在不同意见，甚至存在持续的争端。"商量"指通过沟通和协商力求消除分歧，具体来说就是通过谈判、协商的方式和平解决国家之间的分歧。《联合国宪章》第 33 条规定了谈判作为和平解决国际争端的主要方法之一。在出现争端时，相关方应该保持对话、交流而非冲突、对抗，应当坚持通过谈判解决争端。为避免争端升级，必须坚决反对任何一方违背另一方的意愿，利用现有争端解决机制的漏洞而单方面地诉诸强制争端解决程序。国际社会应正视争端，并对争端采取正确的解决方法。

（三）新时代全球海洋秩序特征：和平、合作、和谐

中国倡导的"新时代航行自由观"，应反映"海洋命运共同体"理念蕴含的价值和精神，体现"和平、合作、和谐"的新时代全球海洋秩序特征。

---

① Bernard H. Oxman and John Francis Murphy, *Non-Violent Responses to Violence-Prone Problems: The Cases of Disputed Maritime Claims and State Sponsored Terrorism*, Washington, D.C.: American Society of International Law, 1991, p. 4.
② 《习近平谈治国理政》第 3 卷，外文出版社，2020，第 464 页。

第一，和平是新时代全球海洋秩序的本质特征，也应被视为构建"海洋命运共同体"的基本前提。和平的海洋航行秩序一方面表现为，任何国家包括军舰在内的所有船舶都应以和平使用作为行使航行权利的指导性原则，避免采取任何挑衅性、危及沿海国主权、领土完整与安全的行动。这就要求有关国家，特别是拥有强大海军实力的海洋大国、海军强国，严格依据《联合国宪章》《公约》的原则和制度行使航行自由权。另一方面，如上所述，和平解决与航行自由有关的国际争端是中国倡导的"新时代航行自由观"的重要内涵之一。因此，有关航行自由的争端，应坚持通过和平方式解决，而不应诉诸武力或以武力相威胁。

第二，合作是促进各国形成新时代全球海洋秩序的必由之路。当前，包括海盗、海上恐怖主义等在内的非传统安全问题依然在多处重要的国际航道威胁着航运安全，确保航行自由内涵要义之一的"安全畅通"，是构建"海洋命运共同体"的必然要求。有关国家采取措施确保在本国海域内的所有船舶的航行安全以及悬挂本国旗帜的船舶在其他海域内的安全，离不开各国政府及海军之间开展各层面的广泛合作。"增强互信、平等相待、深化合作"是各国之间应对威胁航行安全问题的必然选择。①

第三，和谐是"海洋命运共同体"理念下各国友好、互信地共同使用海洋的愿景。新时代全球海洋秩序从根本上体现的是"平等相待、和而不同、诚信正义、立己达人"等中华传统优秀文化的价值。② 对于航行自由，和谐意味着沿海国和其他国家对于国家管辖海域内航行权利的行使必须互相遵守"适当顾及"的义务。一方面，沿海国不应利用国内立法对其他国家船舶的正常航行设置不必要的障碍；另一方面，其他国家的船舶不应在沿海国管辖海域内从事与航行无关的、影响沿海国主权及主权权利行使的"有害"及"不友好"的活动。

---

① 姚莹：《"海洋命运共同体"的国际法意涵：理念创新与制度构建》，《当代法学》2019 年第 5 期。

② 刘雪莲、杨雪：《打破国强必霸的逻辑：中国特色大国外交的道路选择》，《探索与争鸣》2021 年第 5 期。

三 "新时代航行自由观"的实现路径

未来要实现"新时代航行自由观",为航行自由争端的解决提出中国方案,需要以国际法原则和国际关系基本准则为依据,以维护国际法治以及全球海洋秩序为出发点和立足点,以合作共赢为指引,善于运用政治、外交和国际法等手段,适时、合理地在有关外交场合正式提出该倡议,并推动各国付诸实践,使中国的合理倡议成为各国行动的指针。

(一)适时正式提出"新时代航行自由观"

如前所述,以欧美为代表的一些西方国家垄断了国际法的话语权,并时常凭借其传统海洋强国地位曲解以《公约》为核心的海洋法规则体系,在航行自由问题上更是以"军事航行自由论"谋求维持海上霸权。如果中国等发展中国家仅对西方国家这套打着"维护国际海洋法治"的幌子行海上霸权之实的逻辑予以批判,而不提出系统性主张,那么对于全球海洋秩序改革的意义将不明显,效果不佳。因此,中国有必要在双边及多边外交场合适时正式提出"新时代航行自由观",向世界展示中国方案,为解决全球海洋治理中涉及航行自由的问题作出贡献。

从技术上说,虽然一个国家完全可以通过发布政府白皮书的形式正式提出对于某个国际法问题的立场态度,[①] 但是通过双边及多边外交场合提出"新时代航行自由观"则更为适宜。因为航行自由问题不仅关乎一国自身利益,还广泛涉及周边海洋邻国乃至世界其他国家,属于世界各国共同关切或关心的事项。事实上,中国历来重视运用多边及双边外交场合阐明自身对于国际法和国际关系等问题的重要立场和态度,并且获得了世界各国的普遍和

---

① 例如,中国于2018年1月发布《中国的北极政策》白皮书系统阐述了中国针对北极问题的政策目标、基本原则和立场态度。参见国务院新闻办公室《中国的北极政策》,人民出版社,2018,第1~22页。

高度认可，取得了较好的效果。①

第一，在双边外交场合，可通过访问、会晤等形式，在双边磋商和对话中阐明中国对于航行自由问题的主张，正式提出"新时代航行自由观"，并以发布联合声明的形式表明两国对于航行自由问题的共识，以诠释"新时代航行自由观"的丰富内涵，从而使中国倡导的"新时代航行自由观"写入双边外交文件，并向世界发布。

第二，在多边外交场合，一个公认的事实是，无论从霸权国家制定国际规则的已有经验，还是从当前国际规则的运作和改革实践来看，全球性和区域性的多边渠道都是制定国际规则的舞台。② 所以，灵活运用传统外交方式，特别是通过多边外交，阐述中国针对航行自由问题的立场是非常必要的。具体而言，中国可运用联合国、国际海事组织等重要国际组织平台，以及中国主办的多边会议等渠道，积极将中国倡导的"新时代航行自由观"推向区域乃至全球。

（二）推动航行自由领域的国际合作

从自然属性上看，作为全球公域，海洋整体功用大于部分功用。③ 这就决定了中国倡导的"新时代航行自由观"不应该也不可能是中国的"独角戏"，客观上也就必然要求中国推动各国在航行自由领域加强合作。中国全面参与联合国框架内海洋治理机制和相关规则的制定与实施，应当包括关系到海洋法治重要议题之一的与航行自由有关的多边治理机制、危机管控机制和争端解决机制的构建、改良以及其他方面的合作。就实现中国倡导的"新时代航行自由观"而言，中国应在以下两个涉及航行自由的问题上推动

---

① 例如，中国首次提出和平共处五项原则是在 1953 年 12 月 31 日周恩来总理接见印度代表团时。参见中国国际问题研究所编《论和平共处五项原则——纪念和平共处五项原则诞生 50 周年》，世界知识出版社，2004，第 330 页。"和谐世界"的概念是 2005 年 4 月 22 日在雅加达举行的亚非峰会上由时任国家主席胡锦涛提出的。参见潘忠岐等《中国与国际规则的制定》，上海人民出版社，2019，第 81 页。

② 潘忠岐等：《中国与国际规则的制定》，上海人民出版社，2019，第 236 页。

③ 苏格主编《世界大变局与新时代中国特色大国外交》，世界知识出版社，2020，第 233 页。

同其他国家的合作。

第一，中国应继续加强同南海周边国家的海洋航行安全合作。众所周知，南海及其周边海域的航行自由（特别是航行安全问题）历来是中国以及各国关注的重要方面。这是由南海及其周边海域的地位和作用决定的。南海也是世界上最安全、最自由的海上通道之一。全球50%的商船和1/3的海上贸易航经该海域，每年10万多艘商船通过该海域，南海航行与飞越自由从来不是问题。① 同时，为应对相关海域威胁航行安全的海盗和武装劫持事件，中国应继续在《亚洲地区反海盗及武装劫船合作协定》机制基础上，在协调军舰巡逻、商船护航、打击海盗、引渡海盗罪犯、信息通报与分享等具体事宜上主动寻求同该条约缔约国的合作，为保障南海及东南亚国家周边海域航行安全贡献中国力量。② 实际上，中国持续加强了保障航行安全、打击海上违法犯罪的国际合作。截至2023年6月8日，我国已派遣海军舰艇编队44批赴亚丁湾执行护航任务，在亚丁湾海域开展护航行动15年（2008~2023年）来，中国海军已累计派出100余艘次舰艇，完成7000余艘中外船舶护航任务，解救、接护各类船舶近百艘，其中外国船舶占50%以上。③ 而2021年2月生效的《中华人民共和国海警法》第八章"国际合作"部分进一步明确了中国海警局根据中国缔结、参加的国际条约或者按照对等、互利的原则，开展海上执法国际合作，打击海上违法犯罪活动，共同维护国际和地区海洋公共安全和秩序。

第二，中国应加强同其他重要国家的海洋航行安全合作，推动与航行自由有关的危机管控机制和争端解决机制的构建，这也是构建"海洋命运共同体"的客观需要。2014年11月，中美两国国防部门签署了《海空相遇安全行为准则谅解备忘录》，这是中美两国对于航行自由可能引发海空意外冲

---

① 《美国对华认知中的谬误和事实真相》，外交部网站，https://www.fmprc.gov.cn/web/wjbxw_new/202206/t20220619_10706065.shtml。
② 王勇：《论中国与东盟国家在〈南海行为准则〉框架下构建打击南海海上跨国犯罪的法律机制》，《政治与法律》2019年第12期。
③ 孙飞、张云虎：《中国海军第44批护航编队圆满完成第1568批船舶护航任务——亚丁湾上提供安全通道》，国防部网站，http://www.mod.cn/gfbw/jsxd/16229688.html。

突事件而加强管控合作的有益尝试。然而该备忘录由于没有国际法上的约束力，^①且适用范围有限，因而在实践中并没有发挥预期作用。^②所以，中美双方有必要进一步提升和完善相关制度。此外，2013年8月以来，中国开启了同东盟各国就"南海行为准则"（COC）进行磋商谈判的工作，谈判虽取得了积极的进展，但今后还需在适用范围、法律拘束力、争端解决机制等方面达成更多的共识和一致意见。^③构建"新时代航行自由观"离不开创设一套令各国可以接受的危机管控机制和争端解决机制。这套机制不仅应反映中国倡导的"新时代航行自由观"所包含的"和而不同""和平解决国际争端"的内涵，还应真正起到保障航行自由与安全的积极作用。所以，创设行之有效的危机管控机制和争端解决机制的过程本身，必然离不开相关国家间真诚、善意的多层面、多维度海洋合作。

（三）合理运用国际法手段维护国际海洋法治下的航行自由

形成中国倡导的"新时代航行自由观"，构建"海洋命运共同体"，进而推动全球海洋秩序变革，同样离不开以《公约》为核心的海洋法规则体系及相关国际法制度的保障。^④具体而言，中国可从两个方面入手，维护国际海洋法治下的航行自由，推动全球海洋秩序有序变革。

第一，在《公约》缔约国会议上阐明中国对于航行自由的立场和主张，并提交相关问题的建议案和改革方案。中国在提出"新时代航行自由观"的同时，一方面要对西方海洋强国的"军事航行自由论"予以批驳，另一方面也需要进一步寻求同《公约》其他缔约国开展航行自由领域的合作，争取获得广大发展中国家的全面支持。在必要时应会同其他国家联名提出针对航行自由问题如"统一解释"或"共同声明"之类的文件，以推动《公

---

① 《海空相遇安全行为准则谅解备忘录》第5条。
② Robert D. Williams, "What's Next for U. S. -China Military Relations?," https：//www.lawfareblog.com/whats-next-us-china-military-relations.
③ 王勇：《〈南海行为准则〉磋商难点与中国的应对》，《中国海洋大学学报（社会科学版）》2020年第1期。
④ 吴蔚：《构建海洋命运共同体的法治路径》，《国际问题研究》2021年第2期。

约》框架下航行自由争议问题的澄清和解决。

第二，可有效运用"第二轨道"，即通过中国国际法学者在航行自由问题上发出自己的声音，特别是向全球国际法学界"发声"。中国国际法学者完全可以在航行自由问题上发挥作用，提升话语权，发挥影响力。当前，可由相关主管部门或机构牵头，组织、邀请国内精通国际海洋法（特别是航行自由问题）的专家、学者，以诸如"航行自由的中国视角"为主题，撰写和编著学术性质的文集，并将其译成多种外文，向境外国际法学界推介；还可邀请外国学者赴华参与主题论坛，讨论与航行自由相关的问题。这样的安排一方面有利于扩大对外影响力，另一方面可以团结支持中国倡导的"新时代航行自由观"的外国学者。同时，要大力鼓励、支持学者通过在境外出版图书和发表论文的方式同西方国际法学者进行学术辩论，开辟并拓展航行自由领域的学术争鸣阵地，传播中国主张，真正将"新时代航行自由观"推展至全球，争取外国学界的关注和更多支持。在此基础上，推动中国倡导的"新时代航行自由观"的发展，进而使之演绎为阐释海洋航行自由的新规范和新制度。

结　语

在当前"百年未有之大变局"下，以美国等一些西方国家为代表的传统海洋强国仍然凭借自身强大的海军力量以及在国际法领域的话语权，打着维护全球海域航行自由的旗号，实际上在采取谋求军舰"横行自由"的行动。这种包括"军事航行自由论"在内的"海洋自由论"的主张和做法，既不利于推动国际贸易与航运，也不利于维护以《公约》为核心的现代国际海洋法规则体系。这种状况要求当今全球海洋秩序实现变革、突破和创新。

为此，基于海洋航行自由的特质，有必要形成"新时代航行自由观"，反映中国对于航行自由这一国际法经典命题的独到见解。中国适时提出构建具有"开放包容、安全畅通""和而不同""和平、合作、和谐"等丰富内涵的"新时代航行自由观"，可以体现中国对于新时代全球海洋秩序的立场和态度，目的是捍卫传统国际法上航行自由的基本价值，摒弃以美国为首的西方海洋强国企图继续维持海上霸权而刻意曲解《公约》的原则和制度、实施"横行自由"的"军事航行自由论"，最终为维护广大发展中国家的航行利益和安全利益，构建和平、和谐、合作的"海洋命运共同体"提出中国方案。这不仅有利于解决针对航行自由问题有关的争议，有利于营造和平、合作、和谐的全球海洋秩序，更有利于推动海洋领域的国际法治。所以，形成并构建"新时代航行自由观"，既有其适应形势、符合国际法发展趋势的积极立意，也具有现实可行性。

最后需要指出的是，为构建"新时代航行自由观"，一方面，应根据国内外形势的发展进行各种理论（包括法理上）的准备，进一步补充和完善与海洋航行自由有关的国内法制和话语环境;[①] 另一方面，为了推动中国倡导的"新时代航行自由观"走向世界，需要积极开展诸多重要的研究性、解释性和宣介性工作。这些工作的综合开展，有助于"新时代航行自由观"被国际社会所认识、理解和拥护，并融入新时代全球海洋法治体系，成为处理和解决与航行自由有关争议的新原则和新制度。

---

① 中国在海洋法制度上的内容、问题和完善建议，参见金永明《中国海洋法制度与若干问题概论》，《中国海洋大学学报（社会科学版)》2020 年第 5 期。

第二部分
海洋环境治理前沿

新时代海洋生态环境治理：理念更新、
逻辑嬗变与制度变革[*]

王　刚　高启栋[**]

摘　要：　海洋生态环境治理在新时代生态文明建设中扮演着重要角色，
并且在理念、逻辑、制度上发生了重大变化。新时代海洋生

*　本文为中央高校基本科研业务费专项资助中国海洋大学研究生自主科研项目"国际关系视
角下地方海洋机构改革的优化路径研究"（202261094）的阶段性研究成果。
**　王刚，中国海洋大学国际事务与公共管理学院教授；高启栋，中国海洋大学国际事务与公
共管理学院博士研究生。

态环境治理秉持从陆海分治到蓝色国土、从职能为辅到职能为体以及从"监""管"一体到"监""管"分离的理念更新，践行"海洋综合"走向"生态综合"、"部门政府"走向"整体政府"以及"内在平衡"走向"外在均衡"的逻辑嬗变，构建海陆环境一体的生态环境保护制度体系、海陆资源集中的自然资源管理制度体系，最终塑造海洋资源管理与海洋环境保护相制衡的制度体系。理念、逻辑和制度三位一体，塑造了新时代海洋生态环境治理的新格局，助力海洋生态环境治理体系与治理能力的全面提升。

关键词： 海洋生态环境治理　海陆环境一体　海陆资源集中

新时代以来，我国大力推进生态文明建设，将生态文明建设放在突出地位。作为新时代坚持和发展中国特色社会主义的基本方略之一，生态文明建设取得了显著成效，实现了纵深发展。作为生态环境的重要组成部分，海洋生态环境治理[①]在生态文明建设中扮演着重要角色，是生态文明建设的重要内容，在国家相关战略部署中被突出强调。党的十九大报告中指出要实施"近岸海域综合治理"。[②] 党的二十大报告中指出"发展海洋经济，保护海洋生态环境，加快建设海洋强国"[③]。"十四五"规划中围绕打造可持续海洋生态环境，对海洋生态环境治理的体系、机制、制度及能力建设作出具体的安排，高度重视海洋生态文明建设，持续推进包括海洋资源开发利用、海洋生物多样性保护、海洋环境污染防治等方面的工作。《"十四五"海洋生态环

---

① 海洋生态环境治理涵盖方面广阔，限于研究的可操作性，本文的研究范围为海洋生态环境治理的主要方面，即原环境保护部、原国家海洋局负责承担的内容范围。

② 习近平：《决胜全面建成小康社会　夺取新时代中国特色社会主义伟大胜利——在中国共产党第十九次全国代表大会上的报告》，人民出版社，2017，第51页。

③ 习近平：《高举中国特色社会主义伟大旗帜　为全面建设社会主义现代化国家而团结奋斗——在中国共产党第二十次全国代表大会上的报告》，人民出版社，2022，第32页。

境保护规划》，从工作目标指标、重点工作任务以及支撑保障措施等方面对我国海洋生态环境治理作出了统筹谋划和具体部署。

事实上，新中国成立以来，海洋生态环境治理历来受到国家高度重视且经历了不断的演进发展。20 世纪 60 年代，国家海洋局的成立推动了海洋生态环境监测体系的初步形成，从技术层面奠定了海洋生态环境治理的基础。[1] 20 世纪 80 年代，《中华人民共和国海洋环境保护法》正式出台，标志着我国海洋生态环境治理进入法治时代，开创了快速发展的新阶段。[2] 20 世纪 90 年代以来，海洋生态环境治理的有关机构经过多次改革调整，有关法律经过不断完善补充，海洋生态环境治理得到不断深化提升。[3] 尤其是新时代以来，海洋生态环境治理发生了历史性、转折性、全局性变化，形成了史无前例的新格局。海洋生态环境治理取得了积极进展和良好成效，海洋生态环境状况整体稳定，海水环境质量、近岸海域水质、典型海洋生态系统等多方面日益改善。

新时代我国海洋生态环境治理谱写了雄伟篇章，取得了伟大成就。对于新时代海洋生态环境治理，既要看到"森林"，又要看见"树木"。因此，需要通过深入开展理论研究，学懂悟透新时代海洋生态环境治理的多维度内涵。从现实层面来看，新时代海洋生态环境治理包含"一系列新理念、新思路、新举措"[4]，为理论研究提供了三位一体的视角指引。从研究层面来看，现有研究包括理念与实践的"宏观—微观"、理念的内涵剖析的"宏观"等研究路径，[5] 但缺少对于现实层面阐释的完整涵盖。本研究从理念更

---

① 关道明、梁斌、张志锋：《我国海洋生态环境保护：历史、现状与未来》，《环境保护》2019年第 17 期。

② 许阳：《中国海洋环境治理政策的概览、变迁及演进趋势——基于 1982—2015 年 161 项政策文本的实证研究》，《中国人口·资源与环境》2018 年第 1 期。

③ 陈琦、胡求光：《中国海洋生态保护制度的演进逻辑、互补需求及改革路径》，《中国人口·资源与环境》2021 年第 2 期。

④ 《按照系统工程的思路，全方位、全地域、全过程开展生态环境保护建设》，人民网，http://theory.people.com.cn/n1/2018/0226/c417224-29834556.html。

⑤ 相关研究成果参见董战峰、张哲予、杜艳春、何理、葛察忠《"绿水青山就是金山银山"理念实践模式与路径探析》，《中国环境管理》2020 年第 5 期；刘海娟、田启波《习近平生态文明思想的核心理念与内在逻辑》，《山东大学学报（哲学社会科学版）》2020 年第 1 期；张卫海《生态治理共同体的建构逻辑与实践理路》，《南通大学学报（社会科学版）》2020 年第 3 期。

新、逻辑嬗变与制度变革出发，是对现有研究视角的补充，也是对现实情景的涵盖。理念是宏观的思想观念，逻辑是中观的内在机理，制度是微观的外在实践，三者共同组成整合性视角，能够系统完整地表述新时代海洋生态环境治理前所未有的深刻变化，从而总结归纳一系列经验、做法，为全球海洋生态环境治理贡献中国智慧。

一 新时代海洋生态环境治理的理念更新

（一）从陆海分治到蓝色国土

在过去，由于中国传统上秉持的重陆轻海理念造成的海洋意识淡薄等认知习惯，人们通常忽略我国拥有的约 300 万平方公里的海洋蓝色国土。重陆轻海的思维在新中国成立初期的海洋生态环境治理中也存在延续。当时我国的海洋开发利用处于较低水平，对海洋生态环境的影响有限。国家对海洋生态环境治理的关注度和注意力较为欠缺，有关工作主要由陆地各职能管理部门延伸兼管。[①] 随着国家经济社会的蓬勃发展，海洋大规模开发利用所导致的海洋生态环境破坏也逐渐出现并不断加剧，引起了国家对海洋生态环境治理的日益关注并不断采取各类举措。国家正式成立专门的海洋管理部门——国家海洋局，承担海洋环境监测、海洋资源调查等海洋生态环境治理的相关职责并不断赋予和加强。与此同时，国家出台一系列涉及或者专门的海洋生态环境治理的战略、制度。[②] 尽管海洋生态环境治理得到突破与发展，但是面临着与陆地生态环境治理衔接不畅的阻碍。陆海分割之下，陆地生态环境治理难以将海洋纳入全盘考虑之中。海洋生态环境治理也与陆地生态环境治理对接和协作存在诸多困境，导致职责交叉、职责空白、职责模糊等管理问题。

---

① 王刚、宋锴业：《中国海洋环境管理体制：变迁、困境及其改革》，《中国海洋大学学报（社会科学版）》2017 年第 2 期。
② 例如《中华人民共和国防止沿海水域污染暂行规定》《中华人民共和国海洋环境保护法》《国家海洋事业发展规划纲要》等。

新时代，国家秉持蓝色国土的理念，陆海统筹一体化推进海洋生态环境治理，打破重陆轻海的狭隘思维，纠偏陆海分割的治理格局。蓝色国土理念可以从三个层面来理解。第一，蓝色国土的理念代表着对海洋与陆地认知的更新。从国土的整体层面看待海洋，海洋是蓝色国土，是具有与陆地平等地位的国土资源的组成部分，海洋与国土之间是部分与整体的关系，海洋与陆地是一个整体中的部分与部分的关系，跳脱出海洋与陆地的二元关系的桎梏。① 第二，蓝色国土的理念推动着海洋生态环境治理格局的更新。海洋是与陆地相对的不同生态环境，是整体生态环境的并行组成部分。国家从国土治理整体层面出发，统一行使所有国土管理职责，协调陆海关系，推动陆海一体化开展海洋生态环境治理。就整体生态环境、陆地生态环境和海洋生态环境三者而言，既是实现整体带动部分，又是实现部分提升整体，还是实现部分与部分的相互促进。第三，蓝色国土的理念推动着海洋生态环境治理实践的更新。国家立足于国土空间，构建自然资源资产产权制度、国土空间开发保护制度，推进陆海统筹的生态环境治理制度建设，建立沿海、流域、海域协同一体的综合治理体系。② 将海洋生态环境治理制度体系建设融入生态环境治理制度体系建设之中。

（二）从职能为辅到职能为体

在过去，海洋生态环境治理的大部分职责是以综合管理为主导进行划分配置的，海洋资源开发利用、海洋环境保护等职责得到整合来共同组建国家海洋局。在职责划分配置的理念上，海洋生态环境治理突出综合管理的主导地位，职能管理处于辅助地位。"职能为辅"具体呈现为两个方面。一方面，综合管理是对行业管理下分散管理的整合优化，由于行业管理的实质就是职能管理，因此综合管理思路的实现意味着必然要分割其他职能管理，所

---

① 曹忠祥、高国力：《我国陆海统筹发展的战略内涵、思路与对策》，《中国软科学》2015 年第 2 期。

② 姚瑞华、张晓丽、严冬、徐敏、马乐宽、赵越：《基于陆海统筹的海洋生态环境管理体系研究》，《中国环境管理》2021 年第 5 期。

以职能管理在理念上不受重视乃至否定。另一方面，国家海洋局的机构属性存在"形式与实质的错位"，其在形式上是按照职能管理理念设立的中央职能管理部门，但在实质上是按照综合管理理念来配置海洋管理职责。① 国家海洋管理的综合管理的管理定位处于核心本质，国家海洋局的职能管理部门的机构性质处于次要形式。"职能为辅"的理念下，尊重和顺从海洋的一体不可分割性，从海洋的整体性出发来开展海洋生态环境治理，这产生了积极意义并取得了一定的治理绩效，② 但是也面临着部门职责划分和管理职责对接两个方面的弊端。一方面，以海洋管理的集中统一开展海洋生态环境治理，影响了生态环境治理的统一完整，造成了国务院环境保护行政主管部门职能管理的割裂破碎，生态环境治理的系统综合受到阻碍和限制；另一方面，国家海洋局承担海洋生态环境治理的多项职责，就需要与多个职能部门进行职责对接和协作，这使得推进海洋生态环境治理的过程复杂烦琐，且国家海洋局的副部级行政级别也使得横跨多部门的组织协调能力存在考验和挑战。③

新时代，职能管理作为海洋生态环境治理相关职责的划分标准，回归肯定职能管理的价值和意义，突出强调海洋生态环境治理涉及的自然资源开发、生态环境保护等专业分工下的政府职能。以职能管理为主导，厘清海洋生态环境治理相关职责的划分思路，遵循科层制组织结构下按照专业分工明确部门责任的科学严谨性，贯彻职能管理的完整性和一体性，回应自然资源开发、生态环境保护等职责所面临的部门分割的缺陷。海洋生态环境治理跳出"海洋一体不可分割"下的僵化机械思维，由旨在融入海洋区域内职责管理的统一，转变为融入各个政府职能部门的整体职能体系中，理顺海洋管理与各类职能管理的对接关系。不再侧重将海洋管理的统一作为增强和提升

---

① 王刚、袁晓乐：《我国海洋行政管理体制及其改革——兼论海洋行政主管部门的机构性质》，《中国海洋大学学报（社会科学版）》2016 年第 4 期。
② 徐祥民、刘旭：《从海洋整体性出发优化海洋管理》，《中国行政管理》2016 年第 6 期。
③ 王印红、王琪：《海洋强国背景下海洋行政管理体制改革的思考与重构》，《上海行政学院学报》2014 年第 5 期。

海洋生态环境治理能力和水平的手段，而是将海洋生态环境治理融入各类职能管理中从而尊重国家治理的全局性。新时代，从职能为辅到职能为体来推进海洋生态环境治理，既维护职能管理的完整性，又坚守海洋管理的统一性，实现海洋管理的特殊性与职能管理的一般性的兼容。海洋生态环境治理迈入更为宏大的视野，从以海洋管理为基点出发来看待职能管理转换为以职能管理为基点出发来看待海洋管理，在国家治理全局下打造海洋生态环境治理新格局。

（三）从"监""管"一体到"监""管"分离①

在过去，海洋生态环境治理中海洋环境保护的"监"与海洋资源使用的"管"在一个职能部门内被统一行使，国家海洋局具有全国海域范围内的多项管理职责，海洋生态环境治理主要由国家海洋局推进开展。海洋生态环境治理是与多项具体的海洋管理职责存在密切关联的，包括海域使用规划、海洋矿产勘查、海岛开发利用、海洋环境监测、海洋污染处理等。以上具体的海洋管理职责可以总结归纳为海洋环境保护与海洋资源使用两个方面，前者涵盖的相关职责属于对海洋开发的监督，后者涵盖的相关职责属于对海洋开发的管理。海洋生态环境治理的"监""管"统一源于海洋自然特性的客观现实和海洋管理体制的改革思路，一方面，海洋的一体性使得海洋事务的管理具有很强的彼此联动性，另一方面，海洋管理职责机构的不断整合塑造了海洋事务管理的集中化。②"监""管"统一推进海洋生态环境治理，能够统筹海洋管理的各项具体职责，推动职责之间的对接与协调，从系统整体的海洋管理来开展海洋生态环境治理。尽管海洋环境保护的"监"与海洋资源使用的"管"相辅相成，但是两方面职责具有各自不同的管理

---

① 本文中"监""管"与"监管统一"语义中的复合含义不同。"监管"意为监督管理，"监管统一"意为广义上的管理职责统一；"监""管"代表两种管理职责，前者指向为海洋环境保护，后者代表海洋资源使用。

② 李晓蕙、韩园园：《我国海洋管理政府职能演化特征》，《海南大学学报（人文社会科学版）》2015 年第 6 期。

重点，属于两类不同事项，一个职能部门来同时平衡海洋环境保护与海洋资源使用存在挑战，多项职责的交叉混合会对海洋生态环境治理造成局限。[①]

新时代，从"监""管"一体走向"监""管"分离，通过职责分野来强力推进海洋生态环境治理，破除多项职责的混合交叉，实现开发保护的区分制衡。海洋环境保护与海洋资源使用两方面职责分别调整归属于不同职能部门，"监"与"管"分离实现各自独立，解决了一个职能部门负责两类不同事项的注意力分配难题。"监""管"分离对海洋生态环境治理产生了多重影响和意义。首先，海洋环境保护与海洋资源使用两方面职责脱离一个职能部门，避免了左支右绌，实现了各自职责行使能力的强化；其次，海洋环境保护与海洋资源使用两方面职责分属不同职能部门，区分了职责边界，实现了开发与保护之间制衡能力的提升；最后，海洋环境保护与海洋资源使用两方面职责分别由单一职能部门行使，压实了责任归属，维护了海洋生态环境治理两个主要方面的权责一致。[②] 总结来看，遵循"监""管"分离的理念，并不是割裂海洋环境保护与海洋资源使用，强调二者之间的对立。海洋生态环境治理与海洋环境保护、海洋资源使用是"整体与部分"的关系，治理是开发与保护的统筹，科学合理的开发能够实现保护，加强环境保护能够促进发展。"监""管"分离，促进海洋生态环境治理组成部分的分别发展提升、部分之间相互作用的巩固增强，分结构且综合地实现新时代海洋生态环境治理的系统发展。

二 新时代海洋生态环境治理的逻辑嬗变

（一）从"海洋综合"走向"生态综合"

新时代推进海洋生态环境治理，在治理体系层面，践行着从"海洋综

---

① 刘健：《浅谈我国海洋生态文明建设基本问题》，《中国海洋大学学报（社会科学版）》2014年第 2 期。

② 王刚、宋锴业：《海洋综合管理推进何以重塑？——基于海洋执法机构整合阻滞的组织学分析》，《中国行政管理》2021 年第 8 期。

合"走向"生态综合"的逻辑嬗变。在过去，海洋生态环境治理是以海洋要素的综合为逻辑起点，以相关海洋职责机构的综合为逻辑承载。"海洋综合"的逻辑，是以海洋要素一体性为引领，开展海洋生态环境治理职责一体性的建设，形成"海洋+职责"的模式，海洋生态环境的综合治理可以视为相关海洋职责的整合管理。[①] 1964 年，我国建立了专门的海洋管理部门——国家海洋局，其承担海洋生态环境治理的相关职责并不断被赋予和加强，从最初的海洋环境监测、海洋资源调查拓展增加到海域使用规划、海洋矿产勘查、海岛开发利用、海洋环境监测、海洋污染处理等多项职责。[②] 基于海洋要素的相互关联性和不可分割性，关注管理对象的一体性，将海洋生态环境治理职责的海洋一体化作为综合治理的保证，追求海洋生态环境治理的相关海洋职责配置的统一，海洋生态环境的综合治理表现为"海洋综合治理"。[③]

新时代海洋生态环境治理的一系列现实状况、思想观念等从实践样态、顶层设计驱动着海洋生态环境综合治理逻辑的演进，"综合治理"愈加有机和多维，避免了简单机械套用。新时代，海洋生态环境治理是以职能要素的综合为逻辑起点，以相关海洋管理职责的融入整合为逻辑践行。"生态综合"的逻辑，是以生态环境治理的各类相关职能要素的完整性为驱动，开展海洋生态环境治理体系的重塑，形成"职能+海洋"的模式。海洋生态环境治理由倚靠海洋职责的整合，转变为将海洋职责融入到生态环境治理的各类相关职能管理体系之中，依托国家对生态环境治理的各类相关事务的统一治理来推进海洋生态环境治理。通过科学合理的职责划分，厘清机构职责范围，形成完善的职责体系，打造职能管理的统一，以一类事项由一个部门负责，实现海洋生态环境治理的各项相关职责统筹履行，以统分结合，主次分

---

① 李百齐：《对我国海洋综合管理问题的几点思考》，《中国行政管理》2006 年第 12 期。

② 张海柱：《理念与制度变迁：新中国海洋综合管理体制变迁分析》，《当代世界与社会主义》2015 年第 6 期。

③ 潘新春、张继承：《我国海洋开发和管理理念的变迁与思考》，《太平洋学报》2012 年第 2 期。

明的部门协同，实现海洋生态环境的综合治理。海洋生态环境的综合治理表现为"生态综合治理"。过去"海洋综合"的逻辑之下，注重海洋生态环境治理的有关海洋职责的相互关联，但却可能僵化为海洋生态环境治理的固守封闭。海洋系统过于复杂，难以依靠单一的综合管理系统来管理，但是海洋综合管理概念基础中的各种原则在某种程度上可以用于政策框架的制定。[①]新时代"生态综合"的逻辑嬗变，将海洋生态环境治理紧密嵌入到国家生态环境治理全局，以国家生态环境治理的"大综合"带动海洋生态环境治理的"小综合"。

（二）从"部门政府"走向"整体政府"

新时代推进海洋生态环境治理，在治理体制层面，践行着由"部门政府"走向"整体政府"的逻辑嬗变。在过去，海洋生态环境治理相关的多项海洋管理职责，由国家海洋局主要承担行使。在单一部门的职责体系之下，相关的多项海洋管理职责实现集中。通过一个职能部门，统一行使海洋生态环境治理的多项政府职能，实现综合治理，即"部门政府"逻辑。海洋生态环境的综合治理形成单一线性的思维，部门管理与政府管理对应，追求一个职能部门囊括全部政府职能，对海洋生态环境治理的"大包干"，从而组成综合治理体制，"部门→政府→体制"，以部门确定体制，形成"综合治理部门化"。"部门政府"的逻辑源于对海洋行业管理的纠偏。新中国成立伊始，国家海洋管理的最初思路是以陆定海，各个陆地资源管理机构分别对应管理各类别海洋资源，有限的海洋生态环境治理也相应地被分别顺带兼管，海洋行业管理之下不可避免地产生分散管理导致的种种弊端，并且难以有效应对日趋复杂的海洋管理事务。[②]脱离"多个部门分割"追求"单一部门综合"是发展和提升海洋生态环境治理体系和能力的核心趋向。作为多个行业管理部门下分散管理的对应，单一职能管理部门的综合管理应运而

---

① G. Peet, "Ocean Management in Practice," Ocean Management in Global Change, 1992.

② 张玉强：《海洋强国背景下我国海洋管理部门的协同问题研究——以协同政府理论为视角》，《中国海洋大学学报（社会科学版）》2017 年第 4 期。

生。海洋生态环境治理呈现为"逻辑锁定"，在 2013 年国务院机构改革和职能转变中达到"部门政府"的顶峰，多支机构属性、隶属关系、人员编制等方面迥异的海上执法队伍及其职责整合重新组建国家海洋局，以中国海警局的名义开展海上维权执法，关涉到党、政、军三元的体制。① "部门政府"的逻辑提升了海洋生态环境治理的集中性，但是也带了"部门主义"问题，导致海洋生态环境治理的部门壁垒和碎片化，影响了海洋生态环境治理绩效。

新时代，海洋生态环境治理相关的多项海洋管理职责，由多个政府部门分工承担行使，在多个部门的职能分工之下，相关的多项海洋管理职责科学划分，海洋生态环境治理通过多部门的共同协作推进综合治理②，即"整体政府"逻辑。"整体政府"逻辑打破"部门政府"的逻辑锁定，跳出单一职能部门内相关海洋管理职责集中的思维，不再依靠部门统一来打造体制统一。基于政府机构设置和职能配置的整体全局，推进海洋生态环境的多部门共同治理，以政府的整体管理来组成综合治理体制，"管理→体制"，以管理组成体制。"整体政府"逻辑下，通过构建部门间的协同与合作，解决部门分割的问题，实现海洋生态环境的协同治理。回顾来看，海洋生态环境治理历经"分—统—分"三个阶段，但是两个"分"的阶段存在本质区别。新时代下海洋生态环境治理相关的多项海洋管理职责的划分，本质上是从政府管理整体出发，以职能分工为手段统筹推进海洋生态环境治理，以部门协同为原则系统保障海洋生态环境治理，海洋生态环境的综合治理贯穿始终。海洋行业管理的分散管理与综合管理是对立相左的，既造成海洋生态环境治理的分割，也导致海洋生态环境治理的弱化和轻视。

（三）从"内在平衡"走向"外在均衡"

新时代推进海洋生态环境治理，在治理机制层面，践行着由"内在平

---

① 史春林：《中国海洋管理和执法力量整合后面临的新问题及对策》，《中国软科学》2014 年第 11 期。

② 王琪、崔野：《面向全球海洋治理的中国海洋管理：挑战与优化》，《中国行政管理》2020 年第 9 期。

衡"走向"外在均衡"的逻辑嬗变。海洋生态环境治理涉及多项具体的海洋管理职责，可以概括为海洋资源使用与海洋环境保护两个主要方面内容。依据新发展理念所阐述的经济发展和生态环境保护的关系，"保护生态环境就是保护生产力，改善生态环境就是发展生产力"，① 海洋资源使用与海洋环境保护不是矛盾对立的关系，而是辩证统一的关系，即海洋资源使用的内在要求是体现海洋环境保护，海洋环境保护的目的取向是促进海洋资源使用。

在过去，海洋生态环境治理的两个主要方面内容遵循着"内在平衡"的逻辑。"内在"包括海洋管理内部与职能部门内部。"内在"的形成分别缘由海洋管理的职责集中性和单一部门的职责整合性。海洋资源利用与海洋环境保护的"内在平衡"表现在两个方面。一方面，在海洋管理内部，从海洋管理全局来进行顶层设计，二者可以实现内部统筹统一；另一方面，在单一部门内部，从单一部门整体来行使管理职责，二者可以实现内部协调对接。② "内在平衡"的基础是海洋管理职责的一体和职能部门设置的一体，"内在平衡"是"一体"之下不断权衡的结果，因此可能产生海洋资源使用与海洋环境保护二者的失衡。因为海洋资源使用与海洋环境保护具有不同的职能属性，属于两类事项和事情。经济建设作为国家发展的最主导面，在集中的海洋管理与单一的部门管理之下，容易使海洋资源使用成为主导而海洋环境保护成为从属。

新时代，海洋生态环境治理的两个主要方面内容遵循着"外在均衡"逻辑。"外在均衡"是相较于"内在平衡"而言，是对"内在"的冲破，对"平衡"的升级。"外在"包括两个方面，一是冲破海洋管理来着眼生态环境治理，二是冲破单一部门来着眼政府职能管理。在整体生态环境治理和政府整体职能管理的两个方面下，实现新发展理念下海洋资源利用与海洋环

---

① 《中共中央国务院印发〈生态文明体制改革总体方案〉》，中国政府网，http：//www. gov. cn/guowuyuan/2015-09/21/content_2936327. htm。

② 秦磊：《我国海洋区域管理中的行政机构职能协调问题及其治理策略》，《太平洋学报》2016 年第 4 期。

境保护的新关系。海洋资源利用与海洋环境保护的"外在均衡"综合表现为，通过冲破海洋管理与单一部门，二者各自独立和强化，跳脱出"内在平衡"下"跷跷板模式"，不再是"左右权衡"而是"势均力敌"。"外在均衡"逻辑能够强化海洋资源使用与海洋环境保护二者的平衡，二者既不"相互影响"又"相互影响"，具体表现为既各自履职到位且流程通畅，又相互统筹协调且配合联动，最终实现海洋生态环境治理的监管体系和监管能力的综合提升。

三 新时代海洋生态环境治理的制度变革

（一）构建海陆环境一体的生态环境保护制度体系

新时代，从山水林田湖草沙一体化出发，统筹考虑自然生态各要素，注重海陆环境的整体保护，海洋环境保护融入整体生态环境保护中，打造海陆环境一体的生态环境保护制度体系。[①] 生态环境保护体制作为狭义的管理制度，[②] 是制度体系的核心主导内容，也是其他制度、机制发挥作用的承载体。在过去，依据《中华人民共和国环境保护法》（2014年修订）、《中华人民共和国海洋环境保护法》（2017年修正）的规定，主要负责我国环境保护工作的中央政府部门是国务院环境保护行政主管部门和国家海洋行政主管部门，前者对全国环境保护工作实施统一监督管理，对全国海洋环境保护工作进行指导、协调和监督，承担海洋环境保护中涉及陆源污染防治的有关职责；后者承担海洋环境保护中海洋生态保护等多项具体职责。[③] 总结来看，

[①] 《生态环境部等6部门联合印发〈"十四五"海洋生态环境保护规划〉》，中华人民共和国生态环境部网站，https://www.mee.gov.cn/ywdt/hjywnews/202201/t20220117_967330.shtml。

[②] 《中共中央国务院印发〈生态文明体制改革总体方案〉》，中国政府网，http://www.gov.cn/guowuyuan/2015-09/21/content_2936327.htm。

[③] 《中华人民共和国环境保护法（2014修订）》，北大法宝网，https://www.pkulaw.com/chl/c24f71752129d23dbdfb.html?keyword=环境保护法，《中华人民共和国海洋环境保护法（2017修正）》，北大法宝网，https://www.pkulaw.com/chl/174b2b5043ca235dbdfb.html?keyword=海洋环境保护法。

生态环境保护体制呈现"海陆分割"的格局，即国务院环境保护行政主管部门与国家海洋行政主管部门分别负责陆地和海洋的环境保护工作。"海陆分割"的格局下，部门之间的有效协作面临着诸如协作动力、协作成本、协作监督等一系列横向部门协作所固有的困境和挑战；职责之间的有效衔接也面临着职责模糊、职责空白、职责交叉等一系列单一职责割裂所衍生的弊端与不足。①

新时代，尊重顺应生态系统的整体性、系统性及其内在规律，牢固树立海洋与其他自然生态要素是一个生命共同体的认识，生态环境保护体制开创了"海陆一体"的新格局。海洋与森林、草原、河流、湖泊、湿地等其他生态环境的组成部分一道，实现了生态环境保护的整体系统推进。2018 年国务院机构改革，国家海洋局的海洋环境保护职责与环境保护部、水利部、农业部等部门的有关职责共同调整组建生态环境部。一方面，海洋环境保护职责融入环境污染防治、生态保护修复、生态环境监测等各项生态环境管理的具体职责中，环境保护职责得到统一，职责行使流程畅通，避免了职责分散下的协调沟通烦琐；另一方面，海洋生态环境司与水生态环境司、大气环境司、土壤生态环境司等承担具体监管职责的内设机构统一在一个部门，海洋环境保护由"独立"迈入"统一"，在海陆一体的生态环境保护体系下，实现地理区域分工与海陆一体推进的并举。海洋环境保护管理制度嵌入污染物排放许可制、污染防治区域联动机制、环境信息公开制、生态环境损害赔偿制度等整体生态环境保护制度之中，共同推进生态环境保护体系的建立健全。综合来看，海陆环境一体的生态环境保护制度体系之下，以职责融合推动海洋环境保护的流程再造，以机构整合推动海洋环境保护的机构重组，纵向上的流程与横向上的机构在具体和整体两个层次上推动了海洋环境保护中职责行使和职责协调的变革。

---

① 吕建华、高娜：《整体性治理对我国海洋环境管理体制改革的启示》，《中国行政管理》2012 年第 5 期。

表1 海洋环境保护管理制度变革

时间	部门	职责	体制
2018年国务院机构改革前	环境保护部	海洋环境保护工作的指导、协调与监督	海陆分割
		海洋环境保护工作中陆源污染防治	
	国家海洋局	海洋环境监督管理、海洋污染损害等环境保护工作	
2018年国务院机构改革后	生态环境部	统一行使生态环境保护职责	海陆一体

(二)构建海陆资源集中的自然资源管理制度体系

新时代，为解决自然管理体制导致的生态环境治理中的一些突出问题，国家从整体国土空间出发，对自然资源资产管理体制进行了健全，实行自然资源管理相关职责的统一行使，增强了自然资源管理集中性，完善行使主体功能区划、国土空间用途管制等制度职责的自然资源监管体制，海洋资源管理与陆地资源管理相互融合，构建海陆资源集中的自然资源管理制度体系。在过去，海洋资源管理与陆地资源管理处于松散关联状态，自然资源管理存在一定程度的分散。1964年，国家海洋局成立之初便具有海洋资源调查等海洋资源管理职责，后经过多次机构改革，不断加强对海洋资源开发利用的监督管理。[①] 1998年，国家海洋局与地质矿产部、国家土地管理局等多个部门共同组建国土资源部，海洋资源与土地资源、矿产资源等其他自然资源的一系列管理工作由国土资源部主管，极大地推动了我国自然资源管理集中性的提升，有利于海洋资源与土地资源、矿产资源等其他自然资源的统一管理。但是由于国家海洋局作为国土资源部的部管国家局，保持了较大的独立性，本质上属于"整体与部分的加和"的形式。随着我国经济社会的蓬勃发展，自然资源管理体制需要与时俱进，不断改革拓展，从而解决分散管理下产生的职责交叉冲突、职责行使割裂等弊端，尊重海洋、土地等组成的自

---

① 仲雯雯：《我国海洋管理体制的演进分析（1949-2009）》，《理论月刊》2013年第2期。

然生态环境的整体性和系统性的规律，回应我国经济社会深入发展的新时代要求。[①]

新时代，海洋资源管理与陆地资源管理进入深度绑定状态，自然资源管理在综合性、统一性方面得到深刻加强，实现了对既有自然资源管理体制改革的承接和突破，自然资源管理体制展开了重大改革。国家海洋局的海洋资源管理的多项职责与国土资源部、水利部、农业部等多个部门的有关职责调整组建自然资源部，不在保留国家海洋局，自然资源部对外保留国家海洋局牌子。1998 年以来海洋资源管理与土地资源、矿产资源等其他自然资源管理之间"整体与部分的加和"的形式，转变为"整体与部分的融合"的形式，构建了海陆资源集中的自然资源管理制度体系。在这一转变下，海洋资源管理的有关职责在自然资源管理的整体职责中实现了有机融合和重点突出，一方面，海洋功能区划、海洋生态修复等职责融入国土空间管理的整体中，由国土空间用途管制司、国土空间生态修复司等内设机构实际承担；另一方面，海洋战略规划、海域海岛管理等职责独立在自然资源管理的职责中，由海洋战略规划与经济司、海域海岛管理司、海洋预警监测司等内设机构实际承担。[②] 综合来看，在海陆资源集中的自然资源管理制度体系下，海洋资源管理的多项职责呈现为在整体上的统一融合，在具体上的统分结合。前者意味着海洋资源管理以自然资源整体来统筹推进，实现自然资源的综合管理，后者意味着充分考虑海洋资源管理的专业特性、内容体量，实现海洋资源的综合管理。以健全自然资源资产产权制度、建立国土空间开发保护制度为整体带动引领，以完善海域海岛有偿使用制度、健全海洋资源开发保护制度为具体内容任务，实现海洋资源管理制度体系的系统整体变革。

---

① 于思浩：《海洋强国战略背景下我国海洋管理体制改革》，《山东大学学报（哲学社会科学版）》2013 年第 6 期。

② 史春林、马文婷：《1978 年以来中国海洋管理体制改革：回顾与展望》，《中国软科学》2019 年第 6 期。

表 2　海洋资源管理制度变革

时间	部门	职责	体制
2018 年国务院机构改革前	国土资源部	海洋资源的规划、管理、保护与合理利用	海陆松散关联，整体与部分的加和
	国家海洋局	海洋功能区划、海岛开发利用等海域管理工作	
2018 年国务院机构改革后	自然资源部	统一行使全民所有自然资源资产所有者职责，统一行使所有国土空间用途管制和生态保护修复职责	海陆深度绑定，整体与部分的融合

（三）塑造海洋资源管理与海洋环境保护相制衡的制度体系

海洋生态环境治理需要牢牢依靠制度，以制度安排推进海洋生态环境治理，能够为海洋生态环境治理提供可靠保障。[①] 新时代，海洋资源管理制度体系与海洋环境保护制度体系分别嵌入生态环境保护制度体系与自然资源管理制度体系中，海洋资源管理与海洋环境保护实现了分离与提升，进而塑造了海洋资源管理与海洋环境保护相制衡的制度体系。二者的制衡关系可以从三个层面来理解。一是职责属性层面，海洋资源管理与海洋环境保护是二元对应的。海洋资源管理所追求的经济价值和海洋环境保护所追求的生态价值在一定程度上是矛盾的，因为资源开发利用往往会伴随对生态环境的破坏。[②] 因此，海洋资源管理与海洋环境保护在职责属性上存在客观张力，形成制衡关系。二是权力关系层面，海洋资源管理与海洋环境保护是职责分离的。海洋资源管理与海洋环境保护进行了职责的整合划分，分属于自然资源管理与生态环境保护，脱离了海洋管理的集中统一。海洋资源管理与海洋环境保护的独立分野，进一步凸显了二者之间的"对立"关系，强化了制衡关系。三是部门关系层面，海洋资源管理与海洋环境保护是机构分设的。海洋资源管理与海洋环境保护参与不同部门设立，前者参与组建自然资源部，后者参与组建生态环境部，脱离了单一的海洋管理部门。海洋资源管理与海

---

① 初建松、朱玉贵：《中国海洋治理的困境及其应对策略研究》，《中国海洋大学学报（社会科学版）》2016 年第 5 期。

② 王灿发：《新〈环境保护法〉实施情况评估研究简论》，《中国高校社会科学》2016 年第 4 期。

洋环境保护作为不同类别的事项分别由两个部门负责，各自履职，互不干扰，同时实现职能强化，践行制衡关系。

总结来看，海洋资源管理与海洋环境保护二者，在职责属性层面的制衡关系的本质认识是制度体系建设的起点，在权力关系层面的职责分野的职责体系是制度体系建设的中端，在部门关系层面的机构分设的组织体系是制度体系建设的终端，三个层面构成了海洋生态环境治理制度体系变革的主轴，拆解国家海洋局，主要组建自然资源部和生态环境部。海洋资源管理与海洋环境保护的制衡关系得到凸显、强化和践行，塑造了新的海洋生态环境治理制度体系，推进了海洋生态环境治理领域中治理体系和治理能力现代化。不过，海洋资源管理与海洋环境保护相制衡，并不代表二者相互矛盾，乃至"零和博弈"。新发展理念指出生态环境保护与经济发展是辩证统一、相辅相成的。海洋资源管理与海洋环境保护的"制衡"实质上是相互促进的，科学合理的海洋资源开发利用能够促进海洋环境保护，加强提升海洋环境保护能够促进海洋资源可持续开发利用。海洋资源管理与海洋环境保护相制衡，形成了海洋生态环境治理"一体两翼"格局，海洋资源管理和海洋环境保护两个方面的各自统一管理和分工协同管理共同组成新时代海洋生态环境综合治理的大格局。①

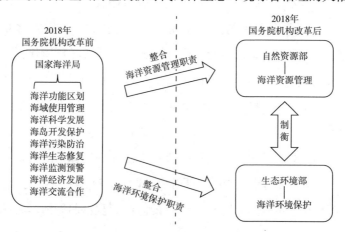

图1 海洋资源管理与海洋环境保护相制衡的制度体系

① 崔野、王琪：《中国参与全球海洋治理研究》，《中国高校社会科学》2019年第5期。

四 结语

新时代海洋生态环境治理的理念更新、逻辑嬗变和制度变革三位一体，系统整体地彰显了海洋生态环境治理的发展成就。整体来看，理念更新、逻辑嬗变和制度变革三个层面呈现"宏观—中观—微观"的递进序列，层层细化且有机承接，避免了改革"空转"与"合成谬误"。具体来看，理念更新层面，从陆海分治到蓝色国土、从职能为辅到职能为体和从"监""管"一体到"监""管"分离三重理念是逐级催生的关系，蓝色国土理念要求政府管理的整体性，从而回归政府职能管理的专业分工，进而推动"监""管"职能的分离；逻辑嬗变层面，从"海洋综合"走向"生态综合"、从"部门政府"走向"整体政府"和从"内在平衡"走向"外在均衡"三重逻辑是"总分排列"的关系，第一重逻辑嬗变是核心基础，第二、三重逻辑是两个方面的衍生结果；制度变革层面，构建海陆环境一体的生态环境保护制度体系、构建海陆资源集中的自然资源管理制度体系和最终塑造海洋资源管理与海洋环境保护相制衡的制度体系，三重制度是"分总组成"的关系，第一、二重制度体系变革中包含着第三重制度体系，第三重制度体系是对第一、二重制度体系的抽剥归纳。

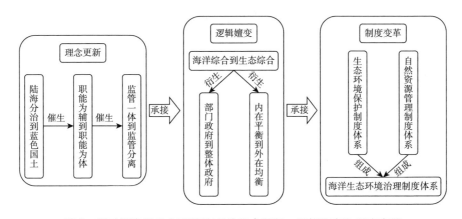

图 2　新时代海洋生态环境治理的理念更新、逻辑嬗变和制度变革

　　陆海统筹是新时代海洋生态环境治理研究的"显学"，既是引领理念又是实践举措。本文对现有研究进行学习和理解并进一步"解剖麻雀"，揭示"陆海统筹"深层次和衍生性内容，在承接现有研究的基础上实现升华与深化，有助于理清思路，精准把握新时代海洋生态环境治理制度体系变革的走向。

海洋环境跨域治理的重点问题
与推进路径*

崔　野**

摘　要： 跨域治理是海洋环境治理的重要向度。目前，我国面临着以渤海污染、浒苔、海洋塑料垃圾为代表的若干跨域性海洋环境问题，制约着海洋强国和美丽中国的建设进程。尽管这些问题的形成原因和治理路径不尽相同，但在本质上，其共同的跨域性特征决定了实施海洋环境跨域治理是有效应对此类问题的必由之路。海洋环境跨域治理的推进与提升，应当以树立整体观念为前提，以强化海湾综合整治为抓手，以深化陆海统筹联动为原则，以建立并完善区域间综合协调机制和利益补偿机制为保障。

关键词： 海洋环境　跨域治理　渤海污染　浒苔　海洋塑料垃圾

一　问题的提出

进入 21 世纪以来，随着我国沿海地区经济社会的快速发展，海洋生态

---

* 本文系 2022 年度青岛市社会科学规划研究项目"浒苔问题跨域治理的长效机制研究"（QDSKL2201016）的阶段性研究成果。

** 崔野，中国海洋大学国际事务与公共管理学院讲师，中国海洋大学海洋发展研究院研究员。本文的写作得到中国海洋大学国际事务与公共管理学院本科生丁楠的帮助。

环境问题也不断出现。在人类活动和气候变化的双重压力下，当前我国海洋生态安全总体形势不容乐观，近岸海域环境容量有限，海洋生态系统退化、生物多样性减少、生境丧失及破碎化问题突出，赤潮、绿潮等海洋生态灾害多发，生态保护任务仍然复杂艰巨。其中，一些由人类的不当行为所引起，并经海洋自然属性的作用而产生的跨越两个或多个行政区划边界的海洋环境问题以其波及范围广、危害程度深、治理难度大等特点，严重制约着海洋强国与美丽中国的建设进程，对这类跨域性海洋环境问题的治理由此成为我国海洋环境治理的重点任务。

党的二十大报告提出要"发展海洋经济，保护海洋生态环境，加快建设海洋强国"[1]，将海洋环境治理置于突出地位。中共中央办公厅、国务院办公厅联合印发的《关于构建现代环境治理体系的指导意见》也要求"推动跨区域跨流域污染防治联防联控"[2]。在自上而下的政策驱动与自下而上的民意期盼的共同推动下，加快海洋环境跨域治理既正当其时，更刻不容缓。

二 海洋环境跨域治理的内涵

在研究跨区域环境问题的治理之道时，跨域治理（Cross-Boundary Governance）理论具有极为重要的参考价值。跨域治理理论是治理理论的分支，而跨域治理也是近年来公共管理学的热门话题。跨域治理的兴起源于现实生活中的跨区域、跨领域、跨部门的公共事务与公共问题的增多，是为回应政府再造的时代要求而作出的必然选择。[3] 同时，从全球范围来看，与跨域治理相似的概念还有英国的"区域治理"、美国的"大都会区治理"、日

---

① 习近平：《高举中国特色社会主义伟大旗帜　为全面建设社会主义现代化国家而团结奋斗——在中国共产党第二十次全国代表大会上的报告》，人民出版社，2022，第 32 页。

② 《中共中央办公厅 国务院办公厅印发〈关于构建现代环境治理体系的指导意见〉》，中国政府网，https：//www.gov.cn/gongbao/content/2020/content_5492489.htm。

③ 汪伟全：《空气污染的跨域合作治理研究——以北京地区为例》，《公共管理学报》2014 年第 1 期。

本的"广域行政"、欧盟的"网络化治理"等。跨域治理的实践探索充分表明，寻求治理模式的变革与创新已成为各国面临的共同挑战，跨域治理具有全球范围内的普遍适用性。在海洋领域，跨域性的环境问题也日趋多样且频发，对我国海洋生态环境质量及海洋可持续发展造成重大不利影响，海洋环境跨域治理上升为我国海洋生态文明建设中现实而迫切的议题之一。

学术界对跨域治理理论的持续研究为将其引入海洋环境治理领域奠定了学理基础。根据对"域"的不同解释，学者们对跨域治理的内涵形成了狭义与广义两种理解。狭义上的理解是将跨域治理的主体和范围分别限缩为政府和行政区域，即跨域治理是指行政边界相邻的两个或多个地方政府"超越不同范围的行政区域，建立协调、合作的治理体制，以解决区域内地方资源与建设不易协调或配合的问题"①。在这一观点中，跨域治理的核心要义是实现邻近地区之间的协调与合作。而广义上的理解则是将跨域治理的主体和范围扩展到政府和地理空间以外的层次，如张成福等认为，跨域治理是指"两个或两个以上的治理主体，包括政府、企业、非政府组织和市民社会，基于对公共利益和公共价值的追求，共同参与和联合治理公共事务的过程"②。王鹏进一步指出，跨域治理的内涵包含"地理空间上的跨政区联合行动，组织单位中的跨部门交流，传统公共部门与私营部门、民间组织之间的伙伴关系，以及横跨各种政策领域的专业化合作"③。概言之，这两种对跨域治理的不同理解，在我国的区域合作、公私合作、部门协同等新型治理理念中都得到了体现和运用。

在各类跨域治理实践中，海洋环境跨域治理的重要性和显示度正在快速上升，受到社会各界的强烈关注。而基于海洋的流动性、复合性、广袤性、边界模糊性等属性，海洋环境跨域治理应当更倾向于"跨行政区域"的治

---

① 赵永茂、朱光磊、江大树等主编《府际关系：新兴研究议题与治理策略》，社会科学文献出版社，2012，第233页。

② 张成福、李昊成、边晓慧：《跨域治理：模式、机制与困境》，《中国行政管理》2012年第3期。

③ 王鹏：《跨域治理视角下地方政府间关系及其协调路径研究》，《贵州社会科学》2013年第2期。

理，即不同地区的政府及其职能部门突破海域管辖边界和陆上行政区划，合作开展治理行动的过程。需要指出的是，这里的"域"并没有固定的划分标准，既可以跨县或跨市，也可能跨省乃至更高的层级。

三 海洋环境跨域治理的重点问题

从现实角度来说，资源约束趋紧、环境污染严重、生态系统退化是包括海洋在内的我国环境治理的总体形势和基本特征。而除此之外，受海洋自然地理属性影响，跨域性环境问题在海洋领域内表现得尤为突出。目前，我国的海洋环境跨域治理以渤海污染问题、浒苔问题、海洋塑料垃圾问题这三类比较典型的跨域性海洋环境问题为重点。

（一）渤海污染问题

渤海是我国唯一的半封闭型内海，上承黄河、海河和辽河三大流域，下接黄海、东海生态体系，是我国重要的海洋生态安全屏障。[①] 而渤海的环境污染问题则是一个由来已久但尚未根治的老问题。环渤海"三省一市"（辽宁省、河北省、山东省、天津市）的人口众多、工业集聚，大量工业废水、生活污水、农业污水等污染物排放入海，导致其水质严重恶化。为治理这一问题，国家先后颁布了《渤海碧海行动计划》《渤海环境保护总体规划（2008—2020 年）》等多个政策文件，开展了多轮治理行动，但渤海的环境状况并未在彼时得到明显的好转。数据显示，"十二五"期间渤海的河流携带入海污染物年均总量为 85 万吨；2001—2015 年，渤海优良水质海域由 95.7%下降到 78.3%，劣四类严重污染海域由 1.8%增加至 5.2%。[②] 渤海环境质量令人担忧。

渤海污染问题之所以久拖不决、多轮治理行动之所以收效甚微，很大程

---

① 曹洪军、梁敏：《渤海典型生态系统恢复机制研究》，《聊城大学学报（社会科学版）》2020年第 5 期。

② 兰圣伟：《渤海污染治理急需汇聚各方之力》，《中国海洋报》2019 年 1 月 23 日。

度上是受制于陆海分而治之的环境管理体制，即海洋环境管理职能与陆地环境管理职能在过往相当长的时间内分属于海洋部门与环境保护部门，这种陆海分割的环境管理体制限制了治理合力的形成。可喜的是，陆海割裂、多头管理的情形在 2018 年的政府机构改革后已被消除，新组建的生态环境部统一行使陆域和海域的环境保护职责，打通了陆地与海洋的界限，加之党和政府加大了治理力度，将渤海综合治理列为污染防治攻坚战的七大战役之一，并出台了《渤海综合治理攻坚战行动计划》，多重利好因素的叠加助推渤海环境治理迎来新契机。据统计，"十三五"期间，渤海氨氮、总氮和总磷入海量削减比例分别为 93%、59%、76%，尤其是渤海综合治理攻坚战实施后，水质改善幅度更大，2020 年已基本恢复到 21 世纪初的水平。[①]

在肯定治理成效的同时，我们也要看到虽然渤海综合治理攻坚战已在 2020 年收官，但渤海污染问题显然不会就此消失，而是将会在未来的一段时期内继续存在。根据生态环境部发布的《2020 年中国海洋生态环境状况公报》，渤海未达到第一类海水水质标准的海域面积为 13490 平方千米，同比增加 750 平方千米；劣四类水质海域面积为 1000 平方千米，主要分布在辽东湾和黄河口近岸海域；渤海湾、莱州湾、鸭绿江口、黄河口的典型海洋生态系统处于亚健康状态；渤海入海河流中化学需氧量、高能酸盐指数的超标率大于 30%，为全国最高，这些都说明渤海污染问题的治理依旧任重道远，仍需持续发力。

(二)浒苔问题

如果说渤海问题主要是一个由陆源污染物超标排海所引发的环境污染问题，那么发生在黄海近岸海域的浒苔绿潮问题则是一个跨域性的生态破坏问题。这类问题多是由海上和沿岸不合理的生产作业方式所致，且蔓延十分迅速，如果不能在暴发初期加以有效控制，后期的治理难度将非常大。与之类

---

① 于春艳、朱容娟、隋伟娜等：《渤海与主要国际海湾水环境污染治理成效比较研究》，《海洋环境科学》2021 年第 6 期。

似的问题还包括赤潮、金潮等。

浒苔属于绿藻类，藻体呈鲜绿色或淡绿色，具有极强的环境适应能力，在低光照和低温等不利条件下都可以繁殖。浒苔本身虽无毒，但其在生长过程中会吸收大量氧气，不仅可能引起养殖生物窒息死亡，还会对大部分自然生存的底栖动物群落的稳定性、生物量、栖息密度等产生负面影响。另外，浒苔还会破坏近海景观、堵塞航道，对沿海渔业、养殖业、旅游业造成威胁。2007 年以来，浒苔已连续 17 年在盛夏时节从南黄海向北漂移并在山东沿岸登陆，"打浒"也成为山东、江苏两省部分地区周而复始的一项常态化工作。

浒苔问题是海洋环境跨域治理的典型案例，学术界对此展开了一定的研究。有学者按照时间的维度，将浒苔治理划分为应急治理、属地治理、跨地域联防联控治理三大阶段。在十多年的治理过程中，因青岛市在 2008 年和 2018 年分别举办奥运会帆船比赛和上海合作组织峰会，这两年的治理效果较好，浒苔规模得到有效控制。然而，这种以保障完成国家重大活动和执行上级指派的政治任务为导向的治理模式注定无法持续，不计成本的"运动式治理"绝非治本之策。① 据监测，2021 年的浒苔灾害规模远超往年，创历史最大值；2022 年浒苔的最大覆盖面积和最大分布面积均为历史最低值，灾害影响明显减轻；2023 年浒苔规模再次扩大，分布面积与历史最大年份相当，覆盖面积仅次于 2021 年，并呈现南北跨度大、东西分布广、发生时间早、整体生物量大等特点。由此可见，在经过多年治理之后，浒苔问题非但没有消除，反而出现了不降反增、波动反复的趋势。

从表面上看，浒苔的治理需要以科技手段为支撑，如通过卫星遥感、船舶和岸滩巡视、海域监控系统等手段开展监测预报，布设海上浒苔拦截网，研发自动化打捞设备和无害化处置技术；但在根本上，则需要鲁苏两省的协同行动，而这正是最大的难点所在。长期以来，鲁苏两省对浒苔的来源、成

---

① 崔野：《海洋环境跨域治理中的府际协调研究——以浒苔问题为例》，《华北电力大学学报（社会科学版）》2019 年第 5 期。

因、责任等问题一直存在争议，进而加剧了双方的各自为战，跨域性的协同治理行动难以有效实施。正如有学者所言，不同沿海省市跨域政府主体间有关浒苔源头定论的"明争暗斗"和利益失衡，导致跨地域浒苔灾害治理存在较大的合作困难。① 此外，与渤海污染治理不同的是，浒苔治理主要依靠鲁苏两省之间及其内部的自发协调，如山东省成立了全省浒苔绿潮灾害联防联控工作协调组，江苏省组建了浒苔防控应急指挥部，但中央的介入程度较为有限。尽管原国家海洋局在 2016 年联合山东省、江苏省和青岛市建立了黄海跨区域浒苔绿潮灾害联防联控工作机制，并在 2018 年的政府机构改革之后改由自然资源部牵头，但因行政级别持平等因素，该机制缺少高层权威的强力推动，加之其成员未包含烟台、威海、日照、盐城等其他相关城市，致使协同治理的效果不彰。

（三）海洋塑料垃圾问题

海洋塑料垃圾是近年来在全球范围内急速蔓延的一类新兴跨域海洋环境问题。与上述两个发生在特定小范围区域内的海洋环境问题相比，海洋塑料垃圾的跨域性特征更加明显，它不但几乎遍布于我国的河口和近岸区域，更会越过国家的管辖边界而扩散至他国海域或国际公海，这也为我们理解跨域海洋环境问题提供了一个更为宏大的视角。

发明于 20 世纪初的塑料因具有成本低廉、结实耐用、质地轻便等优点而被广泛用于经济社会的方方面面，但随着时间的推移和产量的激增，塑料的优良特性反而变成了危害环境的"祸根"，诱发了日益严峻的全球污染问题。② 联合国环境规划署在《从污染到解决方案：对海洋垃圾和塑料污染的全球评估》报告中指出，目前全球海洋中有 0.75 亿~1.99 亿吨塑料垃圾，占海洋垃圾总重量的 85%。如果不采取有效的干预手段，预计到 2030 年每

---

① 宁靓、史磊：《利益冲突下的海洋生态环境治理困境与行动逻辑——以黄海海域浒苔绿潮灾害治理为例》，《上海行政学院学报》2021 年第 6 期。
② 崔野：《全球海洋塑料垃圾治理的新近态势、现实挑战与中国应对》，《太平洋学报》2023 年第 3 期。

年进入水生生态系统的塑料垃圾数量将比 2016 年的 900 万~1400 万吨/年增加近两倍，到 2040 年将达到 2300 万~3700 万吨/年。2016 年，第二届联合国环境大会将海洋塑料垃圾和微塑料问题与全球气候变化、臭氧耗竭、海洋酸化等并列为全球性重大环境问题，足可见其严重性与紧迫性。但遗憾的是，全球海洋塑料垃圾快速增长的势头至今仍未得到有效遏制。

我国海洋塑料垃圾与海洋微塑料污染在总体上为世界中低水平，与地中海中西部和日本濑户内海等海域处于同一数量级，但防治形势仍十分严峻，对我国海洋环境治理体系和相关产业发展提出了较高难度的挑战。[①] 海洋塑料垃圾既是一个科学问题，也是一个政策问题，因而相应的治理路径应当从这两大维度共同切入。但目前，国际社会在这两个维度均面临着一些困境，如科学研究的不足、基本认知的争议、硬法规制的缺失、软法倡议的有限、治理意愿的动摇、国际行动的失调、利益集团的掣肘等，从而限制了海洋塑料垃圾的治理成效。就我国而言，虽然中央有关部门密集出台了《关于进一步加强塑料污染治理的意见》《关于扎实推进塑料污染治理工作的通知》《"十四五"塑料污染治理行动方案》等政策文件，但我国尚无专门针对海洋塑料垃圾管控的顶层设计和系统方案，现有的治理举措大部分是地方政府的自主探索，进度不一、力度各异。显然，对于海洋塑料垃圾这类跨域性特征极为显著的海洋环境问题来说，零散且割裂的治理行动难以从根本上带动整体治理绩效的提升。

总之，渤海污染问题、浒苔问题、海洋塑料垃圾问题这三大典型的跨域性海洋环境问题虽在形成原因、作用机理、影响范围等方面有所差别，但其相似的跨域性特征决定了对这些问题的治理无法凭借某地区或某部门的一己之力独自完成，而要依靠多方合作、协同推进，而这正是海洋环境跨域治理这一命题得以提出和应用的依据。

---

① 杨越、陈玲、薛澜：《寻找全球问题的中国方案：海洋塑料垃圾及微塑料污染治理体系的问题与对策》，《中国人口·资源与环境》2020 年第 10 期。

四 海洋环境跨域治理的推进路径

当前，我国海洋生态文明建设正处于压力叠加、负重前行的关键期，必须坚定不移走生态优先、绿色发展之路。而跨域性海洋环境问题的存在与蔓延，则对我国的海洋强国和美丽中国建设构成了严峻的挑战，是摆在沿海地区面前亟待解决的重大难题。这些跨域性海洋环境问题的本质特性要求治理不局限在本区域，进行跨区域整体性治理。[①] 下文将结合渤海污染问题、浒苔问题和海洋塑料垃圾问题的各自成因和特点，提出有针对性的对策建议，并在此基础上提炼出推进海洋环境跨域治理的可行路径。

就渤海污染问题而言，在"后攻坚战"时代，我们需要思考的是如何保持并持续改善渤海环境质量。为此，应当着重做好以下三项工作：一是以统筹联动为原则。环渤海"三省一市"应优化区域海洋产业布局，调整产业结构，避免产业雷同与扎堆上马，并将渤海环境治理纳入周边沿海地区的国民经济和社会发展规划之中，加强其与东北老工业基地振兴、京津冀协同发展、山东新旧动能转换等国家战略的对接，建立跨区域的工作会商、信息共享、联合执法、争端调解等协调合作机制。二是以入海排污口监管为抓手。为数众多且大多非法设置的入海排污口是渤海环境污染物最为主要的传送渠道，渤海环境的长效治理必须紧紧抓住入海排污口这个"牛鼻子"。为此，国务院办公厅已经发布《关于加强入河入海排污口监督管理工作的实施意见》，环渤海"三省一市"应不折不扣地贯彻落实，在前期工作的基础上进一步开展排查溯源，清理非法和设置不合理的入海排污口，强化沿岸直排海污染源整治，对未稳定达标排放的入海排污口进行深度治理。三是以"美丽海湾"建设为牵引。渤海在地理空间上包含渤海湾、辽东湾、莱州湾三大海湾，海湾的治理效果直接关乎渤海的整体环境质量。因此，应继续实施"湾

---

① 陈莉莉、姚源婷、姚丽娜：《长三角沿海区域海洋渔业垃圾治理机制构建——基于整体性治理视角》，《中国渔业经济》2021 年第 6 期。

长制"，细化河长制与湾长制两大管理体系的衔接与呼应，压实河流、海湾生态环境保护与治理责任。更为重要的是，需建立"三省一市"省级总湾长之间的沟通协调机制，及时解决大型海湾管理保护中的突出问题。

就浒苔问题而言，其治理可从如下四个层面展开：一是加深对浒苔的科学认知。深入探究其产生源头、作用机理、移动路径等基本问题，从而形成具有说服力的科学结论，为采取合适的治理措施奠定基础。二是坚持联防联控，加强区域合作。鲁苏两省应以"提前打捞、靠前防控"为总策略，以信息和资源的共享为重点，前移治理端口，完善信息通报制度，健全监测预警体系，整合海上处置船队，共同进行拦截、打捞等治理活动。三是加大中央层面的统筹协调力度。党的十九届四中全会要求"适当加强中央在跨区域生态环境保护等方面事权"，具体到浒苔治理上，则应进一步优化黄海跨区域浒苔绿潮灾害联防联控工作机制，适度提高其层级，积极吸纳生态环境、农业农村、交通运输、气象、科学技术等相关部门，并将山东省日照市、烟台市、威海市及江苏省连云港市、盐城市等有关城市纳入该机制中，以扩展其覆盖范围，提升协调效果。四是强化治理效果的考核评估。考虑设定具体的时间表和任务图，并适时启动针对浒苔问题的专项海洋督察或将其并入中央环保督察中，以高层的权威和考核的压力促进跨地域、跨部门的协调合作。

就海洋塑料垃圾问题而言，其妥善治理应当兼顾科学路径与政策路径，双管齐下。在科学路径方面，首先，加强对海洋塑料垃圾的科学研究，在项目分配、资金支持、人员配备上适度倾斜，准确探清海洋塑料垃圾的现存底数、迁移途径、降解过程、特性变化、食物链传递等关键问题。其次，应鼓励企业和科研机构等主体开展海洋清污设备和清洁替代材料的试验性研发，倒逼产业结构转型升级，以抢占未来技术市场中的有利地位。此外，自然科学家还应在国际科学界勇于发声，以坚实的科研结论驳斥部分国家对我国的"污名化"和夸大中国责任的言论，为我国的海洋塑料垃圾治理"正名"。在政策路径方面，要建立起源头严防、过程严管、末端严控的治理体系，强化塑料制品的生产与使用监管，严控陆源塑料垃圾的入海数量，制定专项的海洋塑料垃圾治理政策，推广实施"湾长制"、生产者责任延伸制度、海上环卫制度、押金制度等。同时，鉴于海洋塑料垃圾问题的国际性特征，我国应加强国际合作，主动参与区域和全球层面的治理行动，积极在国际公约制定、国际会议议程设定、国际合作项目策划、国际联合科考等治理进程中提出中国方案，贡献中国智慧。

尽管上述三大跨域性海洋环境问题的治理路径各有侧重，但我们仍然可以从个性做法中归纳出一些共性经验，这些经验无疑将对我国海洋环境跨域治理起到推动作用。

（一）树立整体观念，达成合作共识

各个利益相关的治理主体达成协作治理共识，是跨域性海洋环境污染有效治理的前提和基础。① 长期以来，我国多数沿海地区的地方政府及其职能部门在面对跨域性海洋环境问题时，往往将本地区或本部门的个体利益作为行动的出发点，事不关己的心态和争利诿责的现象比较普遍，导致"公地悲剧"或"囚徒困境"的产生，这在根本上阻碍了对这些问题的解决，其治理效果可想而知。有鉴于此，沿海各地、各级政府应当坚持整体观念，突破狭隘的畛域之见和责任之争，摒弃以邻为壑的自私做法，从全国一盘棋的高度和整体性治理的角度来制定政策、促成合作并付诸行动。正如国际社会应构建休戚与共的人类命运共同体一样，国内的各个行政区之间也应树立起共同体意识。毕竟，跨域性海洋环境问题是不以行政边界为转移的，如果"邻居"受到了危害，自己也绝不会独善其身。

（二）强化海湾综合整治，深化陆海统筹联动

如果我们对上述三大跨域性海洋环境问题细加观察，则可以发现这些问题至少呈现两个共同之处：一是其发生地点大多位于海湾之内，即海湾是诸

---

① 顾湘、李志强：《中国海洋环境污染跨域治理利益协调的困境及路径》，《国土资源情报》2021年第2期。

多海洋环境问题的高发区域。二是其产生原因在很大程度上均源于陆地，包括陆源污染物的超标排海及陆上不当的生产方式等。这些共同点为我们推进海洋环境跨域治理提供了思路，即要以海湾为抓手，强化海湾综合整治，并在此过程中深化陆海统筹联动，治海先治湾、治湾先治陆、治陆先治河。

海湾综合整治的有效之策是深入推进湾长制，扩大其实施范围和效果，并推动其在中央和地方政府的政策议程中获得更多的注意力和更高的优先级。尽管湾长制的实施已近六年并在全国范围内全面推开，但其作为一项新生制度，仍难免存在一些问题，突出表现为湾长制配套制度体系建设相对滞后、湾长制与河（湖）长制的衔接不畅等。① 甚至有实务工作者直言"相对于'河长制''湖长制'，'湾（滩）长制'治理正在削弱，一些制度未落实、作用未发挥"②。为改变这一情形，一要积极推动将湾长制纳入中央全面深化改革任务列表之中，增强其权威性和刚性约束力。二要注重制度体系建设，在湾长制框架下建立与责任落实相关的督察督办、绩效考核、约谈问责、激励奖励等配套制度，实现压力与责任的层层传导。三要构建流域—河口—近岸海域协同一体、联防联治的生态环境监管与保护体系，做好湾长制与河长制的衔接工作，如大体对应湾长制与河长制的组织体系、匹配湾长制与河长制的治理目标、研发统一的信息管理系统等。更为重要的是，在"十四五"期间要以"美丽海湾"建设为重点，分类梯次实施"蓝色海湾"整治行动，从源头上遏制并减少陆源垃圾和污染物的入海量，为改善和推进海洋环境跨域治理夯实政策保障。

（三）建立区域间综合协调机制

跨域性海洋环境问题的独特属性决定了对这类问题的治理必须要依靠多个地区和多方主体的群策群力，任何一个地区或主体都无力独自完成。但现实情况却是，我国目前存在着府际协调不充分的问题，不同地区面临着认知

---

① 杨翼、陶以军、赵锐等：《新时代背景下湾长制制度设计与探索实践》，《环境保护》2020年第 7 期。
② 卢昌彩：《浙江海洋生态环境治理问题研究》，《决策咨询》2021 年第 6 期。

争议、责任模糊和行动孤立等困境，高效的协同治理举措较为少见。事实上，如果我们将研究的范围加以扩大，则不难看到府际协调不充分的困境在大气污染治理、河流污染治理等领域也有体现。

跨区域协作已经成为海洋环境治理的发展趋势，应推动跨区域协作制度化，以强化区域协同治理，[①] 而建立区域间的综合协调机制正是推进海洋环境跨域治理的依托和保障。具而言之，这种综合协调机制能够搭建一个具有广泛性和包容性的议事平台，各方主体均可参与其中并自由地表达自身观点。由此，治理的共识便有可能在各抒己见、坦诚沟通的基础上形成，对共同利益的追求也可胜过对个体利益的维护。在浒苔问题的治理过程中，由于涉及中央、省、市等多个层级的多方政府主体，利益与责任等问题复杂交织，我们需要将现有的联防联控工作机制进行适度更新或扩展，由其对地方间和部门间的职能权限、任务分配、工作进度等重大问题进行统筹协调。而在渤海污染问题、海洋塑料垃圾问题等其他跨域性海洋环境问题上，这种协调机制还比较欠缺，需要尽快搭建起来。为此，实质性运转国家海洋委员会、组建省级或海区级的议事协调机构，可被视为建立此类综合协调机制的有益尝试。

（四）完善区域间利益补偿机制

府际协调困境的产生，本质上在于各方主体对利益的争夺与博弈。海洋生态环境持续恶化现象，从表面看是人类活动对海洋资源环境攫取的后果，实质上是在有限海洋资源约束下，不同主体基于不同利益驱动所产生的行为差异所致，表现为海洋经济利益被过度追逐、生态治理成本跨地域投入不均衡、治理"碎片化"和社会约束被弱化等治理困境。[②]

跨域性海洋环境问题虽然会波及多个地区，但每个地区在其中发挥的作

---

① 丁刚、陈超敏：《基于社会网络分析法的省域海洋环境治理政策工具选择研究——以福建省为例》，《太原理工大学学报（社会科学版）》2021 年第 6 期。

② 宁靓、史磊：《利益冲突下的海洋生态环境治理困境与行动逻辑——以黄海海域浒苔绿潮灾害治理为例》，《上海行政学院学报》2021 年第 6 期。

用和承担的责任其实是有所区别的。如同河流有上下游之分一样，浒苔等某些跨域性海洋问题也会在治理责任上有主要与次要之别。如果不加区分地要求所有地区或主体均担负同等的治理责任或义务，则不但有失公允，更会挫伤各方的主动性和获得感，助长推诿塞责、不作为、敷衍应付等负面现象。既然治理责任有大小主次的分别，那么我们在动员和鼓励各方主体积极参与的同时，也应建立并完善区域间的利益补偿机制，这是助推海洋环境跨域治理长效发展的题中之义。利益补偿在跨区域生态环境合作治理中扮演"稳压阀"与"助推器"的重要角色，旨在对生态利益受损主体和被剥夺群体提供针对性的补偿，从而缓和与协调区域生态矛盾冲突，实现可持续发展。进一步来说，一方面应改革财税制度，新增财政转移支付中的生态利益补偿项目，合理规划与统筹生态利益补偿专项基金，建立以政府为主导、市场运作、社会捐助为必要补充的基金来源渠道，保证生态补偿资金的稳定性与持久性。另一方面要建构生态利益补偿评价机制，综合运用随机评估法、收益损失法、效果评价法对生态利益补偿价值进行科学化、系统化、理性化评价，将评价考核结果作为奖惩相关区域生态环境治理主体的重要依据。[①]2018 年 11 月印发的《中共中央国务院关于建立更加有效的区域协调发展新机制的意见》中提出的"健全区际利益补偿机制"为生态环境利益补偿机制的建立确定了上位依据，而在前不久由山东省政府与河南省政府共同签订的《黄河流域（豫鲁段）横向生态保护补偿协议》则迈出了地方自主探索的一大步，为海洋领域内生态补偿机制的完善提供了一个可资借鉴的范例。下一步，在治理责任划分相对清晰的沿海地区中，应加快建立海洋生态环境利益补偿机制，明确补偿的原则、标准、主体、范围、方式、资金来源等内容，优化利益补偿格局，达到成本与收益的相对平衡。如此，不仅有助于调动各方主体的积极性，合理弥补受损群体的利益损失，还可以对污染者和主要治理责任的承担者施加必要的外在压力，督促其主动履职尽责，从而提高海洋环境跨域治理的效率和效果。

---

① 郭钰：《跨区域生态环境合作治理中利益整合机制研究》，《生态经济》2019 年第 12 期。

第三部分
福岛核污染水治理研究

WTO 核污染水产品进口限制案的外溢效应及我国的应对[*]

张晏瑲[**]

摘　要：　日本将核污染水排放入海不仅会破坏海洋环境，被放射性物质污染过的海洋生物也会对人类健康造成间接危害，埋下巨大隐患。日本诉韩国水产品禁令案实际上是两国核心利益之间的冲突。韩国政府是为了维护本国国民的公共健康权，而日本政府则是为了保障本国产品的出口贸易，维持当地渔民

　　*　本文原载《政法论丛》2023年第5期。
　**　张晏瑲，大连海事大学法学院教授、博士生导师。

的正常收入来源。这就出现了公共健康权与贸易自由之间的冲突。首先，我们将梳理日本诉韩国水产品禁令案的主要历程。其次，将从三个方面分析导致案件裁决结果发生反转的主要原因：公共健康权和贸易自由之间的冲突，WTO 争端解决机制的运行，以及《实施动植物卫生检疫措施的协议》的争议规则。最后，我们将对中国处理类似案件时提供学理支持，在维护我国海洋权益的同时也关注我国国民公共健康权的保障。

关键词： 核污染水产品　公共健康权　WTO 争端解决机制

引　言

2011 年在日本福岛发生严重核事故后，韩国政府立即发布限令，禁止对福岛及其周围 8 个县的 50 个品类海产品的进口。[①] 2013 年，日本将福岛第一核电站事故现场大量污水直接排向大海的新闻被曝光后，韩国政府更是直接将禁止进口对象扩大到福岛及其周围 8 个县的全部海产品。[②] 除此之外，对于仅被查出微量放射性物质的日本食品，韩方也要求严格进行追究检查。[③] 韩国政府认为辐射对人体健康产生不利影响是毫无疑问的，低辐射剂

[①] WTO, Korea-Import Bans, and Testing and Certification Requirements for Radionuclides: Report of the Panel, WT/DS495/R, 22 February 2018, para. 2. 104.

[②] WTO, Korea-Import Bans, and Testing and Certification Requirements for Radionuclides: Report of the Panel, WT/DS495/R, 22 February 2018, para. 2. 107.

[③] 《日韩 WTO 诉讼结果惊天逆转颠覆一审判决背后真相竟是这样》，搜狐网，https://www.sohu.com/a/307803962_115479。

量对人体产生的最显著的不良影响之一是诱发癌症。① 日本政府认为韩国的
进口禁令措施违反了 WTO《实施动植物卫生检疫措施的协议》（以下简称
《SPS 协定》②），构成歧视和贸易限制过度行为。2015 年，日本正式向世
界贸易组织提出申诉，主张韩国对日本的水产品设置进口禁令违反了非歧视
待遇原则，是对贸易的过度限制，应当予以解除。2018 年，WTO 争端解决
机构裁决日本胜诉，并敦促韩国解除对 28 种渔业产品的禁令。③ 韩国政府
在法定上诉期内提出了上诉。2019 年 4 月 11 日，WTO 上诉机构作出了终审
裁决，推翻了原一审判决，判定韩国的进口禁令具有正当性。④

日本诉韩国水产品禁令案实际上是两国核心利益之间的冲突。韩国政府
是为了维护本国国民的公共健康权，而日本政府则是为了保障本国产品的出
口贸易，维持当地渔民的正常收入来源。这是公共健康权与贸易自由之间的
冲突。⑤ 在日本诉韩国水产品禁令案中，一审专家组和二审上诉机构作出了
完全相反的判决，这主要是因为公共健康权和贸易自由两种利益之间的冲突
难以平衡。日本于 2021 年宣布将对福岛核电站的核污染水采取通过管道排
放到太平洋的处理措施。此后，我国海关总署于 2023 年 7 月 7 日宣布，"禁
止进口日本福岛等十个县（都）食品，对来自日本其他地区的食品特别是
水产品（含食用水生动物）严格审核随附证明文件，强化监管，严格实施
100% 查验，持续加强对放射性物质的检测监测力度，确保日本输华食品安

① WTO, Korea-Import Bans, and Testing and Certification Requirements for Radionuclides: Report of the Panel, WT/DS495/R, 22 February 2018, para. 2. 12.

② Agreement on the Application of Sanitary and Phytosanitary Measures, Apr. 15, 1994, Marrakesh Agreement Establishing the World Trade Organization, Annex 1A, in World Trade Organization The Legal Texts: The Result of the Uruguay Round of Multilateral Trade Negotiations, 1999, pp. 59 – 72.

③ WTO, Korea-Import Bans, and Testing and Certification Requirements for Radionuclides: Report of the Panel, WT/DS495/R, 22 February 2018.

④ WTO, Korea-Import Bans, and Testing and Certification Requirements for Radionuclides: Report of the Appellate Body, WT/DS495/AB/R, 11 April 2019.

⑤ 刘佳、张晏瑲:《论 TRIPS 协定与公共健康危机——TRIPS 协定修正案近期发展之意含探讨》,《中华国际法与超国界法评论》2013 年第 1 期。

全，严防存在风险的产品输入"①。在我国及日本皆为 WTO 成员的背景下，通过 WTO 争端解决机制维护我国国民的公共健康权便成为题中之义。首先，以下将梳理日本诉韩国水产品禁令案的主要历程。其次，从以下三个方面分析导致案件裁决结果发生反转的主要原因。公共健康权和贸易自由之间的冲突、WTO 争端解决机制的运行以及《SPS 协定》的争议规则，并提出相应的解决路径。最后，自加入 WTO 以来，中国与 WTO 之间保持着密切的联系，许多国际贸易案件都需要通过 WTO 的争端解决机构裁决。在对以上问题进行分析的前提下，为中国处理类似案件时提供学理支持，同时关注我国国民公共健康权的保障，以维护我国海洋权益。

一 日本诉韩国水产品禁令案件梳理

日本诉韩国水产品禁令案是极为罕见的、在《SPS 协定》领域中、上诉机构基本上推翻专家组一审认定结论的案件。② 它对于争端解决机构中其他《SPS 协定》相关案件研究具有重要意义。因此，本文将对日本韩国双方在案件中的主张，以及专家组和上诉机构在本案中判决的主要依据和结论进行梳理，以加深对案件程序上和实体上的认识和理解。

（一）日本诉韩国水产品禁令案一审

2015 年 5 月 21 日，日本政府正式向 WTO 对韩国政府的禁令提出申诉。2018 年 2 月 22 日 WTO 专家组发布报告，裁决原告日本胜诉。韩国政府认为韩国的措施是为了保护人体健康，使其免受食品中确定的放射性核元素污染物的危害。日本政府认为韩国的进口禁令会直接或者间接影响国际贸易的发展。最终专家组认为，日本福岛核电站事故后，为维护本国国民健康，韩国于 2011 年要求对日本部分水产品附加进行放射性指标检测，并于 2012 年

---

① 《海关总署：中国海关禁止进口日本福岛等十个县（都）食品》，百度网，https：//baijiahao.baidu.com/s？id＝1770728238535185151&wfr＝spider&for＝pc。

② 马光、方敏：《韩日含放射性核素食品的进口措施案评析》，《东南法学》2020 年第 2 期。

进一步颁布进口禁令，限制核污染水产品的进口。这些举措在最初并不违反"非歧视待遇原则"，也不构成对贸易的过度限制。但在禁令颁布后，韩国不仅未及时取消，还在 2013 年追加了补充检测强度，强化进口限制强度。这一后续举措属于《SPS 协定》所规定的"歧视"和"贸易限制过度"行为，违反 WTO 规定。[①]

自从决定将核污染水排入海洋后，日本政府一直在积极要求世界各地解除对福岛食品的进口限制。日本政府解释称福岛食品已经不含放射性物质但仍不被各国所接受。但日本仅仅将韩国诉至世界贸易组织，可能有以下几方面的原因：首先，福岛核电站事故发生以后，全球许多国家对日本实施进口禁令，但是后来大部分国家解除或者缓解了禁令措施，韩国政府没有解除甚至实施更加严格的禁令，且因为水产品比较容易出口到较近的国家，所以韩国实施了最为严厉的限制措施，造成日本的强烈不满。[②] 其次，从历史背景上来看，劳工案、慰安妇等历史问题导致日韩关系紧张。最后，如果日本在 WTO 诉韩国并取得胜诉的话，对其他采取限令的国家和地区解除进口限令也会起到多米诺骨牌的效应。[③] 因此日本选择在 WTO 起诉韩国，以维护本国水产品的出口利益。韩国贸易部发布声明称："已决定对世界贸易组织的裁决提出上诉，将继续维持国家现有的进口禁令，以保护国民不受核辐射不良影响。"[④]

（二）日本诉韩国水产品禁令案二审

2018 年 4 月 9 日，韩国决定向 WTO 上诉机构提出上诉，就专家组报告中的某些法律和法律解释问题提出请求。韩国的诉讼请求包括以下几点：

---

① 《世贸组织初裁韩国限制进口日本水产品违规》，百度网，https：//baijiahao.baidu.com/s?id=15931931513554073577&wfr=spider&for=pc。

② 马光、田甜：《初探地震引起的核污染与水产品贸易限制措施》，《华东理工大学学报（社会科学版）》2017 年第 3 期。

③ 《日韩 WTO 诉讼结果惊天逆转颠覆一审判决背后真相竟是这样》，搜狐网，https：//www.sohu.com/a/307803962_115479。

④ 袁野：《"歧视"福岛水产　韩国"一审"败诉》，《青年参考》2018 年 2 月 28 日。

①韩国请求上诉机构对专家组中的专家进行审查，认为专家组中存在与该事项有利益冲突的专家，不符合《关于争端解决规则与程序的谅解》（DSU）第11条的规定。韩国请求上诉机构撤销文件WT/DS495/R（关于韩国放射性核元素的进口禁令、测试和认证要求的专家组报告）中第7.96、7.108-7.109、7.111、7.251-7.256、7.321-7.322、7.349-7.350、7.355、7.359-7.360、8.1、8.2b-e和8.3 a-b段得出的调查结果。②韩国请求上诉机构根据《SPS协定》第5条第7款审查专家组的调查结果。认为专家组不应该根据第5条第7款作出调查结果，因为该条款不在专家组职权范围内。③韩国要求上诉机构审查专家组对《SPS协定》第5条第7款和第2条第3款的解释和适用情况。④韩国请求上诉机构撤销专家组在文件WT/DS495/R第7.75、7.93、7.96、7.100、7.106-7.112和8.1段中的调查结果。专家组错误地解释和适用《SPS协定》第5条第7款，使其根据第2条第3款和第5条第6款的调查结果是无效的，因此韩国请求上诉机构撤销基于第2条第3款作出的文件WT/DS495/R第7.321-7.322，7.349-7.350，7.355，7.359-7.360，和8.3a-b段的调查结果以及基于第5条第6款作出的文件WT/DS495/R第7.251-7.256和8.2 b-e段的调查结果。⑤韩国请求上诉机构审查专家组对《SPS协定》第5条第6款的解释和适用。韩国要求上诉机构认定专家组在解释和适用第5条第6款方面存在错误。⑥韩国请求上诉机构撤销专家组关于使用此类证据和数据的调查结果，特别是文件WT/DS495/R第7.5、7.8、7.134、7.142、7.207、7.219、7.226、7.236和7.245段中的调查结果。⑦韩国请求上诉机构推翻专家组在文件WT/DS495/R第7.276、7283、7.321-7.322、7.349-7.350、7.355、7.359、7.360和8.3 a-b段中的调查结果，即韩国的措施不符合第2条第3款。⑧韩国请求上诉机构审查专家组对《SPS协定》第7条和附件2（1）和2（3）的解释和适用情况。⑨韩国请求上诉机构认定，专家组未能根据《关于争端解决规则与程序的谅解》第11条对该事项进行客观评估，从而违反了第11条的规定。因此韩国要求上诉机构撤销专家组在文件WT/DS495/R第7.474-7.476、7.485-7.487、7.497-7.502和8.5（a）段中的调查结果。

⑩因此，韩国要求上诉机构推翻专家组文件 WT/DS495/R 第 7.464、7.474－7.476、7.483、7.485－7.487、7.492、7.496－7.502、7.509、7.518－7.519 和 8. 段中的调查结果，即韩国没有公布符合第 7 条和附件 2（1）的措施，韩国没有遵守第 7 条和附件 2（3）的规定。①

日本的诉讼请求为以下几点：①日本认为专家组在解释和适用《关于争端解决规则与程序的谅解》第 3 条第 3 款、第 3 条第 4 款、第 3 条第 7 款和第 11 条时犯了错误，在评估日本是否提出初步证据证明韩国的额外检查要求和进口禁令与《SPS 协定》第 2 条第 3 款和第 5 条第 6 款不一致时，忽视了日本在专家组成立之后及时提交的与情况有关的证据。②日本认为专家组在评估日本是否初步证明韩国的额外检测要求和进口禁令不符合《SPS 协定》第 2 条第 3 款和第 5 条第 6 款的规定时，无视了在专家组成立后，日本及时提交的与该情况有关的证据，从而在适用《SPS 协定》第 2 条第 3 款和第 5 条第 6 款时犯了错误。③日本认为，基于第 1 段和第 2 段所述的上诉理由，上诉机构需要界定专家组在评估日本初始案件的时间范围方面的错误，使专家组根据《SPS 协定》第 2 条第 3 款和第 5 条第 6 款规定的最终调查结果无效。日本要求上诉机构认定韩国的额外检查要求和进口禁令与《SPS 协定》第 2 条第 3 款和第 5 条第 6 款不一致。④日本认为专家组在解释和适用《SPS 协定》附件 3（1）（a）时出错，因为它阐明了根据附件 3（1）（a）可以推定国内和进口产品为"类似"产品的条件；当专家组发现相似性不能被推定为目的时，日本根据附件 3（1）（a）提出索赔。因此，根据《SPS 协定》第 8 条的规定，日本未能证明韩国的行为与附件 3（1）（a）不一致。②

总结以上韩国和日本的诉讼请求，案件的主要争议焦点在于：首先，日本认为韩国的进口禁令首先违反了《SPS 协定》第 2 条第 2 款的科学证据原

---

① WTO, Korea-Import Bans, and Testing and Certification Requirements for Radionuclides: Report of the Appellate Body, WT/DS495/AB/R/Add. 1, 2019, pp. 4-7.

② WTO, Korea-Import Bans, and Testing and Certification Requirements for Radionuclides: Report of the Appellate Body, WT/DS495/AB/R/Add. 1, 2019, p. 8.

则，日本方面认为韩国未能满足科学证据原则，未能提供充分的证据。其次，日本认为韩国违反了《SPS 协定》第 2 条第 3 款和第 5 条第 5 款，这两款分别规定禁止差别待遇原则和适当性原则，韩国没有对俄罗斯和韩国在日本海岸捕获的水产品实施进口禁令，构成了明显的差别对待。韩国政府则回应根据《SPS 协定》第 5 条第 7 款规定的临时措施原则，韩国政府采取的措施实际上是为了应对核事故导致辐射危机影响公共健康的临时性保护措施。[①]

最终上诉机构认定：专家组认为韩国的可接受风险水平由辐射剂量限值的定性因素和定量因素组成。上诉机构推翻了专家组与《SPS 协定》第 5 条第 6 款不一致的调查结果，专家组没有能够考虑到可接受风险水平的全部因素。上诉机构发现专家组错误地将定量因素当作重点，作为判断日本的替代性措施是否能够实现韩国可接受风险水平的决定性指标，这与专家组将可接受风险水平表述为包含多个因素的观点相反。上诉机构推翻了专家组与《SPS 协定》第 2 条第 3 款不一致的调查结果，这是因为专家组错误地判断了日本和其他成员之间普遍存在"类似条件"。上诉机构认为专家组没有考虑所有的相关因素，包括可能影响产品的地域条件，这些条件可能还没有表现在产品上，但与监管目标和特定的《SPS 协定》认定有争议的风险相关。因此专家组错误地将重点集中在产品检查上，排除了对污染可能性有不同影响的地域条件的数据。上诉机构发现专家组超出了授权的范围，违反了《关于争端解决规则与程序的谅解》第 7 条第 1 款和第 11 条的规定，对韩国的措施与《SPS 协定》的条款一致性进行调查。上诉机构认为日本没有根据《SPS 协定》第 5 条第 7 款主张索赔，并且韩国没有将其作为例外援引，而是结合上下文将这些具有临时性质的措施作为根据其他条款提出的反驳论点的一部分。因此，韩国的措施不属于《SPS 协定》第 5 条第 7 款的范围是有争议的，并且没有法律效力。上诉机构同意专家组的意见：措施的公布必

---

① WTO, "Sanitary and Phytosanitary Measures: Formal Meeting," http://www.wto.org/english/ news_e/news13_e/sps_16oct13_e.htm#korea.

须包含充分的内容，使进口成员能够了解适用于成员货物的条件。然而，上诉机构在附件2的范围内修改了专家组的调查结果，公布的措施应当始终包含适用于本产品的特定的原则和方法，否则需要逐个案件确定。上诉机构支持了专家组关于认为韩国的行为与附件2（1）和第7条不一致的调查结果：（1）未公布一揽子进口禁令的全部产品范围；（2）未发布足够的信息，使日本了解额外检查的要求；（3）无法证明有利害关系的成员会知道在韩国指定的网站上查找有关《SPS协定》的有争议措施的相关信息。虽然上诉机构同意专家组关于附件2不仅仅是设立一个咨询点的形式，但是上诉机构不同意咨询点没有对请求作出回应，这个错误将导致与附件2不一致，并且推翻了专家组基于两个实例的调查结果。上诉机构支持将韩国的额外检查要求适用于日本，不仅基于原产地标准，而且是因为这与支持这些措施的公共卫生问题是分不开的。上诉机构支持专家组的调查结果，即在本案中日本和韩国产品不能被推定为"相似"，但不能作出关于是否可以根据附件3（1）（a）进行相似性推定的一般性结论。①

对于上诉机构的判决，时任日本外相河野太郎表示："（终审败诉）我国的主张没有得到认可，十分遗憾。"②日媒称，韩国的水产品进口禁令让日本渔民叫苦不迭，对于地震受灾区的恢复十分不利。而韩国政府则表示将继续禁止进口福岛等8个县的水产品。③至此，历时将近4年的争端落下帷幕，但是该案件显露出的问题值得进一步研究分析。本文主要针对案件二审程序中暴露的问题进行分析，为日后我国面临类似案件冲突提供理论基础。

---

① WTO，" Korea-Import Bans, and Testing and Certification Requirements for Radionuclides： Summary of the Dispute to Date，Korea-Radionuclides，24 June 2019.

② 《WTO判韩国禁止福岛海鲜合规，韩政府：欢迎该结果》，百度网，https：//baijiahao. baidu. com/s？ id＝1630593748118709378&wfr＝spider&for＝pc。

③ 《"禁止进口福岛水产品运动"日本败诉！韩国胜利》，百度网，https：//baijiahao. baidu. com/s？ id＝1630593018111028578&wfr＝spider&for＝pc。

二 日本诉韩国水产品禁令案之问题评析

从该案件的梳理中，首先，可以看出韩国政府试图通过对日本海产品的进口禁令来保障本国国民的公共健康权，但是日本政府认为韩国的举措实际上是设置贸易壁垒，从而不利于国际贸易的发展。韩国和日本之间存在着激烈的利益冲突，如何实现维护公共健康权与促进贸易自由发展之间的平衡是各国面临的重要问题。其次，从韩国的上诉请求中可以看出争端解决机制在运行的过程中，韩国和日本对专家组成员的组成以及案件的审查存在异议。该案件暴露出争端解决机制在运行过程中的一些缺陷，为确保争端解决机制发挥"确保法制，而不是强制或强权主导国际贸易"的基本功能，其改革也势在必行。最后，《SPS 协定》作为处理该案件的主要规范，存在着规定模糊、标准不一致的问题，导致该案件中韩国和日本僵持不下，使该协定在平衡公共健康权和贸易自由的作用上大打折扣。下文将对上述三方面的问题进行分析。

（一）公共健康权和贸易自由之间的冲突

根据上文分析得出，日本诉韩国水产品禁令案实际上是公共健康权与贸易自由之间的博弈。公共健康权与自由贸易之间的冲突由来已久，1979 年联合国人权委员会就认为公共健康权和贸易自由之间的关系充满了紧张。在WTO 体系下，公共健康权和贸易自由之间的紧张关系导致的国际冲突此起彼伏，各国为了维护本国的合法权益，纷纷在 WTO 提起诉讼，增加了国际社会的不稳定因素，对世界各国的和平发展产生威胁。[①] 对于人权的类型有个体人权和集体人权之争，如果认为国际人权公约所承认的健康权只是指个体人权，那么作为个体集合的公共健康权也应当被认为是一项人权，因为对

---

① Caroline Dommen, "Raising Human Rights Concerns in the World Trade Organization: Actors, Processes and Possible Strategies," *Human Rights Quarterly* 24 （2002）: 13.

公共健康权的侵犯必然会导致个体健康权的损害。[①] 因此，日本诉韩国水产品禁令案实际上是人权与贸易自由之间的冲突。

导致公共健康权与贸易自由之间冲突不断的主要原因有以下三点。

首先，人权和贸易自由的保护是两个独立的体系。国际人权法中很少有关于贸易自由保护的条款，在贸易自由保护的国际公约中也少见人权保护的规定。[②] 例如主要的人权公约《世界人权宣言》和《经济、社会及文化权利国际公约》中没有关于自由贸易的规定。有关贸易自由的国际公约也对人权保护态度冷漠。从 1947 年在日内瓦签订的《关税及贸易总协定》到各个国家之间签订的自由贸易协定，这些协定中都没有对人权进行保护的规定。英国学者柯蒂尔教授指出人权保护与贸易自由是传统的制度分立模式。正是两者体系相互独立分离才导致两者之间矛盾冲突的状态。[③] 并且两者体系独立分离的主要原因是两个法律体系在建立的过程中关注的重点不同。[④]

其次，人权和贸易自由之间的价值取向不同。从长远来看，保护人权与促进贸易自由都有助于人类社会的发展，但两者是从不同的方向上实现。人权更加注重公平正义的实现，其中健康、生命、财产都是其关注的重点，而贸易自由更加注重的是各个国家之间经济上的利益，而经济利益本质上是一种物质上的财富。[⑤]

最后，人权和贸易自由的内容不同。人权和贸易自由的内容不同，即它们所涉及的权利和义务不同。人权的权利主体是个人，由国家承担保护人权的义务。并且根据《联合国宪章》第 55 条和第 56 条的规定，国家在保护人权的过程中要履行积极的作为义务。而在贸易自由领域中涉及的权利主体是国家，为了促进本国经济的发展，彼此之间设定规则，互惠互

---

① 刘佳、张晏瑢：《论 TRIPS 协定与公共健康危机——TRIPS 协定修正案近期发展之意涵探讨》，《中华国际法与超国界法评论》第 9 卷第 1 期。

② Paul Sieghart, *The International Law of Human Rights*, Oxford University Press, 1983, p. 21.

③ 刘佳、张晏瑢：《论 TRIPS 协定与公共健康危机——TRIPS 协定修正案近期发展之意涵探讨》，《中华国际法与超国界法评论》第 9 卷第 1 期。

④ 时业伟：《全球疫情背景下贸易自由与人权保护互动机制的完善》，《法学杂志》2020 年第 7 期。

⑤ 崔景：《国际贸易与人权问题研究》，硕士学位论文，苏州大学，2011。

利，义务主体则是签订自由贸易协定的其他缔约国。国家在国际贸易法中
履行消极的作为义务，因为通常情况下会在协定中约定国家的限制条款，
作为义务方的缔约国不得违反相应的规定。① 例如，《濒临野生物种国际贸
易公约》② 第 8 条中规定："缔约国应采取相应措施执行本公约的规定。"

以上三方面原因导致公共健康权和贸易自由之间呈现矛盾冲突的局面。
缓解两者之间的矛盾，不仅可以进一步促进国际贸易的发展，维护公民生命
健康，而且有利于通过 WTO 争端解决机制处理类似争端纠纷。

（二）WTO 争端解决机制的弊端

WTO 争端解决机制是一种贸易争端解决机制，是 WTO 中不可缺少的一
部分，也是多边贸易机制的支柱。其中《关于争端解决规则与程序的谅解》
为解决成员之间的贸易争端提供了统一的规则和程序，形成了 WTO 独有的
争端解决机制。但是 WTO 争端解决机制在实践中也暴露出许多问题。下文
将分析日本诉韩国水产品禁令案中争端解决机制存在的缺陷。

1. 专家组专家的公正性和专业性

首先针对公正性，在日本诉韩国水产品禁令案中，韩国对专家组专家的
遴选提出异议，质疑专家组的公正性和独立性，侵犯了韩国的正当程序权
利。除此之外，韩国政府还认为专家组中存在着有利益冲突的专家。③ 第
一，在争端解决机制中专家组成员的组成上，各国之间利益对立，导致理论
上由争端各方协商选择专家组成员的方式在实践中很难实现。通常情况下，
由法律部负责人完成提名，并经过争端各方的认可，但是争端方可以依据
"不可抗拒的理由"来表示反对，然而"不可抗拒"具体怎么理解却没有一
个准确的定义。④ 韩国和日本之间存在利益冲突，导致韩国在案件专家组成

---

① 崔景：《国际贸易与人权问题研究》，硕士学位论文，苏州大学，2011。
② Convention on International Trade in Endangered Species of Wild Fauna and Flora, Mar. 3, 1973,
27 U. S. T. 1087, 993 U. N. T. S. 243.
③ WTO, Korea-Import Bans, and Testing and Certification Requirements for Radionuclides: Report
of the Appellate Body, WT/DS495/AB/R/Add. 1, 11 April 2019, p. 4.
④ 吕光：《WTO 争端解决机制专家组程序问题研究》，《长春教育学院学报》2014 年第 16 期。

员的组成上存在疑虑。但是在现有的争端解决机制下，专家组专家的选择是很难达成共识的，在实践中，WTO 争端解决机构第一次会议上被起诉方就同意专家组成员成立的情况并不多见。① 第二，根据《关于争端解决规则与程序的谅解》第 8 条第 3 款的规定："第 10 条第 2 款规定的第三方成员的公民不得在与该争端有关的专家组任职。"该制度类似于普通诉讼中的回避制度，目的是保障专家组专家裁决的公正性，所以在组成专家组时应当避免有与该案件有利益冲突的专家存在。但是为了保证争端解决机制案件处理质量和效率，往往要求专家组专家具有深厚的理论知识和实践技能，在这方面发达国家比发展中国家拥有更多的人才，造成发达国家在争端解决机制中产生更大的影响力。② 另外，在争端解决机制运行的过程中，专家组和上诉机构的审理过程透明度存在欠缺。规则中的任何缺乏透明度都会引发公平和效率问题，因为这些问题可能对各国产生不同程度的影响。拥有更多法律资源的国家将能更好地发展复杂程序和进程方面的专门知识。因此，缺乏透明度更有可能对发展中国家产生不利影响。许多最不发达国家根本不具备充分利用这一制度的法律方面的专门知识，这反过来从根本上损害了看似平等的法律权利。③

其次，针对专家组专家的专业性。争端解决机制中专家组不是常设机构，专家组的成员基本上是兼职。并且专家组成员主要专注于国际贸易法和政策领域，当争端涉及较为复杂的科学或者技术难题时，专家组成员无法就争端事实形成完善的审查和评估结果，程序的后续运作缺乏依据，无法形成准确的法律裁决，至少他们作出的法律裁决会与争端不一致甚至背道而

---

① David Palmeter and Petros C. Maroidis, "Dispute Settlement in the World Trade Organization: Practice and Procedure," *Kluwer Law International*, 1999, p. 68.

② E. I. Otor, "The World Trade Organisation (WTO) Dispute Settlement Mechanism in Developing Countries," *International Journal of Advanced Legal Studies and Governance*, 2015, 5: 3.

③ Jeffrey Waincymer, "Transparency of Dispute Settlement within the World Trade Organization," *Melbourne University Law Review*, 2000, 24: 806.

驰。① 例如，在日本诉韩国水产品禁令案中，专家组专家在对核辐射剂量限制的定性因素和定量因素进行考量时，错误地将定量因素当作重点，没有考虑到可接受风险水平的全部因素。② 所以，在涉及专业领域的问题时，专家组专家的知识水平往往不能对案件事实进行专业性的判断，不利于提高解决争端的效率。

2. 争端解决机制专家评审标准模糊

在日本诉韩国水产品禁令案中，韩国政府认为专家组采用了不正确的评审标准，未能根据《关于争端解决规则与程序的谅解》第 11 条的规定对案件进行客观的评估。这包括审议了在采取措施时韩国政府无法获得的证据，以及在小组成立时不存在的数据。③ 争端解决机制中的评审标准是指专家组和上诉机构在审查被申诉成员方国内法律、法规、行政决定与 WTO 规则所规定义务的一致性时，对这些法律、法规、行政决定的审查程度。④ 在该案件中，审查的对象是韩国对日本水产品采取禁止进口的行政决定是否与 WTO 规则规定的义务相符。在国内司法体制中，虽然司法机关审查政府行政决定的深度和广度有所不同，但在现有成文法的指导下以及行政或者民事上诉过程中法院自主构建下，也形成了一系列有不同尊重程度的评审标准。⑤ 传统的评审标准从完全独立到完全尊重范围均被认可，但在 WTO 语境下，争端解决机制中采取的评审标准是模糊并且复杂的。⑥ 在《关于争端解决规则与程序的谅解》中虽然没有专门规定评审标准的条款，但是在早

---

① Makane Moïse Mbengue, "International Courts and Tribunals as Fact-Finders: The Case of Scientific Fact-Finding in International Adjudication," *Loy. L. A. Intl & Comp. L. Rev.*, 2011, 34: 53-80.

② WTO, Korea-Import Bans, and Testing and Certification Requirements for Radionuclides: Summary of the dispute to date, korea-Radionuclides, 24 June 2019.

③ WTO, Korea-Import Bans, and Testing and Certification Requirements for Radionuclides: Report of the Appellate Body, WT/DS495/AB/R, 11 April 2019.

④ 邹小松：《WTO 争端解决机制中的评审标准研究》，硕士学位论文，山东大学，2010。

⑤ 邹小松：《WTO 争端解决机制中的评审标准研究》，硕士学位论文，山东大学，2010。

⑥ Alexia Herwig, "Whither Science in WTO Dispute Settlement?" *Leiden Journal of International Law*, 2008, 21: 845.

期专家组和上诉机构就将第 11 条作为专家组评审标准的法律基础。在欧共体荷尔蒙案①中，上诉机构指出："第 11 条规定了一个一般评审标准，其适用于所有的在相关协议中不包含评审标准特殊条款的案件中。第 11 条事实上非常简洁，但足够清楚地表明了专家组关于事实的确定和在有关协议下对这些事实作出法律分析所适用的适当的评审标准。"② 该条款确定了专家组对相关事实的评审应当坚持"对事实进行客观评估"的标准，但是该标准仍然是模糊的。在具体案件中，专家组做到客观公正还需要考量国家主权、政治、WTO 的目标等多种因素。

(三)《SPS 协定》存在规定模糊和标准不一致的问题

《SPS 协定》实施至今受到了许多质疑。从日本诉韩国水产品禁令案中可以发现以下两方面问题：首先，韩国对日本水产品采取临时措施的主要依据是《SPS 协定》第 5 条第 7 款，实施该条款要符合的条件是：在相关科学依据不充分的情况下；客观地评估危险所必需的额外资料，并且需要在合理的期限内复查。③ 由上，可以发现该条款的规定是模糊的，第一，科学依据中的"不充分"要达到何种程度的判断是不一致的；第二，评估的客观性标准也是难以把握的。在实践中往往采纳的标准是政治经济实力强大的国家的标准，这实际上是将政治上的较量引向了科学领域。④ 同样《SPS 协定》第 5 条第 5 款规定了成员方保护程度要具有适当性，适当性的判断取决于成员方自身的情况。因此，导致该协定并不能做到不受其他政治因素干扰地发

---

① WTO Panel Report, European Communities-Measures Concerning Meat and Meat Products (Hormones)：Report of the Panel, WT/DS26/R/USA (18 August 1997).

② Appellate Body Report, EC-Measuers Concerning Meat and Meat Product (Hormones), WT/DS26/AB/R, WT/DS48/AB/R, 13 February 1998.

③ Agreement on the Application of Sanitary and Phytosanitary Measures, Apr. 15, 1994, Marrakesh Agreement Establishing the World Trade Organization, Annex 1A, in World Trade Organization, The Legal Texts：The Result of the Uruguay Round of Multilateral Trade Negotiations 59 - 72 (1999).

④ 马光、田甜：《初探地震引起的核污染与水产品贸易限制措施》，《华东理工大学学报（社会科学版）》2017 年第 3 期。

挥作用，维护实力弱小国家公众的利益。有学者认为，即使在相同情况下的相似产品也会受到差别的对待。① 其次，日本方面认为，韩国实施的进口禁令违反了《SPS 协定》第 2 条第 2 款的规定，即韩国的措施超过了保护人类、动物或者植物生命或者健康所必需的限度。虽然在众多对日本水产品实施制裁的国家中，韩国的措施确实是最为严格的，但是该临时措施是否超过了必要的限度，并没有统一的标准，其问题的本质是风险评估的审查标准并没有得到统一并具有正当性。审查标准作为一种程序工具，和其他的程序、技术工具一起辅助《关于争端解决的规则与程序的谅解》这一实体规则实现了 WTO 争端解决机构对成员的实质管辖。② 但是《SPS 协定》在设立之初就没有针对食品安全审查标准的具体规定，导致在案件审理过程中专家组和上诉机构无法对风险评估审查标准形成统一的理解，在具体实践之中会存在宽严不一的情况。③ 订立《SPS 协定》时成员方的认知局限以及实践中相互之间的利益差异和冲突，严重削弱了该协定在协调公共健康权和贸易自由冲突的积极作用，导致国际社会层面上两者之间的关系越来越紧张。

三　日本诉韩国水产品禁令案之问题对策

通过上述对日本诉韩国水产品禁令案暴露出的问题分析，可以看出日本和韩国纠纷的根本原因是两国国家利益之间的冲突，即公共健康权和贸易自由之间的矛盾。此外，处理案件纠纷争端解决机制以及案件适用的法律规范《SPS 协定》存在的缺陷也是亟待解决的问题。从中国加入 WTO 以来，我国与许多国家在贸易领域有过矛盾摩擦。中国作为最大的发展中国家应当从该案件中吸取经验，完善相关规定和制度建设，才能做到有备无患。

---

① Boris Rigod, "The Purpose of the WTO Agreement on the Application of Sanitary and Phytosanitary Measures (SPS)," *European Journal of International Law*, 2013, 24: 503-532.

② Matthias Oesch, *Standards of Review in WTO Dispute Resolution*, Oxford University Press, 2003, 6: 13.

③ 江虹：《〈SPS 协定〉下自由贸易与食品安全协调的法律问题研究》，博士学位论文，湖南师范大学，2017。

（一）明确人权优先于贸易的原则

在公共健康权和人权之间发生冲突时，应当坚持"以人为本"的理念。人的本能是生存，人类的一切努力都是为了追求高质量生活，实现人类自身的长久的存在和发展。[①] 食品安全关系着人类的健康，而人类的健康是一切社会活动的前提和基础。虽然自由贸易的发展可以促进经济增长，但是经济增长也只是实现人类生活福祉的手段，最终仍是要回归人类自身。[②] 自由贸易作为手段和目的与人权并不是绝对的对立关系，它们之间存在着一致性。自由贸易促进经济增长，为保障人权提供坚实的物质基础，保障人权也能促进国际贸易的发展。坚持保护人权优先于贸易发展的原则，这与 WTO 的宗旨相协调，促进自由贸易和人权保护协调发展才能使 WTO 规则得到更好的尊重和实行。在日本起诉韩国水产品禁令案中，上诉机构最终认定韩方的措施不能认为是"超出必要贸易限制性质"或者对日本存在不公正的歧视。因此，还是从优先保护人权的角度出发，在韩国国民的公共健康权受到威胁的情况下，允许韩国政府采取适当的限制措施来保护本国公民的人权。

（二）WTO 争端解决机制的改革建议

第一，设立常设性专家组。根据上文分析，争端各方为了维护自身的利益在专家组成员的选择上是很难达成一致的，因此设立常设性专家组有利于解决现有专家组组成机制上的诸多弊端。欧盟第一次提出建立一个常设性专家组的提议是包含在 1998 年《关于争端解决规则与程序的谅解》改革的一揽子建议当中的。[③] 但这个提议在当时并没有得到重视。虽然这个提议在大

[①] 何志鹏：《人权的全球化：概念与维度》，《法制与社会发展》2004 年第 1 期。

[②] 江虹：《〈SPS 协定〉下自由贸易与食品安全协调的法律问题研究》，博士学位论文，湖南师范大学，2017。

[③] Robert E. Hudec, "The New WTO Dispute Settlement Procedures: An Overview of the First Three Years," *Minnesota Journal of Global Trade*, 1999, 8: 8.

部分人看来并不成熟，但仍有一些专家持支持态度。① 设立常设性专家组，可以节省在选择专家组成员上花费的时间，专家可以集中精力去解决案件争端，提高争端解决的质量和效率。常设性专家组的组成应当平衡发达国家和发展中国家在专家组中的人数和影响力，维护发展中国家的利益，保证争端裁决的公正性。除此之外，专家组成员成为专职人员后，专家组定期进行培训交流，优先考虑一名具有一定科学背景的小组成员。世界贸易组织秘书处还可以雇用一些科学家来协助专家组并与科学界保持联系，可以有效地提升专家组的专业性。②

第二，提升专家组程序的透明度。WTO 争端解决机制为了保障审理的公正性和独立性，并不对外公开专家组审理案件的过程，并且案件审理过程中，有关听证会都是秘密进行的。③ 案件处于严格的保密状态，缺乏监督。为了提高争端裁决的公正性和公信力，应当提高专家组程序的透明度。首先，对于专家组成员的遴选应当将成员的相关信息进行公开。其次，可以在争端双方都不反对的情况下，进行公开听证，让社会公众对案件的审理进行监督，防止权力滥用，提高公众对争端裁决结果的可信程度。最后，可以设立公开庭审制度，将公开专家组和上诉机构听证会正式化，强制公布当事人提交的材料，但是公开并不是绝对的，应当坚持适度原则，尊重争端各方的意见。专家组和上诉机构程序开始前的谈判应保持不可访问，如果问题涉及机密信息，应采取措施保护相关敏感性。④

第三，明确评审标准应当坚持的原则。由于评审标准受到国家主权、政治、国家实力等多种因素的影响，所以在确定评审标准时，应当明确审查标准确定的原则，才能实现审查标准的适当化。首先，适当的审查标准应当避

---

① 张媛媛：《论关于在 WTO 争端解决机制中建立常设专家组的问题》，硕士学位论文，吉林大学，2008。

② Joost Pauwelyn，"The Use of Experts in WTO Dispute Settlement，" *International and Comparative Law Quarterly*，2002，51：363。

③ 王柔：《浅析 WTO 争端解决机制的缺陷及改革建议》，《中国集体经济》2021 年第 34 期。

④ Gonzalo Villalta Puig & Bader Al-Haddab，"The Transparency Deficit of Dispute Settlement in the World Trade Organization，" *Manchester Journal of International Economic Law*，2011，8：2-7。

免两种极端。审查标准应当处于完全独立或者完全尊重成员方政府所作出的决定之间。① 如果专家组采取完全尊重的评审标准，会导致其几乎没有任何权力来审查成员方之间的争议事实和法律释义，造成争端解决机制停摆，贸易争端陷入僵局。② 其次，审查标准应当平衡争端解决机制的权力与国家主权。对专家组专家的评审标准的争议实质上是国家这一个体权力和以国际组织为代表的这一国际权力之间的一场关于利益的博弈，是国家为避免国际组织对国内事务过多干预，对国内经济事务的自主决定权的守护之战。③ 但是，国家又需要将部分的权力让与争端解决机制，以维护本国国际贸易的稳定性。在 1998 年欧共体荷尔蒙案件中，上诉机构认为："评审标准必须保持协定与裁判机构的授权之间的平衡，保持协定和成员保留的司法权力之间的平衡。当协定中并没有明确规定适用的评审标准时，可以根据实现平衡的需要适当调整评审标准。"④ 所以评审标准应当在尊重国家主权的同时，慎重地解决专家组和成员方面临的冲突，努力在争端解决机制与争端方的权力分配中找到平衡。⑤ 最后，审查标准应当平衡争端各方的国家利益。专家组在审查成员方政府作出的决定时，应当综合考虑争端双方涉及的国家利益，例如日本诉韩国水产品禁令案中，韩国的公共健康利益与日本的出口利益。使审查标准能够最大限度地维护双方的利益，使争端解决机制得到国际社会的更多拥护和支持。

(三)《SPS 协定》的改进对策

上文分析了《SPS 协定》在实施中存在的两个主要问题。第一，针对

---

① 邹小松：《WTO 争端解决机制中的评审标准研究》，硕士学位论文，山东大学，2010。
② 邹小松：《WTO 争端解决机制中的评审标准研究》，硕士学位论文，山东大学，2010。
③ 骆烨：《论世界贸易组织争端解决机制中的评审标准》，硕士学位论文，华东政法大学，2007。
④ Appellate Body Report, EC-Measuers Concerning Meat and Meat Product (Hormones), WT/DS26/AB/R-WT/DS48/AB/R, 13 February 1998.
⑤ 吕微平：《WTO 争端解决机制的正当程序研究——以专家组证据规则和评审标准为视角》，博士学位论文，厦门大学，2007。

《SPS 协定》中存在着大量模糊的规定，可以通过解释来使模糊的规定得到确定。首先，要确定解释的主体，李浩培从解释主体的角度出发将条约解释具体分为学理解释和官方解释（有权解释）两种，国际司法机关或仲裁机关依据当事国共同同意而作出的解释属于有权解释。[1] 李双元等认为 WTO 争端解决机构实质上是一个国际司法机构，所以 WTO 争端解决机构可以作为有权解释的主体对条约中模糊的内容进行解释。[2] 其次，关于条约解释的方式，由于《SPS 协定》成员众多，存在着许多不同的利益冲突和分歧，很难在短时间内对条约的解释得出一致的结论，所以只能由成员方授权一司法机构来解决条约解释的事项，将解释的权利赋予专家组和上诉机构是一个可行并且有效的选择。

第二，对于风险评估缺乏统一的审查标准的问题，可以对客观审查标准进一步区分，划为风险评估和风险管理两阶段，其中风险评估主要对相关的科学数据以及其他事实进行收集、提交、审查，在此阶段中适用重新审查标准，而风险管理阶段则是在风险评估结果的基础上进行总结，主要适用遵循标准。[3] 前者关注的是案件的事实保证数据的科学性和真实性，后者更加强调尊重各成员方的公共健康权，结合争议的实际情况综合考虑当事方的经济、文化、伦理道德、环境等社会因素。要坚持审查标准的前后一致，保证相同情况下的相似争议应当采取同样的标准进行处理。最后，保证审查标准的权威性，对于第一阶段采用的审查标准应当保证来源的正当性和准确性，使标准更加具有说服力和公信力，只有这样才能更好地发挥《SPS 协定》协调公共健康权和贸易自由平衡的作用。[4] 例如，在日本起诉韩国水产品禁令案中，对于涉及《SPS 协定》中存在模糊规定的条款，就可以通过争端

---

① 李浩培：《条约法概论》，法律出版社，2003，第 347 页。

② 李双元、李赞：《21 世纪法学大视野——国际经济一体化进程中的国内法与国际规则》，湖南人民出版社，2006，第 262~265 页。

③ 江虹：《〈SPS 协定〉下自由贸易与食品安全协调的法律问题研究》，博士学位论文，湖南师范大学，2017。

④ 马光、田甜：《初探地震引起的核污染与水产品贸易限制措施》，《华东理工大学学报（社会科学版）》2017 年第 3 期。

解决机构对该条款的解释，以达到条款准确适用的效果。对于日本核污染水泄露对韩国国民公共健康权的风险评估，要结合日韩两国实际情况和各个要素进行综合的考量，确定一个适合本案的风险评估标准，才能妥善地解决好日本韩国之间贸易自由和公共健康权的冲突。

四 中国对类似事件的应对策略

上文从案件反映的主要矛盾、争端解决机制、《SPS 协定》三个方面指出，在日本诉韩国水产品禁令案中，在理论、制度、法律规定方面存在可以改进的方向。中国作为国际社会的一员，要想在全球化潮流下不断增强综合国力，应当从该案中吸取经验，积极响应 WTO 体制的改革潮流，并从中国的实际情况出发，在国际舞台上贡献更多的中国方案。下文将从三个方面分析中国的发展思路。

（一）中国有关人权和贸易问题的对策

目前国际贸易中，人权与贸易之间的冲突越来越激烈，一种新型的技术性壁垒即绿色贸易壁垒登上历史舞台。绿色贸易壁垒是指在国际贸易活动中，进口国以保护自然资源、生态环境和人类健康为由而制定的一系列限制进口的措施。[①] 从中国的角度出发，一方面，应当对绿色贸易壁垒提高重视。绿色贸易壁垒的泛滥，也使中国遭受了很大的损失，中国的木制品包装材料、猪牛羊肉及其制品、大蒜、茶叶等出口产品先后受到绿色贸易壁垒的阻碍。另一方面，中国的人权保障体系建设起步相对较晚，关于人权尊重和保护方面的立法在指导思想、价值观念和基本原则方面都存在不充分、不完善的问题。中国关于人权内涵、权利受损的救济措施、权利行使边界以及所需要负担的义务的规定也与目前国际上普遍认可的国际标准存在差距。[②] 因

---

① Quan Yi, "Technical Barriers to International Trade and New Developments," *Journal of WTO and China*, 2012, 2: 53.

② 白桂梅主编《法治视野下的人权问题》，北京大学出版社，2003，第 388 页。

此，有必要警惕从其他国家进口的不符合标准的产品对我国国民的公共健康权等人权产生威胁。

首先，应当完善我国国内相关法律规定，使其与国际标准接轨。针对绿色贸易壁垒，应当完善我国《环境保护法》的相关规定，提高我国的环境标准，以防止我国企业生产的产品因符合国内标准但不符合国际标准而被禁止出口到其他国家。除此之外，应当明确环境权在人权中的地位，我国应当积极完善环境保护的法律法规，以政策鼓励环保技术进步，以规则保障环保产业稳定发展，在环保领域实现有法可依，有规可循。① 其次，积极参加国际人权公约的立法活动，作出应有的贡献。在国际人权保护的制定标准上，结合中国的国情积极发声。但是在此过程中应当注意，警惕把其他国家的人权保护标准强加给我们，从而干涉我国的内政。最后，应当充分研究 WTO 争端解决机制中的相关案例，吸取经验和教训，熟悉争端解决的规则和程序，增强对规则法理的理解，以便及时调整和完善我国相关制度规定，使我国在涉及的案件中做好充分的准备工作，积极捍卫我国的权益。

（二）中国在 WTO 争端解决机制中的策略

WTO 争端解决机制旨在裁判各国在国际贸易过程中产生的摩擦和纠纷。通过将成员方之间贸易纠纷非政治化，促进矛盾的化解，稳固国际贸易基本秩序。WTO 争端解决机制的构建大大加快了国际贸易秩序法制化进程，在一定程度上扭转了传统国际经济秩序下"实力导向"的倾向。此外，它也改变了传统观念中国际法为"软法"的情况，被称为"镶上牙齿"的解决方式。② 中国加入 WTO 后，可以借助 WTO 争端解决机制避免贸易报复和威胁，为我国国际贸易交往带来相对公平的贸易环境。通过分析日本诉韩国水产品禁令案，可以看出，中国在争端解决机制中应当坚持以下策略。

首先，日本诉韩国水产品禁令案的诉讼程序持续了近 4 年，争端解决机

---

① 葛淼：《多边贸易体制下的贸易与人权问题研究》，硕士学位论文，中南大学，2011。
② 李成钢：《中国参与世贸组织争端解决机制的十年实践》，《国际贸易》2011 年第 12 期。

制存在着严重拖滞情况；平均一起案件耗时 13 个月，大大超过了预期的 9 个月时长。① 案件久拖不决，这对于中国等发展中国家的损失是极大的。WTO 争端解决机制中规定对于争端的解决必须经过磋商程序，是通过和平方式解决国际争端的方式创新。通过磋商解决国际争端，可以提高解决案件的效率，在很大程度上节省国家的时间和精力。磋商解决国际争端，需要在国际上有足够的话语权和影响力。中国应当增强自身的实力，重视通过磋商解决争端的途径，提高争端解决的效率。一直以来，中国都积极参与 WTO 争端解决进程。在科学理解现有 WTO 规则的前提下，对 WTO 现有的审查标准相关案例进行研究分析，总结裁判经验，将有益于中国未来在 WTO 争端解决机制中更加积极地应对未知的挑战。② 除此之外，还要促进我国的国内法律规定与 WTO 规则接轨。在处理日本诉韩国水产品禁令案时，审查的对象是行政命令。要想在评审标准上处于优势地位，应当使行政法规与 WTO 的规定相符，改善我国行政法规体系杂乱、内容庞大的缺陷。此外，行政机关应当坚持依法行政，保障行政机关决定的准确性，确保行政决定是在对细节进行充分考虑后，经过严密的逻辑思考作出，且前后的行政决定具有一致性。③ 只有这样，才能使 WTO 争端解决机构无论在法律适用上，还是在事实认定上，都能真正尊重我国行政机关作出的决定，减少我国被判定为违反 WTO 协定、承担败诉结果的风险。④最后，应当理智地看待国际交往中的贸易摩擦。在经济全球化的时代，贸易摩擦是不可避免的。应当将每一次贸易摩擦看作新时代国家发展的新机遇，始终坚持"规则导向"，以非政治化方式化解贸易纠纷，以多边主义对抗单边主义，从而维护我国的经济权

---

① 王柔：《浅析 WTO 争端解决机制的缺陷及改革建议》，《中国集体经济》2021 年第 34 期。

② 卢月：《WTO 争端解决机构对成员方行政机关决定的审查标准》，《世界贸易组织动态与研究（上海对外经贸大学学报）》2015 年第 4 期。

③ R. Becroft, *The Standard of Review in WTO Dispute Settlement：Critique and Development*, Cheltenham and Northampton：Edward Elgar Publishing，2012，p. 109.

④ 骆烨：《论世界贸易组织争端解决机制中的评审标准》，硕士学位论文，华东政法大学，2007。

益。①我国还应当重视争端解决机制的改革动向，建立和培养精通国际贸易法律与实务的专业队伍，加强国际贸易知识的教育培训，为我国在 WTO 争端解决机制下解决国际争端提供智力支持。

（三）中国适用《SPS 协定》的启示

在日本诉韩国水产品禁令案中，主要涉及《SPS 协定》的两个原则，即科学证据原则和预防原则。针对《SPS 协定》中的科学证据原则，应当坚持采纳国际标准。科学证据原则要求成员方实施任何措施要以科学原理为依据，科学证据主要是风险评估和国际标准，是成员方采取措施的主要依据。② 风险评估过程复杂，要消耗大量的人力、物力，因此，我国采取国际标准不但能够节省资源，而且能够更好地维护我国公民的健康。③ 对于国际标准，我国应当积极制定和完善国内标准。在制定标准时，应当从我国环境、地域、气候等现状出发，制定出保护我国国民公共健康权的国内标准，并保障我国产品的出口。同时，我国还应当积极参加制定国际标准，积极收集相关数据，促进国际标准和我国食品安全标准靠近。此外，要重视风险评估的作用。我国现有的有关风险评估的法律大多是原则性的规定，在实际的执行程序中没有具体的规定，④ 导致执法机关在实践中的程序不一，缺乏可操作性。因此，我国的科学技术发展也应更加国际化，与国际前沿接轨，增加人才储备、科研设备、资金设施的投入，只有这样，才能让我国的风险评估、国内标准得到更多国际组织及其成员方的认可，为食品安全、保障我国国民公共健康权提供有力的支持。⑤

---

① 余敏友：《WTO 争端解决活动——中国表现及其改进建议》，《法学评论》2008 年第 4 期。

② Zhu Zhu, Zhao Jinlong, "Scientific Evidence Requirements under the SPS Agreement," *Journal of WTO and China*, 2013, 3: 102.

③ 董银果：《中国农产品应对 SPS 措施的策略及遵从成本研究》，中国农业出版社，2011。

④ 郭宁：《实施动植物卫生检疫措施（SPS 协定）第 5 条研究》，硕士学位论文，辽宁大学，2012。

⑤ 江虹：《〈SPS 协定〉下自由贸易与食品安全协调的法律问题研究》，博士学位论文，湖南师范大学，2017。

其次，针对预防原则，在日本诉韩国水产品禁令案中，韩国政府采取禁令措施的主要依据是《SPS 协定》第 5 条第 7 款规定的预防原则。我国现有的法律对于预防的具体程序规定尚不清晰，并且预防需要多个部门之间相互协调。因此，在实践中操作难度较大。为此，我国可以在法律中明确规定，有关机构（通常是国家出入境检验检疫总局）在进口产品带来风险或者可能带来风险时，可以采取临时的预防措施。同时，应进一步细化预防措施的程序性规定，制定更加详细的法律。同时，提高我国的科学技术和检疫措施，以应对发达国家的限制。

最后，作为最大的发展中国家，我国应当加强与其他发展中国家之间的合作。为了加强区域贸易合作，《区域全面经济伙伴关系协定》作为一个高水平区域贸易自由协定已经生效。如今，它已经实现了亚太区域贸易建设的阶段性目标。因此，我国应该充分把握机遇，积极推进亚太地区的经济一体化建设进程。同时，我国还应该发挥作为贸易大国的优势，推动《SPS 协定》的新发展，在实现贸易自由的同时兼顾发展中国家公共健康利益。要从根本上解决公共健康权和贸易自由之间的冲突，需要加强自身的建设，抓住一切机会实现可持续发展。吸取日本诉韩国水产品禁令案的经验教训，在涉及中国作为当事方的案件中，熟练运用 WTO 体系下《SPS 协定》的相关规则，实现公共健康权和贸易自由的协调发展。发展中国家应该积极利用 WTO 体制下的谈判机会，团结一致，为实现公共健康权和贸易自由的协调发展而努力。

跨界海洋环境"无法弥补损害"的证立及其展开[*]

马得懿[**]

摘　要： 日本政府决定以排海方式处理福岛核电站事故核污染水，进一步引发跨界海洋环境"无法弥补损害"的复杂性并导致国际法救济一度陷入困境。跨界海洋环境"无法弥补损害"的证立，可以参照准予临时措施的相关因素，诸如"紧迫性"因素、"金钱弥补"因素以及"真正风险"因素等。在证据证明标准视域下，跨界海洋环境"无法弥补损害"的证立基本上可以遵循一般国际诉讼中的多元证明标准，但多元证明标准不能适应"无法弥补损害"识别的复杂性。通常而言，国际裁判机构通过完善和健全准予临时措施来构建跨界海洋环境"无法弥补损害"的国际法救济体制。风险预防原则的重要制度价值的激发和释放依赖于跨界环境治理的国际法实践，但是风险预防原则在防范跨界海洋环境"无法弥补损害"上具有模糊性。强化风险预防原则的可执行性的路径，应该注重《联合国海洋法公约》的体系解释和尝试探索准予临时措施的具体化路径。

关键词： 无法弥补损害　核污染水　跨界海洋环境

---

* 本文系国家社科基金重大项目（项目编号：18ZDA155）的阶段性研究成果，原载《太平洋学报》2023年第4期。

** 马得懿，华东政法大学"经天学者"岗位特聘教授、博士生导师。

一 问题的提出

海洋环境中的一切都是互相联系的。① 一般地，海洋环境污染构成典型的跨界环境损害形态且损害危害性极大。作为"海洋宪章"的 1982 年《联合国海洋法公约》（以下简称《公约》）高度关注海洋环境的保护与保全问题。《公约》雄心勃勃地构建分别来自陆地、海底活动、国际海底区域（以下简称"区域"）、倾倒、船只以及大气层等途径和源头所致海洋环境污染的国际法救济体制。② 然而，《公约》在防止、减少和控制海洋环境污染方面的效果并不乐观，其主要法治根源在于跨界环境损害的类型复杂，进而导致国际法的适用也异常复杂。规制海洋环境污染的国际法日益碎片化，国际法体系之间存在程序法和实体法的冲突。③ 这在一定程度上加剧了环境公约缔约国在履约上的懈怠与不力。日本政府强推以排海方式处理福岛核电站事故导致的核污染水。日本在没有穷尽其他更加安全可靠方式的情形下选择核污染水排海处理方式，引发国际社会尤其是日本周边国家和日本国内民众的担忧。④ 因为各国意识到一旦核污染水被排放到海洋环境中，其造成的放射性破坏是持久和严重的。这就是所谓的跨界海洋环境"无法弥补损害"（irreparable damage）。通常而言，国际法立法尚未对"无法弥补损害"给予精准的直接界定，其具体含义是国际裁判机构通过是否准予临时措施以保护权利的方式来认识"无法弥补损害"的含义，意指如果不采取临时措施，那么将造成非常严重的、无法弥补的永久性损害。《国际法院规约》第 41

---

① Biliana Cicin-Sain and Robert Knecht, *Integrated Coastal and Ocean Management: Concept and Practices*, Island Press, 1998, p. 124.

② 《公约》第十二部分"海洋环境的保护和保全"包括了从第 192 条到第 237 条，比较系统地对海洋环境的保护和保全予以立法。

③ Cheng Bin, *General Principles of Law as Applied by International Courts and Tribunals*, CambridgeUniversity Press, 2006: 66.

④ 岳林炜、马菲、隋鑫：《国际社会持续反对日本核污染水排海计划》，《人民日报》2022 年 4 月 1 日，第 15 版。

条第 1 款也是从间接立法方式给予"无法弥补损害"比较粗略的描述。

然而，跨界海洋环境"无法弥补损害"的国家责任救济缺乏稳定的制度支撑。全球环境治理包括一个庞大而复杂的规则体系，衍生许多复杂且创新的制度。就核污染等放射性污染、海洋油污以及其他有毒有害物质污染等领域，形成了相当复杂的治理体系。各国开发利用海洋的欲望日益膨胀，致使跨界海洋环境损害问题日益严重，不断引发国家责任的承担。1938 年"特雷尔冶炼厂案"开跨界环境损害国家责任的先河。[①] 后续相关判例进一步强化了跨界环境损害国家责任的界定和承担问题。[②] 然而，国家责任在跨界海洋环境"无法弥补损害"救济上并非得心应手。20 世纪 70 年代以降，为了应对跨界海洋环境放射性物质导致"无法弥补损害"，由于以私法救济跨界环境损害具有一定灵活性且当事方权利容易得以实现，催生国际社会寻求私法救济跨界环境损害的偏好。

在日本福岛核电站事故中，日本政府依据国内法授权东京电力公司（以下简称"东电公司"）向海洋排放核污染水。很显然，核污染水排海是日本的国家行为。然而，日本国会通过《特定秘密保护法》，根据该法日本原子能规制委员会决定福岛核灾难现场不再采用国际原子能机构事故评级体系。[③] 很显然，日本企图将其应该承担的国家责任游离于国际责任体系之外。事实上，背离或者弱化跨界海洋环境"无法弥补损害"的国家责任救济体系，无法构建成熟和稳定的海洋跨界"无法弥补损害"的国际法救济框架。跨界海洋环境"无法弥补损害"具有低发生率、高风险结果的特征。一旦造成损害，受害者权益难以得到保障。[④] 如果日本无视或者逃避《公

---

① Martin Dixon and Robert McCorquodale, *Cases and Materials on International Law*, Oxford University Press, 2003, p. 243.

② 丁丽柏、陈燕萍：《论国际法不加禁止行为国际责任制度》，《云南大学学报（法学版）》2005 年第 3 期。

③ 罗欢欣：《日本核污水排海问题的综合法律解读——对国际法与国内法上责任救济规定的统筹分析》，《日本学刊》2021 年第 4 期。

④ Ruth Mackenzie, "Environmental Damage and Genetically Modified Organisms," in Michael Bowman, Alan Boyle (eds.), *Environmental Damage in International and Comparative Law: Problems of Definition and Valuation*, Oxford University Press, 2002, p. 64.

约》缔约国在防止、减少和控制跨界海洋环境"无法弥补损害"的国际法义务，那么，如何理解和构架跨界海洋环境"无法弥补损害"的证立，以应对不断发展变化的跨界海洋环境损害的挑战，值得深入探讨。

二 跨界海洋环境"无法弥补损害"的复杂性及其法治困境

（一）跨界海洋环境"无法弥补损害"的复杂性

从国内法实践上看，美国等英美法系国家是比较早形成相对成熟的针对环境"无法弥补损害"的救济措施的国家，并逐渐形成了"无法弥补损害"是以金钱或者其他法律手段无法进行的，而使用超常规的救济方式的司法理念。而这种所谓超常规的救济方式就是颁发中间禁令（intermediate injunction）。① 这实质上是在救济角度上对"无法弥补损害"的定义。在英美法系私法救济体系中，虽然中间禁令问题备受争议，但就不能通过赔偿金获得充分补偿的伤害而言，中间禁令的目的是避免原告在诉讼中无法获得充分的损害赔偿的情形。"无法弥补损害"是检验是否启动中间禁令的关键因素。② 事实上，跨界海洋损害的国际法救济体制尚未成熟，尤其是如何认定跨界海洋环境"无法弥补损害"存在争议。③ 国际法委员会第 48 届会议专题工作组向联合国大会提交的《国际法不加禁止的行为所产生的损害后果的国际责任条款草案》尚未完全构建跨界海洋环境损害的国际法体制。④ 国

① David McGowan, "Irreparable Harm," *Lewis& Clark Law Review* 14（2）（2010）：p. 579.
② Guido Calabresi and A. Douglas Melarned, "Property Rules, Liability Rules and Inalienability：One View of the Cathedral," *Harvard Law Review* 85（6）（1972）：1089.
③ Case Concerning Pulp Mills on the River Uruguay（Argentina v. Uruguay）, Observation of Uruguay, ICJ, June 8-9, 2006, para. 23, https：//www. icj-cij. org/public/files/case-related/135/13405. pdf.
④ 该草案对跨界损害的定义为："跨界损害是指在起源国以外的一国领土内或其管辖或控制下的其他地方造成的损害，无论有关各国是否有共同的边界。"参见联合国大会第 51 届会议补编第 10 号（A/51/10）国际法委员会第 48 届会议工作报告 6 第 211 页。

际法委员会将那些不属于各国行使主权的区域诸如公海、国际海底区域、南极地区排除在外，这造成应对跨界海洋环境损害的司法困惑。通常而言，跨界海洋损害属于一种累积性环境损害，而累积性环境损害的责任认定尤其困难。①

国际法体系下跨界环境损害的法律责任问题，长久以来构成国际法治的难题。② 就相关国际立法而言，国际法上首次提出放射性物质的投放问题是1972 年《防止倾倒废物和其他物质污染海洋的公约》（以下简称《伦敦公约》）。1972 年《伦敦公约》第 4 条和附件一第 6 条要求被国际原子能机构确定为不宜在海上排放的强放射性废物和其他强放射性物质禁止排放入海。而 1982 年《公约》第 192 条要求各国承担保护和保全海洋环境的义务。同时，1982 年《公约》第 194 条对跨界污染给予了高度关注。有学者按照不同标准和维度，将海洋环境损害风险予以类型化，分别为海洋生态风险、海洋陆源污染风险、海洋倾废风险、海上溢油风险、海洋生物入侵风险、区域内海洋环境风险、区域外海洋环境风险以及海洋开发中的风险等。③

国际法院等裁判机构通过准予临时措施的方式来阐释"无法弥补损害"的内涵。临时措施案表明，只有在争端方各自权利被损害且可能无法对实质问题裁决后得到修复，这些权利才能成为准予临时措施的适格标的。如果损害使裁决得不到完全执行，并使寻求权利保护的当事方之地位无法完全恢复，该损害将被认为是"无法弥补损害"。④ 国际法院对这一标准进行非常严格的解释。

跨界海洋环境"无法弥补损害"具有复杂性。其一，跨界海洋环境

---

① E. Jimenez de Arechaga, "International Responsibility," in MaxSørensen (ed.), *Manual of Public International Law*, Macmillan, 1968, p. 534.

② Jin-Hyun Paik, "ITLOS at Twenty: Reflections on Its Contribution to Dispute Settlement and the Rule of Law at Se," in John Norton Moore, Myron H. Nordquist, Ronán Long (eds.), *Legal Order in the World's Oceans: UN Convention on the Law of the Sea*, Brill Nijhoff, 2018, p. 205.

③ 王刚、张霞飞：《海洋环境风险：概念、特性与类型》，《中国海洋大学学报（社会科学版）》2016 年第 1 期。

④ Edward Gordon, "The World Court and the Interpretation of Constitutive Treaties," *American Journal of International Law* 59 (4) (1965): 804-805.

"无法弥补损害"容易导致环境损害的蝴蝶效应,具有扩张性的特征。①
1992 年联合国环境与发展大会通过的重要文件《21 世纪议程》第 17 章强
调"海洋环境是一个整体"的理念。从人类历史角度上看,海洋环境的保
护承载着维护人类基本道德价值和整个国际社会的共同利益。甚至,对海洋
环境的保护符合对国际社会作为整体而应该承担的义务的理念。② 跨界海洋
环境"无法弥补损害"的法律救济可以追溯到 19 世纪欧洲国家之间发生的
跨河流利用和渔业问题。20 世纪中叶以来,跨界海洋环境"无法弥补损害"
风险日益增大。1972 年斯德哥尔摩《人类环境宣言》和 1992 年《里约环境
和发展宣言》是跨界海洋环境"无法弥补损害"国际法治的里程碑,上述
重要文件不断夯实跨界海洋环境"无法弥补损害"治理的国际法基础,诸
如进一步强化风险预防原则(precautionary principle)。③ 不仅如此,跨界海
洋环境"无法弥补损害"的责任承担中的因果关系证明存在困境,而且以
国家责任为基础的国际诉讼历时长、程序复杂。在《公约》框架下跨界海
域分别成为领海、专属经济区以及公海等不同国际法地位的海域,各国在领
海、专属经济区、公海等海域依照规定履行环境保护义务时,需要遵循
《公约》第 191 条第 1 款的原则性规定。④

其二,跨界海洋环境"无法弥补损害"争端很少属于单纯的海洋环境
损害争端。国际海洋争端中,跨界海洋环境争端与其他类型争端通常交缠在
一起。从这个角度上看,跨境海洋环境"无法弥补损害"争端可以界分为
两种基本类型,即基本上属于单纯的跨界海洋环境损害争端和跨界海洋环境
损害与海洋权利等其他诉因混合的争端。科特迪瓦诉加纳海洋划界案属于海

---

① 曾祥生、方昀:《环境侵权行为的特征及其类型化研究》,《武汉大学学报(哲学社会科学
版)》2013 年第 1 期。

② 李毅:《从国际法角度探析日本排放核废液入海问题》,《太平洋学报》2011 年第 12 期。

③ Laura Pineschi, "The Transit of Ships Carrying Hazardous Wastes Through Foreign Coastal Zones,"
in Francesco Francioni, Tullio Scovazzi (eds.), *International Responsibility for Environmental
Harm*, Springer Netherlands, 1991, pp. 299, 314.

④ Moira L. McConnell and Edgar Gold, "The Modern Law of the Sea: Framework for the Protection
and Preservation of the Marine Environment," *Case Western Reserve Journal of International Law* 23
(1) (1991) 1991: 83-105.

洋划界争端被包装为海洋环境损害争端的典型。在科特迪瓦和加纳两国海洋划界尚未形成协议情境之下，加纳将争议海域石油开采特许权授予了多家石油开发公司。为此，两国将争端分别提交仲裁庭和国际海洋法法庭。旋即，科特迪瓦请求特别分庭准予临时措施，要求加纳在争议海域停止勘探石油行动。科特迪瓦的重要理由是加纳并没有在防止海洋环境污染上尽到审慎义务。[①] 从某种意义上看，科特迪瓦的请求具有合理性。但是，科特迪瓦并没有提供足够的证据来证明加纳在争议海域的活动具有严重损害海洋环境的风险，而是基于"谨慎和小心"。[②] 而该争端的实质在于两国之间的海洋划界争端。由此可见，融入环境因素的海洋争端具有一定的迷惑性。跨界海洋环境"无法弥补损害"与海洋权利交织在一起的海洋争端，导致跨界海洋环境"无法弥补损害"的复杂性。

（二）跨界海洋环境"无法弥补损害"的法治困境：国家责任的视角

跨界海洋环境"无法弥补损害"的国际法救济一度陷入困境。而此种困境形成的重要根源在于，国际裁判机构在识别和认定跨界海洋环境"无法弥补损害"国家责任方面的退步，导致跨界海洋环境"无法弥补损害"国家责任的弱化。在理解跨界海洋环境"无法弥补损害"的标准上，尚未形成稳定的国际法体系，尤其是在跨界海洋环境"无法弥补损害"的国家责任界定上，环境条约的措辞和表述具有很强的模糊性。[③] 诸如《斯德哥尔摩宣言》虽然明确各国应该"进行合作"，但是，该宣言并没有明确如何合作和各国的责任承担。同时，在跨界海洋环境"无法弥补损害"的责任承担和分配上，追究国家赔偿责任显得苍白无力。国际法委员会曾经尝试致力

---

① Nicholas A. Ioannides, "A Commentary on the Dispute Concerning Delimitation of the Maritime Boundary between Ghana and Cote d'Ivoire in the Atlantic Ocean (Ghana /Cote d'Ivoire)," *Maritime Safety and Security Law Journal*, 2017, pp. 55–58.

② 张华：《争议海域油气资源开发活动对国际海洋划界的影响——基于"加纳与科特迪瓦大西洋划界案"的思考》，《法商研究》2018 年第 3 期。

③ James Crawford, Jeremy Watkins, "International Responsibilities," in John Tasioulas, Samantha Besson (eds.), *The Philosophy of International Law*, Oxford University Press, 2010, p. 286.

于制定一整套规范体系来应对跨界海洋环境"无法弥补损害"。然而，国际法委员会意识到，这会面临诸如各国环境保护法律和政策、国家承担责任的认识以及跨界海洋环境损害的标准等一系列障碍。① 正如《巴黎协定》缔约方就应对气候变化的承诺"是否充分"的争论所表明，各国常常以各种关切为理由而不乐意承担具有强制性的国家责任。② 虽然相关国际立法不断尝试补足国家责任承担上的缺憾，但是效果甚微。1982 年《公约》第十二部分高度重视各国在防止、减少和控制海洋环境上采取的措施。同时，该部分强化了国家在海洋环境保护和保全上的合理谨慎义务（due deligence）。然而，1982 年《公约》在缔约国履行海洋环境保护和保全的国家责任上的强制性体制上存在不足甚至缺失。

1938 年特雷尔冶炼厂案被认为是确立和阐释跨界环境损害国家责任的渊源判例。但是，该案并不属于跨界海洋环境污染案，而是属于大气污染案。③ 1974 年法国在大西洋进行核试验对周围区域产生了核辐射污染，新西兰和澳大利亚作为原告对法国提起环境损害诉讼，但该案没有判决结果。④ 2006 年乌拉圭纸浆厂案，是迄今为止国际法院全面阐释跨界环境损害国家责任的案例。⑤ 然而，遗憾的是，上述国际法实践并没有完整构架跨界海洋环境"无法弥补损害"的国家责任承担体制。某种意义上，防止、减少以及控制海洋环境损害是国家首要义务。然而，一旦染指国家责任问题，国际裁判机构判决的执行存在极大的困难，进而导致国家责任救济成为高代价和

① A. E. Boyle, "Globalising Environmental Liability: The Interplay of National and International Law," *Journal of Environmental Law* 17 (1) (2005): 3-26.

② Charles F. Parker, Christe Karlsson, Mattias Hierpe, "Climate Change Leaders and Followers: Leadership Recognition and Selection in the UNFCCC Negotiations," *International Relations* 29 (4) (2015): 435-450.

③ Franz X. Perrez, "The Relationship between 'Permanent Sovereignty' and Obligation not to Cause Transboundary Environmental Damage," *Environmental Law* 26 (4) (1996): 1193.

④ Nuclear Tests (Australia v. France), Judgement, I. C. J. Reports 1974, 20 December 1974, para. 23 - 25, https://www.icj-cij.org/public/files/case-related/58/058-19741220-JUD-01-00-EN.pdf.

⑤ Xue Hanqin, *Transboundary Damage in International Law*, Cambridge University Press, 2003, p. 163.

缓慢的救济模式。① 事实上，晚近以来国际法委员会编纂的相关国际法文件基本上遵循国家责任侧重于"预防"的立法理念。事实上，国家不愿接受保护环境的国家责任的约束。

跨界海洋环境"无法弥补损害"的国家责任救济体制的弱化，导致跨界海洋环境"无法弥补损害"私法化的救济体制日益勃兴。② 相关国际组织诸如国际海事组织、国际海底管理局分别针对船舶油污损害和"区域"矿产资源开发所致环境损害，形成了不同海洋环境损害的私法救济体系。而跨界海洋环境"无法弥补损害"的私法救济一般在国内法院进行，通常更容易为海洋环境的受害者所控制，可使环境损害争端降级到"邻里之间"。③这是导致应对跨界海洋环境"无法弥补损害"寻求私法救济勃兴的主要动因。经考证，在跨界环境损害责任立法的早期，私法模式具有很大的影响力，形成相当规模的多边环境协定。④ 很多跨界海洋环境"无法弥补损害"的责任公约诸如 1969 年《油污损害民事责任公约》为构建跨界海洋环境损害的私法救济提供了路径。⑤ 国际立法实践促进了环境损害的国家责任向私法责任的转变。当然，跨界海洋环境"无法弥补损害"私法救济下，私法责任体系中过失的确定、因果关系和赔偿的执行也属于特别棘手的问题。⑥这也是应对跨界海洋环境"无法弥补损害"的尴尬局面。某种意义上，私

---

① Patricia W. Birnie, Alan E. Boyle, Catherine Redgwell, *International Law and the Environment*, Oxford University Press, 2009, p. 215.

② John H. Knox, "The Flawed Trail Smelter Procedure: The Wrong Tribunal, the Wrong Parties, and the Wrong Law," in Rebecca M. Bratspies, Russell A. Miller (eds.), *Transboundary Harm in International Law Lessons from the Trail Smelter Arbitration*, Cambridge University Press, 2006, pp. 66-78.

③ Peter H. Sand, "Lessons Learned in Global Environmental Governance," World Resources Institute, 1990, p. 31.

④ L. F. E. Goldie, "Liability for Damage and the Progressive Development of International Law," *International & Comparative Law Quarterly* 14 (4) (1965): 1189-1264.

⑤ 1969 年《油污损害民事责任公约》第 9 条规定："对于任何一个缔约国做出的判决，所有其他缔约国法院均应该认可并执行。"

⑥ Nancy K. Kubasek, "A Critical Thinking Approach to Teaching Environmental Law," *Journal of Legal Studies Education* 16 (1) (1998): 19-36.

法救济体制是应对重大跨界海洋环境"无法弥补损害"的无奈和权宜之举。

然而，强化和完善跨界海洋环境"无法弥补损害"的国家责任体制是应对跨界海洋环境危机的正途。在跨境海洋环境"无法弥补损害"救济体制领域，激发国家责任在救济跨界海洋环境损害领域的制度功能是必要和重要的，国家责任的强化和完善应该得到进一步的加强。① 漠视和否定国家责任在跨界海洋环境"无法弥补损害"上的担当，将导致各国按照环境公约所应该承担的国际法义务的消失。这是非常危险的趋向。② 凸显国家责任不仅是应对跨界海洋环境"无法弥补损害"的需要，而且也是国际社会维系和保障海洋环境可持续发展目标的根本国际法治途径。

三 跨界海洋环境"无法弥补损害"的 证立及其制度价值

（一）"无法弥补损害"证立标准的参照

跨界海洋环境损害争端中，几乎没有任何国际裁判机构对"无法弥补损害"下定义。事实上，如何阐释"无法弥补损害"证立的标准是应对跨界海洋环境"无法弥补损害"的关键。"无法弥补损害"的标准，无论是《公约》第 290 条，还是国际海洋法法庭以及《公约》附件 7 等相关文件都没有明确的规定。跨界海洋环境"无法弥补损害"证立的标准是构建跨界海洋环境责任体系的核心问题，也是一个备受争议的问题。经考证，"无法弥补损害"并非只是适用于跨界海洋环境损害，在经贸和投资乃至人权保护争端领域，仲裁庭在准予临时措施时经常采用"无法弥补损害"这一措辞。③ 一般地，"无法弥补损害"通常指"某一当事方的行为可能对另一当

---

① 林灿铃：《国际法上的跨界损害之国家责任》，华文出版社，2000，第 115 页。

② Francesco Francioni, TullioScovazzi（eds.）, *International Responsibility for Environmental Harm*, Springer Netherlands, 1991, p. 148.

③ In the Proceedings betweenPlarna Consortium Limited v. Republic of Bulgaria, ICSID Case No. ARB/03/2, para. 38, https：//www. italaw. com/sites/default/files/case-documents/ita0671. pdf.

事方所主张的权利造成无法弥补的损害或者有此威胁"。① 而这一要件的确定，是国际裁判机构准予临时措施时考虑的重要因素。② 故此，国际海洋法法庭等国际裁判机构准予临时措施实践中所考量的因素，可以作为探究跨界海洋环境"无法弥补损害"证立标准的参照。

其一为"紧迫性"因素。如果争端方不采取"紧迫性"的措施，那么，争端另一方则极有可能遭受"无法弥补损害"。尽管"紧迫性"因素在依据《公约》准予临时措施并没有统一的标准，但是紧迫性问题对"终局判决"之前的临时措施是必要的。③ 在《公约》第 290 条第 1 款立法目的下，"紧迫性"因素并不是准予临时措施的明示标准，而是申请临时措施的默示要求，这与国际裁判机构是否对实体争端行使管辖权有关。但是，争端方依据《公约》第 290 条第 5 款之规定提出临时措施请求时，国际裁判机构如果认为情况具有"紧迫性"，那么其将有权准予此类临时措施。国际海洋法法庭逐渐将"紧迫性"因素视为《公约》第 290 条第 1 款的法定要求。在当事方主张临时措施而被国际海洋法法庭拒绝的判例中，国际海洋法法庭主要考察范畴便是"紧迫性"因素问题。④ 在南方蓝鳍金枪鱼案中，特里夫斯（Treves）法官发表个别意见认为"紧迫性"这一要求是临时措施的根本构成要件，因为这些措施可以在最后裁判前保护当事方各自权利。⑤ 事实上，"紧迫性"并不是《联合国国际法院规约》第 41 条的明示要求，但是《联

---

① 林灿铃：《国际法上的跨界损害之国家责任》，华文出版社，2000，第 115 页。

② E. A. Farnsworth, "Legal Remedies for Breach of Contract," *Columbia Law Review* 70（7）(1970)：1954.

③ Alan Boyle, "The Environmental Jurisprudence of the International Tribunal for the Law of the Sea," *International Journal of Marine and Coastal Law* 23（3）(2007)：388.

④ In the Dispute Concerning Land Reclamation Activities by Singapore Impinging upon Malaysia's Rights in and Round the Straits of Johor inclusive of the Areas around Point 20（Malaysia v. Singapore），ITLOS, Request for Provisional Measures, September 4, 2003, para. 10 - 15. https：//www.itlos.org/fileadmin/itlos/documents/cases /case_no_12/C12_Request_ Malaysia. pdf.

⑤ In the Dispute Concerning Southern Bluefin Tuna（New Zealand v. Japan），ITLOS, Request for Provisional Measures, para. 13 - 15, https：//www.itlos.org/fileadmin/itlos/documents/cases/ case_no_3_4/request_new_zealand_eng. pdf.

合国国际法院规则》规定临时措施的准予"应该比其他一切案件优先处理"。① 申请临时措施的争端一方一直试图说服裁判者相信其申请的临时措施系出于迫切需要。这一点在莫克斯工厂（MOX Plant）案中得到实证和强化。② 该案明确了"急迫性"因素在依据《公约》准予临时措施上的重要意义。当然，在《公约》第 290 条框架之下"紧迫性"因素的立法属于粗线条的，而没有足够的细化。

其二为"金钱弥补"因素。从国际法实践看，跨界环境损害以"金钱弥补"方式来获得救济的情境并不常见。而在 Plama Consortium Ltd v. Bulgaria 案中，仲裁庭接受了保加利亚的主张，即能够通过金钱赔偿的方式获得补偿的损害就不是"无法弥补的损害"。③ 该案属于国际投资争端，但是其在如何识别"无法弥补损害"上所确立的标准，可以为识别跨界海洋环境损害所借鉴和引申。以"金钱弥补"方式作为衡量是否成立跨界海洋环境"无法弥补损害"的国际法实践不多，但是不能否认和漠视"金钱弥补"因素作为衡量"无法弥补损害"是否证立的重要地位。在裁判者遇到"金钱弥补"因素情境时，基本上秉承"能够全面通过金钱弥补的损害不能构成'无法弥补损害'"的司法理念。④ Aegean Sea 案则属于比较典型的跨界海洋环境"无法弥补损害"争端。在该案中，希腊申请国际法院准

① 《联合国国际法院规约》第 41 条规定："一、法院如认为情形有必要时，有权指示当事国应该遵守以保全彼此权利之临时办法。二、在终局判决前，应该将此项指示办法立即通知各当事国及安全理事会。"

② In the Dispute Concerning the MOX Plant, International Movements of Radioactive Materials, and the Protection of The Marine Environment of the Irish Sea (Ireland v. United Kingdom), ITLOS, Request for Provisional Measures and Statement of Case of Ireland, November 9, 2001, pp. 9, 46, 54. https：//www. itlos. org/fileadmin/itlos/documents/cases/case_no_10/published/C10_Request_Ireland_20011109. pdf.

③ In the Proceedings betweenPlama Consortium Limited and Republic of Bulgaria, ICSID, Case No. ARB/03/24, pp. 279 - 287, https：//www. italaw. com/sites/default/files/case-documents/ita0671. pdf.

④ Brian Patrick Murphy, "CERCLA's Timing of Review Provision：A Statutory Solution to the Problem of Irreparable Harm to Health and the Environment," *Fordham Environmental Law Journal* 11 (2), (2000)：610.

予临时措施以阻止土耳其在有争议的大陆架内进行抗震实验。然而，国际法院并没有接受希腊请求临时措施，其重要依据在于"所谓土耳其可能给希腊造成的损害是一种通过合适方式可能得到补偿的损害"。国际法院进一步认为，对于希腊权利的保护并不存在庭前有关权利造成"无法弥补损害"的风险。①

其三为"真正风险"因素。在跨界海洋环境"无法弥补损害"认定实践中，通常强调争端方的行为大概率或者极有可能造成跨界海洋环境损害，且此种损害的风险是真实的，而不是臆测的。在填海造地（Land Reclamation Case）案中，国际海洋法法庭没有支持马来西亚申请临时措施的请求，但是，指令新加坡不要以"可能"对马来西亚的权利造成"无法弥补损害"或对海洋环境造成严重破坏的方式进行填海拓地的活动。国际海洋法法庭的态度实质上是凸显了"真正风险"因素在认定跨界海洋环境"无法弥补损害"中的地位。而在 M/V Saiga（No2）案中，则强烈地表达了临时措施对于阻止进一步"无法弥补损害"必不可少的作用。② 总体而言，国际裁判机构在认定跨界海洋环境是否存在"无法弥补损害"时，通常会重点考量上述三个重要因素或标准。然而，国际法院的判例表明，法院并不要求"无法弥补损害"的绝对存在，但是要求存在发生这种损害的可能性。

（二）跨界海洋环境"无法弥补损害"证立的证据困境

跨界海洋环境"无法弥补损害"证立的证据困境，首先是并没有形成适用于跨界海洋环境损害权威、稳定的证据规则，而只是凭借或者参照国际裁判机构准予临时措施的证据标准。判例表明争端方申请临时措施提交证据的标准呈现日益严格的趋向，具有从"无需初步证据"发展到申请国提交

---

① Observations of the Government of Turkey on the Request by Government of Greece for Provisional Measures of Protection（Greece v. Turkey），ICJ，para. 8–14，https：//www. icj-cij. org/public/files/case-related/62/9483. pdf.

② https：//www. itlos. org/fileadmin/itlos/documents/cases/case_no_2/provisional_measures/reply_with-out_annexes_svg_130298_eng. pdf.

"起码证据"的动向。其中,比较典型的跨界环境损害案为纸浆厂案。[①] 该案中由于阿根廷无法提供纸浆厂造成"无法弥补损害"的"具体和起码证据",国际法院没有准予临时措施。当然,仅仅凭借考证临时措施准予的证据问题来探究跨界海洋环境"无法弥补损害"证立的标准,显得有失偏颇。

跨界海洋环境"无法弥补损害"的证立的证据困境,其次是证据规则的碎片化和不确定性。国际裁判机构在证明标准上存在不确定性。这被学者称为"国际法的南极洲"。[②] 同时,跨界海洋损害国际法体系的碎片化和国际裁判机构的扩散化进一步加剧了跨界海洋环境损害证据上的困境。这引发跨界海洋环境"无法弥补损害"证据规则的困惑和混乱。就国际裁判机构而言,其扩散化伴随着国际法碎片化可能加重对跨界海洋环境损害证据规则统一性和完整性的威胁。[③] 哈夫纳教授认为,这种局面的重要原因在于国际法承认规范的"三个不同的法律结构",即分别为国际法是双务性质的互惠规范、国家对于个人负有的国际法义务以及对参加特定法律体系的国家共同体负有的义务。[④] 不仅如此,在国际法语境之下,实体问题和程序问题的界分比较复杂。[⑤] 正如证明责任一样,普通法系和大陆法系各自适用的证明标准理论不同。在普通法系下民事诉讼中的证明标准被称为"盖然性权衡",而在大陆法系下民事诉讼的证明标准是"法官的内心确信"。但是,在国际诉讼并不存在明确的证明标准,国际裁判机构未对必要的证明标准进行规

① Case Concerning Pulp Mills on the River Uruguay (Argentina v. Uruguay), Observation of Uruguay, ICJ, June 8–9, 2006, para. 102, https://www.icj-cij.org/public/files/case-related/135/13405.pdf.

② John Merrills, "The Contribution of the PAC to International Law and the Settlement of Disputes by Peaceful Means," in P. Hamilton et al. (eds.), The Permanent Court of Arbitration: International Arbitrational and Dispute Resolution, Springer Netherlands, 1999, pp. 17–18.

③ Sir Arthur Watts, "New Practice Directions of the International Court of Justice," *Law and Practice of International Courts and Tribunals* 1 (2), (2002): 247.

④ Robin Churchill and Joanne Scott, "The Mox Plant Litigation: The First Half-life," *International & Comparative Law Quarterly* 53 (4), (2004): 643–676.

⑤ Pemmaraju Sreenivasa Rao, "Multiple International Judicial Forums:: A Reflection of Growing Strength of International Law or its Fragmentation?" *Michigan Journal of International Law* 25 (4), (2004): 929–961.

定，而是体现出一定程度的灵活性。①

跨界海洋环境"无法弥补损害"证立的证据困境，还在于其过多依赖于一般国际诉讼的多元化的证明标准。一般国际诉讼的证明标准的多元化为识别"无法弥补损害"带来困境。一般国际诉讼的多元性主要体现在证明标准的不统一和不稳定，主要存在"初步证据""令人信服的证明"以及"优势证据"等不同证明标准。在不同的跨界海洋环境"无法弥补损害"损害判例中，不同的裁判者所采用的证明标准存在很大的主观性，这是跨界海洋环境"无法弥补损害"证成的难点所在。证明标准的多元性导致识别和认定跨界海洋环境"无法弥补损害"是否证立的不稳定。就"初步证据"标准而言，此标准为证明的最低标准。在科孚海峡（Corfu Channel）案中，国际法院确立了受害国应该被给予依靠推定事实和间接证据的自由倾向，间接证据应该得到认可。② 虽然国际法院在其附带意见中并未明确提及"初步证据"标准，但是其承认，在申请临时措施的情况下，国际法院只要求申请方能够证明国际法院具有解决争议实质问题管辖权的初步证据即可。③ 就"令人信服的证明"标准而言，同样该证明标准并非专门适用于跨界海洋环境"无法弥补损害"，而在其他领域诸如人权保护领域该标准得到广泛适用并得以逐渐拓展。此后，此标准为国际裁判机构所普遍适用。国际海洋法法庭在 M/V Saiga（No2）案中沃尔夫鲁姆（Wolfrum）的独立意见阐释了"令人信服的证明"的适用，即国际海洋法法庭必须查明法庭对该争端有管辖权，同时在事实上和法律上确有根据。④ 就"优势证据"而言，此标准通常

---

① Gerhard Hafner, "Pros and Cons Ensuing from Fragmentation of International Law," *Michigan Journal of International Law* 25 (4), (2004): 849–863.

② ChittharanjanAmeriasinghe, "Presumptions and Inferences in Evidence in International Litigation," *The Law and Practice of International Courts and Tribunals* 3 (3), (2004): 405.

③ Fisheries Jurisdiction Cases (United Kingdom of Great Britain and Northern Ireland v. Iceland), ICJ, Request for the Indication of Interim Measures Submitted by the Government of Great Britain and Northern Ireland, para. 18–21, https://www.icj-cij.org/public/files/case-related/55/10701.pdf.

④ The M/V Saiga (NO. 2) Case (Saint Vincent and The Grenadines v Guinea), ITLOS, List of Cases: No. 2, Judgment of 1 July 1999, Separate Opinion of Vice-president Wolfrum, para. 1, 3, 4. https://www.itlos.org/fileadmin/itlos/documents/cases/case_no_2/published/C2-J-1_Jul_99-SO_W.pdf.

针对一般国际诉讼中由于争端一方占据有利证据且不能强制其提供的情境。①"优势证据"标准主要考察当事方提供的证据是否足够"充分"以满足证明责任的要求。石油平台（Oil Platforms）案中国际法院似乎在考察美国是否已证明其军舰遭到伊朗袭击问题上适用了"优势证据"标准。国际法院认为，如果最终现有证据都不足以证明导弹为伊朗所发射，那么美国所承担的必要证明责任就不能被解除。② 跨界海洋环境"无法弥补损害"证立的实践中，国际裁判者的立场和采用一般国际诉讼证据规则的差异性，将导致"无法弥补损害"证立的难易。

由此观之，就跨界海洋环境损害的证明标准而言，国际法实践并没有形成普遍的共识。在不同的跨界海洋环境"无法弥补损害"争端中，如何认定是否存在"无法弥补损害"的问题，国际裁判机构倾向于依据个案的事实和背景而适用不同的标准。③ 对于日本政府准许日本东电公司向海洋排放核污染水的决定，如果将其置于跨界海洋环境损害争端视域下展开考量，便存在一个采用何种证据标准的问题，不同的证据标准的采用，直接关系到日本政府的决定是否违反国际法义务。裁判者对于跨界海洋环境"无法弥补损害"的认知程度，制约着裁判者所适用的证据证明标准。

（三）"无法弥补损害"证立的制度价值：准予临时措施

日本福岛核污染事故发生后日本政府与国际原子能机构展开了一定程度的合作。然而，这种合作并不必然完全消除核污染水对海洋环境造成"无法弥补损害"的风险。④ 因为日本与国际原子能机构的合作只是停留在调查

① Cases Concerning the Land, Island and Maritime Frontier Dispute (EL Salvador/ Honduras), I. C. J Report, Judgement of 13 September 1990, para. 60, 63, https：//www. icj-cij. org/public/files/case-related/75/075-19900913-JUD-01-00-EN. pdf.

② Case Concerning Oil Platforms (Islamic Republic of Iran v United States of America), I. C. J Report, Judgment of 12 December 1996, para. 26 - 29, https：//www. icj-cij. org/public/files/case-related/90/090-19961212-JUD-01-00-EN. pdf.

③ Alan Boyle, "Dispute Settlement and the Law of the Sea Convention：Problems of Fragmentation and Jurisdiction," *International and Comparative Law Quarterly* 46（1）,（1997）：51.

④ 黄文炜、程凯：《IAEA 人员抵日调查福岛核污染水》，《环球时报》2022 年 2 月 15 日。

程序上的合法性，而核污染水造成海洋环境"无法弥补损害"的风险具有不确定性。而在国际司法实践中，针对跨界海洋环境"无法弥补损害"的国际诉讼，国际裁判机构可以准予争端一方采取临时措施，以防止、减少和控制海洋环境"无法弥补损害"。从该意义上，跨界海洋环境"无法弥补损害"的证立具有重要的制度意义。

就日本政府核污染水排海决定，无论其采取什么方式排海，如果引发国际争端诉讼的话，国际争端诉讼的焦点问题之一必定是东电公司核污染水是否对海洋环境造成"无法弥补损害"。然而，核污染水是否对海洋环境造成"无法弥补损害"的证立问题，不仅是一个证据上的问题，还是"存在科学上不确定性"问题。国际法院准予临时措施的根本目的在于，就实质问题作出判决之前，保护争端各方各自的权利，并保证国际法院的判决具有实际效力。就这点而言，国际法院准予临时措施的权力以保全争端各方各自的权利为目标，并假定不对司法过程中争议的权利造成"无法弥补损害"。① 就跨界海洋环境"无法弥补损害"争端而言，临时措施具有两项基本功能。其一，保护争端方的合法权利。在跨界海洋环境"无法弥补损害"难以确定之前，国际裁判机构无法快速作出裁决的情境之下，国际裁判机构准予临时措施以保护争端方的合法权利。其二，维持跨界海洋环境争端的现状（status quo）。② 在跨界海洋环境"无法弥补损害"争端中，国际裁判机构准予临时措施以"固定"争端方的行为，以实现维持现状的目的。如果日本政府核污染水排放海洋决定引发国际争端，那么，在国际裁判机构准予临时措施情境之下，日本政府应该立刻撤销决定。由于国际裁判机构并没有经常提及临时措施"维持现状"这一目的，导致国际社会缺乏对临时措施"维持现状"的制度价值深刻的认知。

---

① P. Chandrasekhara Rao and Philippe Gautier（eds.），"The International Tribunal for the Law of the Sea：Law and Practice," *Kluwer Law International*，2001，p. 175.

② Moritaka Hayashi，"The Southern Bluefin Tuna Cases：Prescription of Provisional Measures by the International Tribunal for the Law of the Sea," *Tulane Environmental Law Journal* 13（2），（2000）：361-385.

由于准予临时措施与跨境海洋环境"无法弥补损害"争端密切相关，甚至后者构成准予或启动临时措施的重要情形或条件。故此，跨境海洋环境"无法弥补损害"的制度价值在于能否启动临时措施。为此，1982 年《公约》第 290 条将之予以固化。这不仅是为了保全争端方各自的权利，也是为了防止对跨界海洋环境造成"无法弥补损害"。

四 "无法弥补损害"与风险预防原则

跨界海洋环境"无法弥补损害"证立标准的多元化减损了"无法弥补损害"的国际司法的权威性。为此，国际裁判机构不断反思和检视诸如跨界海洋环境"无法弥补损害"的识别和证立问题。国际裁判机构在跨界海洋环境"无法弥补损害"争端是否准予临时措施一度持谨慎态度。这是因为，跨界海洋"无法弥补损害"的证明标准变动不居。然而，跨界海洋环境"无法弥补损害"的持久性、隐蔽性以及"重大"危害性，自然引起各国和国际社会的高度关注。为了缓解跨界海洋环境"无法弥补损害"大概率的发生与国际裁判机构谨慎准予临时措施以防范"无法弥补损害"发生之间的冲突与张力，国际立法与司法实践逐渐提出并重视跨界海洋环境治理下的风险预防原则。

20 世纪 80 年代中期，国际社会在应对环境损害方面，由于缺乏科学证据，因此在如何救济环境问题上逐渐提出了作为"黄金原则"的风险预防原则。1992 年《里约环境与发展宣言》强调为了保护环境，各国应该根据其能力广泛采用风险预防措施。在存在"无法弥补损害"的威胁时，缺乏科学确定性不应被用来作为延缓采取有效措施防止环境恶化的理由。[①] 可见，《里约环境与发展宣言》基本上对风险预防原则提供了一个比较精准的描述。风险预防原则在跨界海洋环境治理体系中被广泛提及和重视。在南方

---

① Jon M. Van Dyke, "Applying the Precautionary Principle to Ocean Shipments of Radioactive Materials," *Ocean Development & International Law* 27（4），（1996）：380-382.

蓝鳍金枪鱼案临时措施中，风险预防原则在国际海洋法法庭得到第一次援引和阐释。尽管国际裁判机构没有明确使用"风险预防原则"的措辞，但是实际上赋予风险预防原则在防范跨界海洋环境"无法弥补损害"上的重要引领地位。联合国国际法委员会第 53 届会议通过的《关于预防危险活动的跨界环境损害的条款草案》，更是凸显了风险预防原则在防止环境损害上的重要作用。[1]

风险预防原则下对于可能损害海洋环境的物质或行为，比如，日本政府核污染水排海决定，即使缺乏其必然对海洋环境造成"无法弥补损害"的结论性证据，也应该采取各种预防性手段和措施，以防止"无法弥补损害"的可能发生。风险预防原则要求各国必须履行向邻国通报跨界海洋环境污染情况的国际法义务，并同邻国共同商讨以控制损害结果或防控损害结果的发生。[2] 1999 年南方蓝鳍金枪鱼案临时措施中，澳大利亚和新西兰认为可获得的科学证据足以表明实验性捕捞计划的实施会危及南方蓝鳍金枪鱼种群。但是，日本认为可获得的科学证据显示其实施的实验性捕捞计划并不会对南方蓝鳍金枪鱼种群造成威胁，不应准予临时措施。[3] 然而，国际海洋法法庭准予了临时措施。1999 年南方蓝鳍金枪鱼案准予临时措施具有很大挑战性，即司法程序如何应对科学上不确定的难题。令人欣慰的是，国际海洋法法庭创造性提出了风险预防主义的理念和方法，即在不能评估争端各方所提交的科学证据情况下，应该推断出采纳预防性方法来证明"无法弥补损害"存在的合理性。[4] 而在莫克斯工厂案临时措施中，法庭认定当事方就莫克斯工厂的运作对爱尔兰海的海洋环境造成何种损害所提交的科学证据完全相左，

① James E. Hickey Jr, Vern R. Walker, "Refinding the Precautionary Principle in International Environmental Law," *Virginia Environmental Law Journal* 14 (3), (1995): 424–425.

② 林灿铃：《国际环境法》，人民出版社，2011，第 174 页。

③ In the Dispute Concerning Southern Bluefin Tuna (New Zealand v. Japan), ITLOS, Request for Provisional Measures, para. 19, https://www.itlos.org/fileadmin/itlos/documents/cases/case_no_3_4/request_new_zealand_eng.pdf.

④ Cesare Romano, "The Southern Bluefin Tuna Dispute: Hints of a World to Come…Like It or Not," *Ocean Development &International Law* 32 (4), (2001): 313–348.

无法对爱尔兰海的环境损害证据加以评估。法庭的此项决定遵循临时措施申请要遵循"谨慎先行"的原则。① 该案为预防性原则在国际海洋法环境争端中提供了国家实践。国际法院基于对"谨慎先行"的遵循,爱尔兰和英国应该在交换信息方面进行合作。同样,在路易莎号案中,国际法院也强化了在应对跨界海洋环境危险时,当事方采取"谨慎和小心"的重要性。围海造地案中国际裁判机构也强调了"谨慎和小心"的核心地位,同时强调争端双方进行合作的重要性。②

国际社会早已意识到跨界环境污染损害通常难以弥补,或者弥补成本太高。基于风险预防原则在应对跨界海洋环境"无法弥补损害"中的核心和关键引领的考量,跨界环境的国际治理理念由应对环境损害补救转变为环境风险预防。在跨界海洋环境"无法弥补损害"的国际法治体系中,虽然国家责任具有复杂性与对抗性的缺陷,但是成熟的国家责任将有利于加强跨界海洋环境的保护。③ 国家责任能更好地促进国家认真履行保护跨界海洋环境的义务。④ 故此,构建践行风险预防原则的国家责任体系尤为关键。

尽管风险预防原则为诸多国际环境立法高度重视,但是其权威的概念及其在国际法中的地位至今具有模糊性。有学者认为已经有足够的国家实践证明风险预防原则已经构成一项习惯国际法。⑤ 也有学者认为,风险预防原则太过模糊以至于不能将其作为一项法律标准予以采纳。由于一些原因,即使

---

① Ole Spiermann, "Who Attempts too Much Does Nothing Well': the 1920 Advisory Committee of Jurists and the Statute of the Permanent Court of International Justice," *British Yearbook of International Law* 73 (1), (2002): 212-218.

② Ellen Hey, "The Precautionary Concept in Environmental Policy and Law: Institutionalizing Caution," *Georgetown International Environmental Law Review* 4 (2), (1992): 303.

③ 胡绪雨:《跨境污染损害责任的私法化》,《政法论坛》2013年第6期。

④ James Harrison, *Saving the Oceans through Law: The International Legal Framework for the Protection of the Marine Environment*, Oxford University Press, 2017, pp. 105-108.

⑤ Laura Pineschi, "The Transit of Ships Carrying Hazardous Wastes Through Foreign Coastal Zones," in Francesco Francioni, Tullio Scovazzi (eds.), *International Responsibility for Environmental Harm*, Springer Netherlands, 1991, pp. 299-314.

风险预防原则被接受为习惯国际法，但是当事方无法依赖这项方法。[①] 而国际法院在莫克斯工厂案中拒绝爱尔兰请求临时措施的最佳解释在于，无论是否有足够的证据证明爱尔兰声称的莫克斯工厂会对爱尔兰海洋环境造成严重损害，这一事实应该是仲裁庭的决定事项。因此，临时措施不应该对争端作出预期判断和识别，而援引风险预防原则应该遵循这一点。[②] 就日本政府核污染水排海决定而言，迫于国际社会和日本国内部分民众的压力，日本政府决定改变核污染水排海的方式，即通过修建海底隧道来实现核污染水排海。日本通过修建海底隧道将核污染水引流排出的方式属于核污染水陆源排海，此举被有的学者认为是日本有意规避《伦敦公约》的适用。[③] 联合国有毒物品和人权问题特别报告员马科斯·奥雷利亚纳认为，对日本政府以海洋排放处置福岛核电站事故污染决定"深感失望"，应该敦促日本政府履行其国际法义务。[④]

可见，风险预防原则的重要制度价值得到国际法实践的共识和认可。1982年《公约》第十二部分遵循风险预防原则的立法理念。然而，《公约》第十二部分与第十五部分"争端的解决"框架下临时措施存在割裂的状态，缔约国在履约上更是不尽如人意。风险预防原则在防范跨界海洋环境"无法弥补损害"上的疲软无力，需要高度关注。所以，在防范跨界海洋环境"无法弥补损害"方面，构建包括风险预防原则在内的具有强制力的国际法治体系，值得进一步探索。

[①] Lothar Gundling, "The Status in International Law of the Principle of Precautionary Action," *International Journal of Estuarine and Coastal Law* 5 (1), (1990): 23–30.

[②] In the Dispute Concerning the MOX Plant, International Movements of Radioactive Materials, and the Protection of The Marine Environment of the Irish Sea (Ireland v. United Kingdom), ITLOS, Request for Provisional Measures and Statement of Case of Ireland, November 9, 2001, para. 55. https://www.itlos.org/fileadmin/itlos/documents/cases/case_no_10/published/C10_Request_Ireland_20011109.pdf.

[③] 日本是《伦敦公约》及其1996年《议定书》的缔约国，日本欲排放的核污染水属于禁止倾倒的废物或物质。然而，《伦敦公约》第3条第1款规定，"倾倒"是指"从船舶、航空器、平台或其他海上人工构筑物"上处置废物或其他物质。

[④] 参见张朋辉《我们敦促日本政府履行其国际义务》，《人民日报》2021年4月20日。

五　风险预防原则应对跨界海洋环境
"无法弥补损害"的可执行性

　　跨界海洋环境"无法弥补损害"的国际法治体制越来越重视向风险预防原则靠拢。正如前文所阐释的那样，风险预防原则的模糊性诱发缔约国履行跨界海洋环境义务具有难以执行性的诟病。风险预防原则的可执行性应该取决于更具体的程序规范，如进行环境影响评估的义务，以及强化当事方之间的咨询、通知以及合作等国际法义务。① 实践表明，风险预防原则渊源于防止跨界海洋环境损害的国家义务实践之中，其最大的制度价值的激发和释放，依赖于其应对跨界海洋环境"无法弥补损害"的可执行性。② 故此，探索风险预防原则应对跨界海洋环境"无法弥补损害"可执行性的路径，是理解跨界海洋环境"无法弥补损害"证立的更深层次的思考。

　　强化风险预防原则可执行性的路径之一，是注重《公约》的体系解释。③ 有学者曾经批评国际法不是作为一个协调的法律体系而存在，而是作为由一套不连贯的自治体制组成的"无秩序"领域。④ 国际法乃至国际环境法的碎片化，加剧了风险预防原则在应对跨界海洋环境"无法弥补损害"上的模糊性。《公约》第十二部分聚焦"海洋环境的保护和保全"的一般规定、全球性和区域性合作、技术援助、监测和环境评价、国际规则和国内立法、执行、保障办法、冰封区域、责任以及主权豁免等予以详细立法。《公

① Case Concerning Pulp Mills on the River Uruguay (Argentina v. Uruguay), Observation of Uruguay, ICJ, June 8-9, 2006, para. 204-205, https://www.icj-cij.org/public/files/case-related/135/13405.pdf.

② Owen McIntryre, "The Role of Customary Rules and Principles of International Environmental Law in the Protection of Shared International Freshwater Resources," *Natural Resources Journal* 46 (1), (2006): 170.

③ Andrea Bianchi, "The Game of Interpretation in International Law: The Players, the Cards, and Why the Game is Worth the Candle," in Andrea Bianchi, Daniel Peat, Matthew Windsor (eds.), *Interpretation in International Law*, Oxford University Press, 2015, p. 55.

④ Michel van de Kerchove, François Ost, *Legal System between Order and Disorder*, translated by Iain Stewart, Oxford University Press, 1994, p. 68.

约》在海洋环境保护与保全上展示了治理海洋环境的决心和能力。然而，《公约》框架下的"执行"和"责任"的规定是否赋予缔约国强制履约的国际法义务，却没有明确。不仅如此，《公约》第 194 条构成缔约国保护和保全海洋环境应该承担防止、减少和控制海洋环境污染的措施的依据和基础。《公约》语境之下的"防止""减少"和"控制"在应对复杂的跨界海洋环境"无法弥补损害"具有解释上的空间，容易引发《公约》解释和适用的争论。跨界海洋环境"无法弥补损害"的形态异常复杂，诸如日本在其与国际原子能机构积极展开合作的姿态和"表演"中，日本政府的核污染水排海决定是否构成违反《公约》框架下的"防止""减少"和"控制"海洋环境污染的措施？从某种表象上看，日本政府认真地在履行国际原子能机构的有关程序和规定。然而，福岛核电站事故引发的环境灾难和一旦核污染水排海，因其"科学上的不确定性"而诱发跨界海洋环境"无法弥补损害"的风险是高概率的。故此，日本政府应该根据国际法和国内法严格管控核污染水危机，而不是为了本国私利而漠视跨界海洋环境的国际公益，抱着侥幸心理和不负责任的态度，轻易作出核污染水排海的决定。国际法将以一种更具代表性的国家责任范式取代私人责任。[1] 日本政府在跨界海洋环境"无法弥补损害"上应该承担更加具有担当的国家责任，而不是减轻甚至逃避国家责任的承担。

与此同时，《公约》第十五部分"争端的解决"第 290 条第 1 款赋予争端方采取临时措施以防止对海洋环境的严重损害的权利。令人遗憾的是，《公约》并没有赋予争端方明确的启动临时措施的条件或标准，而留给国际裁判机构予以解释的空间和余地。某种意义上，这造成了 1982 年《公约》第十二部分和第十五部分之间的一种"割裂"，而没有形成逻辑严密的国际法体系的解释。[2] 事实上，国际法体系的概念仍旧存在心灵上的运作。国际

---

[1] James Crawford，Jeremy Watkins，"International Responsibilities，"in John Tasioulas，Samantha Besson（eds.），*The Philosophy of International Law*，Oxford University Press，2010，p. 286.

[2] David Kennedy，*A World of Struggle*：*How Power*，*Law*，*and Expertise Shape Global Political Economy*，Princeton University Press，2016，p. 72.

法体系不是"现成的",它是由国家实践的系统性描述框架创建的。① 正是因为国际法体系本身总是被建构的,所以产生了这样一个问题:国际法体系的理念与国际法实践中起作用的信仰体系紧密交织在一起,因为信仰体系有助于培养国际实践的系统性意识。② 在面临跨界海洋环境"无法弥补损害"时,正是国际社会意识到跨界海洋环境灾难的"无法弥补"迫切需要国际社会秉承风险预防主义和审慎义务这一信仰,故此,《公约》第十二部分所彰显的风险预防原则的可执行性需要凸显和强化,以增强其可执行性。

强化风险预防原则以应对跨界海洋环境"无法弥补损害"的可执行性的另一路径,是尝试探索跨界海洋环境"无法弥补损害"情形下准予临时措施的具体化。所谓临时措施的具体化,简而言之,就是通过完善国际裁判机构准予临时措施的类型和识别以强化和凸显风险预防原则,以减损风险预防原则适用的模糊性和增强其可执行性。某种意义上,跨界海洋环境损害的国际法治进程中,国际社会日益意识到风险预防原则在防范跨界海洋环境灾难中的制度价值和关键作用。跨界海洋环境灾难的事前救济的程序性规范依赖于完善临时措施的准予,同时这也是完善风险预防原则的重要手段。③ 正如前文所阐释,跨界海洋环境争端可以基本上界分为单纯的跨界海洋环境争端与跨界海洋环境争端融入海洋权利诉因的争端。就前者而言,如果争端一方向国际裁判机构申请临时措施,那么,基于跨界海洋环境"无法弥补损害"的重大危害性和环境灾难不可逆性的考量,国际裁判机构应该不苛求申请临时措施证据的证明高标准,只要达到"初步证据"的证明标准,即迅速准予临时措施,以阻断另一当事方可能造成跨界海洋环境"无法弥补损害"。而对于后者而言,由于此种情境的最显著特征是海洋主权或划界争端被"包装"成为海洋环境"混合争端",而真正争端并非单纯跨界海洋环

---

① Charles de Visscher, *Théories et Réalitésen Droit International Public*, A. Pedone, 1970, 171.

② Jean d'Aspremont, *International Law as a Belief System*, Cambridge University Press, 2018, p. 28.

③ Alan E. Boyle, David Freestone (eds.), *International Law and Sustainable Development*, Oxford University Press, 1999, p. 140.

境损害争端。在此情境下，如果争端一方向国际裁判机构申请临时措施，那么，国际裁判机构对于是否准予临时措施，应该持谨慎态度，或者要求申请临时措施的当事方提供符合要求的"优势证据"，否则，国际裁判机构不应该轻率地准予临时措施。

晚近以来，国际海洋法法庭在南方蓝鳍金枪鱼案中的指令很好地诠释了通过完善准予临时措施来增强风险预防原则的可执行性。虽然裁判者认为澳大利亚和新西兰申请的临时措施存在"科学上的不确定"，但是，裁判者支持了澳大利亚和新西兰两国援引风险预防原则所申请的临时措施。[1] 该案的裁判的最大亮点在于凸显风险预防原则的可执行性色彩。就引发国际社会严重关切的日本核污染水排海决定而言，很显然，日本政府违反《公约》赋予缔约国防止、减少和控制海洋环境污染的国际法义务。如果周边国家或有关国家向国际裁判机构启动争端解决机制以申请临时措施，那么，国际裁判机构应该迅速准予临时措施，以实现消除跨界海洋环境"无法弥补损害"的隐患，维持跨界海洋环境争端的"现状"，以寻求更加公平公正的解决跨界海洋环境争端。

六　结语

跨界海洋环境"无法弥补损害"的证立及其国际法救济体制构成海洋全球治理的重要课题之一。跨界海洋环境灾难的国际法救济与预防能力并未因人类利用海洋水平的提升而获得明显的法治发展。"无法弥补损害"的证立不仅是环境损害证据问题，而且是完善和健全跨界海洋环境争端之下准予临时措施的问题。国际法是逐渐编纂和发展的。[2] 国际裁判机构日益重视风

---

[1] In the Dispute Concerning Southern Bluefin Tuna（New Zealand v. Japan），ITLOS，Request for Provisional Measures，para. 13 – 15，https：//www. itlos. org/fileadmin/itlos/documents/cases/case_no_3_4/request_new_zealand_eng. pdf.

[2] Hersch Lauterpacht，"Codification and Development of International Law，" *American Journal of International Law* 49（1），（1955）：16-43.

险预防原则在应对跨界海洋环境"无法弥补损害"中的关键和引领地位。为了减损风险预防原则在国际法实践中的模糊性而强化其可执行性，在《公约》框架下探索《公约》体系解释的路径的同时，也要注重探索《公约》框架下准予临时措施具体化的路径。

海洋不是人类带着侥幸心理，以"包装"成为符合国际法名义和程序而恣意排放放射性污染物的垃圾处理场。国际社会应该牢牢铭记跨界海洋环境"无法弥补损害"带给人类的教训和反思。从跨界海洋环境损害的国际法治角度看，国际社会和日本周边海洋环境利益攸关方应该敦促日本撤销东电公司核污染水排海的错误决定，无论其排海方式如何。在必要时，国际社会和日本周边海洋环境利益攸关方应该向国际海洋法法庭申请临时措施以阻断"排海行为"的实施，而后者应该迅速准予临时措施，以防止海洋环境遭受"无法弥补损害"。

日本排放核污染水行为所涉及的
国际责任及中国应对*

吴　蔚**

摘　要： 2011 年，日本东北部海域发生地震，由此引发的特大海啸让东京电力公司所属的福岛核电站的反应堆和发电机组受损严重，进而造成了严重的核废料泄漏事故。日本为应对核电站事故采取的措施产生了大量核污染水。2021 年 4 月，日本决定将福岛核电站产生的核污染水排入海洋，并随后进一步确定排海日期为 2023 年春夏季。日本核污染水排放将对东北亚海洋生态和渔业产生负面影响。日本排放核污染水入海的行为违反了其国内法规定，也违反了其在诸多国际条约下承担的国际法义务。并且，国际原子能机构对日本核污染水处理情况的报告不能排除日本核污染水排海行为的违法性。对于日本排放核污染水的行为，建议中国从国际舆论、外交途径、法律途径和国际合作这四个方面采取有针对性的措施予以应对。

关键词： 日本核污染水排放　海洋环境污染　渔业资源损害　国际法律责任

---

* 本文系 2020 年度教育部青年基金项目"应用浮式平台保障南海维权执法的国际法问题研究（20YJC820049）、2023 年度武汉大学中央高校基本科研业务费资助项目的阶段性成果。本文原载《中国海商法研究》2023 年第 3 期。

** 吴蔚，武汉大学中国边界与海洋研究院副教授。

一 日本核污染水排放现状及其对东北亚的影响

（一）日本核污染水排放的背景及现状

2011 年日本东北部海域发生了强烈地震并引发特大海啸。这一系列自然灾害让东京电力公司所属的福岛核电站的反应堆和发电机组受损严重，进而造成了严重的核废料泄漏事故。① 通常情况下，核废料可分为固体、液体和气体三种，带来的影响主要有放射性危害、热能释放危害和射线危害。任何一种危害都能对生物多样性和生态环境造成不可逆的损害。为应对此次事故，东京电力公司向已经损坏的核堆芯注入了海水和淡水用于冷却。由此，这些冷却水沾染了氚、铯-134、铯-137、碘-129、锶-90、钴-60 等放射性核元素，成为核污染水。②

处理日本福岛核电站泄漏所产生的核污染水是个重大难题。国际上通行的办法是把液体核废料固化，然后再深埋地下。③ 然而，与以往情形不同的是，福岛第一核电站内的核污染水储存罐即将装满。2021 年初，核污染水蓄积量已经超过了 120 万吨，而储存罐的最大储量仅为 137 万吨。④ 日本政府在明知国内民众和国外利益相关方反对的情况下，召开了内阁会议，并决定将因福岛核电站而产生的核污染水排入海洋。⑤ 预计的排放准备时间为两年，而整个排放过程将持续 30 年。2021 年 4 月 13 日，中国外交部发言人就此发表谈话，认为日本排放核污染水的行为是极其不负责任的，而且将严重

---

① 张诗霁：《福岛核污水排放方案的国际法义务检视》，《南大法学》2022 年第 4 期。
② 《日本福岛百万吨核污水将排入太平洋？国际组织警告：或损害人类 DNA》，央视网，http：//m. news. cctv. com/2020/10/25/ARTI4dV6Pj2lwJ7KTiV0iLx6201025. shtml。
③ 冯永锋：《核废料：向安全处理迈进》，光明网，https：//epaper. gmw. cn/gmrb/html/2012-08/06/nw. D110000gmrb_20120806_1-15. htm？div=-1。
④ 《日本福岛百万吨核污水将排入太平洋？国际组织警告：或损害人类 DNA》，央视网，http：//m. news. cctv. com/2020/10/25/ARTI4dV6Pj2lwJ7KTiV0iLx6201025. shtml。
⑤ 《坚持核污染水排海 日本政府执迷不悟》，中国网，https：//m. china. com. cn/appdoc/doc_1_3_2211633. html。

损害国际公共健康安全和周边国家人民切身利益。[①] 韩国政府也表示遗憾，并声称会为了国民安全采取一切必要措施。[②] 当前，关注日本核污染水排海的国家和国际组织越来越多，其中以韩国、中国、俄罗斯和太平洋各岛国为代表。国际原子能机构技术工作组已经指出，日本排海方案同机构安全标准有诸多不符之处。[③] 然而，日本对各方反对置若罔闻，继续加速推进核污染水排海。该行径对各方关切熟视无睹，对相关国际机构权威也没有给予尊重。[④] 2023 年 6 月 5 日，也就是国际环境日当天，日本政府宣布开展往排海管道灌注第一批拟排海经处理的核污染水，共约 6000 吨。同一天，东京电力公司官宣，在福岛第一核电站港湾内捕捉的鱼中发现放射性元素铯检测值达到每千克 18000Bq，超过日本食品卫生法定标准的 180 倍。[⑤] 日本排放不符合标准的核污染水的行为将对国际环境和国际关系带来严重破坏。

（二）日本核污染水排放对东北亚海洋生态和渔业的影响

日本核污染水排放的决定引起各方关注的重要原因在于其不可估量的后续影响。排入海洋的核污染水威胁着海洋生态环境、海洋食品产业及人类健康，短期而言，核污染水主要影响日本本国国民和邻国渔民渔业和捕捞业的发展；而从长远来看，东北亚区域、太平洋区域及国际社会的海洋生态安全

① 《外交部发言人就日本政府决定以海洋排放方式处置福岛核电站事故核废水发表谈话》，中国政府网，http：//www. gov. cn/xinwen/2021-04/13/content_5599262. htm。
② 《快讯！日本政府决定将核污水排入大海，韩国政府：强烈遗憾》，环球网，https：//world. huanqiu. com/article/42hXq38b6ku。
③ 《外交部军控司长孙晓波在"临甲 7 号沙龙——日本福岛核污染水处置问题吹风会"上的发言》，外交部网站，https：//www. mfa. gov. cn/wjdt_674879/sjxw_674887/202303/t20230317_11043774. shtml。
④ 《2023 年 3 月 21 日外交部发言人汪文斌主持例行记者会》，外交部网站，https：//www. mfa. gov. cn/web/fyrbt_673021/jzhsl_673025/202303/t20230321_11045971. shtml。
⑤ "IAEA Review of Safety Related Aspects of Handling ALPS Treated Water at TEPCO's Fukushima Daiichi Nuclear Power Station Interlaboratory Comparison on the Determination of Radionuclides in ALPS Treated Water," https：//www. iaea. org/sites/default/files/first_interlaboratory_comparison on the_determination_of_radionuclides_in_alps_treated_water. pdf.

都将不可避免地受到威胁。①

1. 污染水排放对海洋生态安全和渔业生态环境的影响

渔业资源本身是流动的，如果福岛核电站所产生的核污染水被排放入海，则渔业生态环境及水生生物会受到长久的危害。目前，核污染水中含有的 60 多种放射性核元素难以依靠现有技术彻底净化。这些未能被成功净化的核污染水一旦被排入海洋，其会随着沿岸的洋流扩散至全球海域，并通过食物链累积在海洋生物体内。② 随着海洋生物间食物链的循环，放射性元素会在鱼类种群中不断累积，进而对鱼类和消费鱼类的人群产生明显影响。③当放射性元素在生物体内累积到一定程度后，生物的组织和细胞再生功能会严重下降。具体而言，将福岛核电站所产生的核污染水排放入海可能造成太平洋内的溯洄产卵鱼类变异或灭绝。

根据日本 2023 年 3 月发布的数据，经多核元素处理系统过滤后的核污染水中仍有近 70% 不达标，而东京电力公司存在篡改、瞒报数据的恶劣行为。④ 在这一情况下，国际社会不得不对"核处理水"的安全程度存疑。

2. 日本核污染水排放对东北亚渔业捕捞和人体健康的影响

2018 年，世界范围内的渔业和水产养殖总产量达到了 1.79 亿吨，产值高达 4010 亿美元。若将水产植物计算在内，全球总产量达到 2.12 亿吨，主产区分布为亚洲（69%）、美洲（14%）、欧洲（10%）、非洲（7%）和大洋洲（1%）。⑤ 亚洲的产量占世界总产量的近 70%，而日本核污染水排放首先污染的就是亚洲的海洋渔业和水产环境。

---

① 任虎、牛子薇：《日本核废水排海的责任：国际责任与预期违约责任》，《福建江夏学院学报》2022 年第 1 期。

② 杨振姣、罗玲云：《日本核泄漏对海洋生态安全的影响分析》，《太平洋学报》2011 年第 11 期。

③ Japan：UN Experts Say Deeply Disappointed by Decision to Discharge Fukushima Water，United Nations Office of the High Commissioner for Human Rights，https://www.ohchr.org/en/press-releases/2021/04/japan-un-experts-say-deeply-disappointed-decision-discharge-fukushima-water.

④ 《2023 年 3 月 21 日外交部发言人汪文斌主持例行记者会》，外交部网站，http://new.fmprc.gov.cn/fyrbt_673021/202303/t20230321_11045971.shtml。

⑤ 《全球渔业和水产养殖最新状况》，中国农业农村部网站，http://www.moa.gov.cn/xw/bmdt/202006/t20200610_6346287.htm。

中国的近海捕捞活动主要集中在中国东海、南海及黄海区域。[1] 少部分的中国渔船会偶尔进入日本和韩国的争议海域捕鱼。一旦大气环流稍有变化，由此导致的洋流变化将会让日本排放的核污染水对中国的捕鱼业造成影响。首先，这会使中国渔民在日本东太平洋海域进行的捕捞作业面临一定风险。中国远洋渔船会在每年的 5 月至 12 月期间，在日本海及附近太平洋海域捕捞远东沙丁鱼和秋刀鱼等鱼类，而出海的船员和渔船则面临受一定程度核辐射伤害的风险。同时，中国渔民捕捞量相对较高的远东沙丁鱼和秋刀鱼等鱼类在日本沿海分布较多，并多为高度洄游种类。如前所述，这些鱼类在受日本核泄漏的辐射危害时，会产生辐射生物效应，可能会发生变异或者种群数量下降等情况，进而对生物安全和渔业产量造成隐患和潜在风险，影响海洋生物环境以及相关从业者和消费者健康。

3. 日本核污染水排放对渔业产业链和供应链的影响

中国的海水养殖和海洋捕捞产值将受到影响。[2] 例如，2019 年，中国的海水养殖产值为 0.36 万亿元，海洋捕捞产值为 0.21 万亿元。其中，2019 年中国远洋渔业渔获总产量为 217.02 万吨，几乎 2/3 是在环太平洋海域捕捞的。[3] 日本核污染水的排放势必影响西太平洋地区的海洋渔业产量，同时还将导致中国、韩国和日本国内消费者排斥海产品的呼声高涨。由此，核污染水排放将可能从供需两个方面对中国渔业产业链和供应链造成巨大影响。

从整个东北亚地区来看，韩国渔业界呼吁日方保持信息公开、透明，强调保证民众食品安全是第一要义，并且表示，一旦日方排污入海，韩方将联合国际渔业界以强硬举措回应。韩国正着手搜集证据将日本起诉至国际法院。[4] 目前，韩国也正在加强海域监测以应对日本排放核污染水。2023 年 3

---

[1] 《十张图了解 2020 年中国海洋捕捞业发展现状与区域分布情况 海洋捕捞总产量不断减少》，前瞻经济学人网，https://www.qianzhan.com/analyst/detail/220/210128-e4d7614f.html。

[2] 黄玥、韩立新：《日本核污水排放后我国远洋渔业立法思考》，《北方法学》2022 年第 2 期。

[3] 《日本核废水排海掩耳盗铃，我国海洋渔业将遭受数千亿损失》，搜狐网，https://www.sohu.com/a/461004726_100252638。

[4] Thomson Reuters, "South Korea Court Fight over Japan's Plan to Release Contaminated Fukushima Water," https://www.cbc.ca/news/world/fukushima-nuclear-water-1.5986603。

月 24 日，韩国庆尚南道宣布，将在其政府海洋港湾课增设海产品安全负责人员，并在其海产品安全管理中心将已有的 1 台设备和 1 名专业人员增至 4 台设备和 3 名专业人员，而海产品检测结果将公布在庆尚南道政府官网上。① 国际法院对此案的判决将直接或间接影响世界陆源污染的排放标准。如果日本实施核污染水排放，则现存的海洋生物资源，东北亚沿岸国的渔业经济，甚至世界渔业消费需求均会受到严重的负面影响。

因此，日本政府单方决定排放核污染水的行为，对东北亚地区的渔业生态安全、渔业捕捞作业甚至整个渔业经济产业链都将造成相当程度的损害。并且，由于渔业产业的特殊性质和海洋环境的整体性，日本政府的排放行为将继续对全球渔业造成严重的、不可挽回的损害。

二 日本排放核污染水行为所违背的法律规则

海洋资源是人类共同财富，日本政府对国际社会正当关切的无视，违背了自身本应履行的国际义务。一意孤行地将福岛核污染水排入海洋，既危害自然环境和人类健康，又侵害周边国家合法权益。因此，日本政府应当对其单方决定向海洋排放核污染水的行为承担相应的国际责任。

（一）日本的行为违反其国内法

在日本国内法的层面，日本此次是通过内阁会议的形式通知各国其将排放核污染水。然而，日本政府刻意将处理过的核污染水与核废水这两者的概念进行混淆。众所周知，处理过的核污染水属于核废水。核废水的放射性元素的含量与核污染水的放射性元素含量是不同的，后者含量更高。日本声称其将要排放的是核废水，但并未提供合理的依据和数据。其强调处理过的核

---

① 《日本强推福岛核污水排海计划引批评》，光明网，https：//m. gmw. cn/2023－03/25/content_1303319654. htm。

污染水中氚含量已达标，却故意忽视对其他放射性物质的处理不足。① 事实上，日本排放到海洋中的是核污染水，而非真正意义上已经处理过的核废水。日本核污染水排放行为将严重破坏海洋生物多样性，影响沿海食品安全。日本此次的行为违背了其国内法《原子能基本法》中"发展核事业，确保核设施安全"的条款，也违反了《原子力灾害对策特别措置法》。②

（二）日本的行为违反有关国际条约

1. 日本的行为违反《及早通报核事故公约》

《及早通报核事故公约》第 2 条和第 7 条均对缔约国发生事故后的报告义务作出规定。③ 正如韩国等国所担忧的那样，日本的核污染水所含有的放射性物质在排放入海后可能对另一国造成跨界损害。福岛核电站事故后，日本政府没有将核泄漏的具体情况向国际原子能机构和其他缔约国通报。2022年，日本核监管机构原子能规制委员会对福岛核污水排海计划的"审查书"草案进行了确认，而日本政府虽然提前申明，但是并没有提供具体的数据，且通报的内容也不符合对核事故的报告要求。

2. 日本的行为违反《核安全公约》

1994 年《核安全公约》规定各缔约国有义务在本国保证核安全，也有在发生核事故后减轻危害后果和进行辐射防护与应急准备的义务。这些义务要

---

① Dennis Normile, Despite Opposition, "Japan May Soon Dump Fukushima Wastewater into the Pacific," https: //www. science. org/content/article/despite-opposition-japan-may-soon-dump-fukushima-wastewater-pacific.

② 在日本的核安全法律法规体系中，《原子能基本法》（1955 年第 186 号法案）位于最高层，它确立了核能利用的基本理念。在此基础上，日本制定了《原子炉等规制法》（Act on the Regulation of Nuclear Source Material, Nuclear Fuel Material and Reactors, 1957 年第 166 号法案）、《放射性同位素等辐射危害防护法》（Law for Prevention of Radiation Hazards due to Radioisotopes, etc.）、《原子力灾害对策特别措置法》（The Act on Special Measures Concerning Nuclear Emergency Preparedness）等。

③ 《及早通报核事故公约》第 2 条规定，一旦有事故出现，缔约国必须立刻将该事故的性质、发生时间、准确位置以及能够最大程度降低危害后果的信息告知可能受影响的国家或将上述事项通知国际原子能机构；《及早通报核事故公约》第 7 条规定，缔约国必须将主管当局和联络点以及负责收发通知和信息的联络中心告知其他缔约国或国际原子能机构。

求日本国内需结合或设立本国法律，以达到此公约的义务标准。① 并且，缔约国还有义务进行应急准备和辐射防护，保证核安全，并在发生核事故后减轻危害后果。这些义务要求日本进行国内立法，以达到此公约的义务标准。从福岛核电站事故中可以发现，日本并未建立紧急处理机制以应对控制棒和发电机同时失效的情况。② 正是这一机制的缺失导致了核事故发生后相关人员对事故处理不当和不及时。这表明日本并没有履行《核安全公约》中的义务，采取立法和监管等措施以防止带有放射性后果的事故发生和一旦发生事故及时减轻此种后果。总之，日本政府的行为给邻国造成了不同程度的核污染威胁。

3. 日本的行为违反《联合国海洋法公约》

日本政府的行为违反了《联合国海洋法公约》第十二部分的规定。③《联合国海洋法公约》第 192 条规定了缔约国在保护海洋环境方面的一般义务，即"各国有保护和保全海洋环境的义务"。④ 第 194 条进一步规定了国家采取必要措施防止、减少和控制海洋环境污染的义务。⑤ 第 194 条第 1 款

① 《核安全公约》第 4 条规定："每一缔约方应在其本国法律的框架内采取为履行本公约规定义务所必需的立法、监管和行政措施及其他步骤。"

② 裴兆斌、蒋蓉仑：《日本排放核污水的法律问题及其对策研究》，《南海法学》2022 年第 1 期。

③ 黄惠康：《日本核废水排海的四大悖论》，《解放军报》2021 年 4 月 25 日。

④ 苏金远：《日本核废水排入海决定有违国际法理》，《解放军报》2021 年 4 月 29 日。

⑤ 《联合国海洋法公约》第 194 条规定："1. 各国应在适当情形下个别或联合地采取一切符合本公约的必要措施，防止、减少和控制任何来源的海洋环境污染，为此目的，按照其能力使用其所掌握的最切实可行的方法，并应在这方面尽力协调它们的政策。2. 各国应采取一切必要措施，确保在其管辖或控制下的活动的进行不致使其他国家及其环境遭受污染的损害，并确保在其管辖或控制范围内事件或活动所造成的污染不致扩大到其按照本公约行使主权权利的区域之外。3. 依据本部分采取的措施，应针对海洋环境的一切污染来源。这些措施，除其他外，应包括旨在最大可能范围内尽量减少下列污染的措施：（a）从陆上来源、从大气层或通过大气层或由于倾倒而放出的有毒、有害或有碍健康的物质，特别是持久不变的物质；（b）来自船只的污染，特别是为了防止意外事件和处理紧急情况，保证海上操作安全，防止故意和无意的排放，以及规定船只的设计、建造、装备、操作和人员配备的措施；（c）来自用于勘探或开发海床和底土的自然资源的设施和装置的污染，特别是为了为防止意外事件和处理紧急情况，保证海上操作安全，以及规定这些设施或装置的设计、建造、装备、操作和人员配备的措施；（d）来自在海洋环境内操作的其他设施和装置的污染，特别是为了防止意外事件和处理紧急情况，保证海上操作安全，以及规定这些设施或装置的设计、建造、装备、操作和人员配备的措施。4. 各国采取措施防止、减少或控制海洋环境的污染时，不应对其他国家依照本公约行使其权利并履行其义务所（转下页注）

规定各国在无法独立防控海洋环境污染时就应当寻求国际合作与帮助，而不能独自作出处置措施。日本政府处理核污染水的方式表明其没有能力独自保证控制海洋污染，因此其独自决定排放核污染水的行为违反了进行国际合作的义务。

《联合国海洋法公约》第 194 条第 1 款、第 2 款均规定国家采取措施防止有害物质污染海洋，而核污染水显然属于海洋污染有害物。由于《联合国海洋法公约》制定于 20 世纪，内容上具有滞后性，所以公约对于"必要措施"的内涵没有明确规定和解释。研究认为，对于"必要措施"的解释不能单单借鉴先前的国家实践，而应该参考科技的发展，结合现代科学技术的进步和核设施的高度危险性进行解释。涉及日本政府处理核污染水的措施时，此处的"一切必要措施"要求穷尽当下能够采取的全部措施。从目前日本政府采取的措施来看，其并未采取全部措施。因此日本政府并未履行《联合国海洋法公约》项下要求的义务。

《联合国海洋法公约》第 206 条规定了各国对其活动进行环境评价的义务。①同时，《联合国海洋法公约》第 207 条针对"陆地来源的污染"作出了规定，② 而第 213 条又进一步要求各国实施相关国际组织为控制陆源污染而制定的规则。③ 这些规定说明核污染水作为陆地来源污染，其排放不是一国自身可以决定和处置的事务，而是应当参照与核污染水有关的国际规则进行

（接上页注⑤）进行的活动有不当的干扰。5. 按照本部分采取的措施，应包括为保护和保全稀有或脆弱的生态系统，以及衰竭、受威胁或有灭绝危险的物种和其他形式的海洋生物的生存环境，而有必要的措施。"

① 《联合国海洋法公约》第 206 条规定："各国如有合理根据认为在其管辖或控制下的计划中的活动可能对海洋环境造成重大污染或重大和有害的变化，应在实际可行范围内就这种活动对海洋环境的可能影响作出评价，并应依照第 205 条规定的方式提送这些评价结果的报告。"

② 《联合国海洋法公约》第 207 条第 4 款规定："各国特别应通过主管国际组织或外交会议采取行动，尽力制订全球性和区域性规则、标准和建议的办法及程序，以防止、减少和控制这种污染"。

③ 《联合国海洋法公约》第 213 条规定："各国应执行其按照第 207 条制定的法律和规章，并应制定法律和规章和采取其他必要措施，以实施通过主管国际组织或外交会议为防止、减少和控制陆地来源对海洋环境的污染而制订的可适用的国际规则和标准。"

处理。日本政府无视其他国际规则所规定的义务，而擅自作出核污染水入海的决定也违反了针对"陆地来源污染"的特别义务。

日本政府的行为还违背了各国对海洋生物资源的养护义务。涉渔法规体系已经从"人类中心主义"时代过渡到了"生态中心主义"时代。为确保对跨界鱼类种群和高度洄游鱼类种群这类特殊的生物资源进行管理，国际社会在《联合国海洋法公约》的基础上通过了《联合国鱼类种群协定》。[①] 该协定引入了"生态系统方法"和"预警方法"，这意味着国际渔业组织开始关注生态系统的整体性和生物的多样性，并从总体方面重视公海资源的养护。日本政府显然违背了国际社会所倡导的上述对海洋生物资源的养护义务。

4. 日本核污染水排放行为是对相关法律规制的规避与滥用

《防止倾倒废物及其他物质污染海洋的公约》（简称《伦敦公约》）是为保护海洋环境、敦促世界各国共同防止由于倾倒废物而造成海洋环境污染的公约。日本是该公约缔约国之一。该公约与《联合国海洋法公约》都规定了对"倾倒"的定义。[②] 然而，从陆地直接排放污水至海洋的行为并不符合公约"倾倒"的概念，且目前既缺少有效的国际法律共识，也没有相关先例可以参考。除此之外，根据现有国际法，就从陆地上排放核污染水而言，并没有明确的禁止条款。与其他形式的海洋污染相比，有关陆地排放造成的海洋污染的国际法规制也远远不够完善。相关国际法规定缺失的主要原因是，关于陆地排放造成的海洋污染的法规通常会涉及缔约国国内经济活动本身。由此，对相关法律法规的制定往往会遭受更大的政治和经济阻力。例如，在制定诸如《京都议定书》等应对全球变暖的国际公约的过程中，各

---

① 张晏瑲：《国际渔业法律制度的演进与发展》，《国际法研究》2015 年第 5 期。

② 《防止倾倒废物及其他物质污染海洋的公约》第 3 条第 1 款规定："'倾倒'的含义是：（1）任何从船舶、航空器、平台或其他海上人工构筑物上有意地在海上倾弃废物或其他物质的行为；（2）任何有意地在海上弃置船舶、航空器、平台或其他海上人工构筑物的行为。"《联合国海洋法公约》第 1 条（5）（a）规定："'倾倒'是指：（i）从船只、飞机、平台或其他人造海上结构故意处置废物或其他物质的行为；（ii）故意处置船只、飞机、平台或其他人造海上结构的行为。"

国很难就规制各国国内经济活动达成国际协议。日本有意地在陆地上倾弃核污染水，说明其在刻意规避《防止倾倒废物及其他物质污染海洋的公约》中对"倾倒"行为的界定，以期逃避该公约要求缔约国承担的义务和责任。

日本一直主张其排放行为是迫于形势所作出的，还表明目前储存罐中的核污染水符合核安全标准，所以能够被排放进太平洋。[①] 然而，其他国际法文件规定，即使放射性液体的排放符合核安全方面的标准，排放国家仍然需要满足额外的环境保护义务。然而，这种环境保护义务的具体内容并不明确。国际原子能机构的《一般性安全指南 No. GSG－10》（以下简称《指南》）认为，即使核污染水符合了排放标准，在对设备和活动进行有关预期放射性的环境影响评估时，还需要考虑核污染水排放对植物和动物的影响。[②] 然而，《指南》规定适用的情况是核设施在正常运营时所产生的排放，而日本将要排放的核污染水是福岛核电站在事故发生之后为冷却反应堆而产生的。《指南》的规定是否可以适用于福岛核污染水的排放还存在疑问。纵使如此，日本也不能依据这份《指南》将排放核污染水的行为合法化，为其福岛核污染水排放行为开脱。如果《指南》可以适用于日本的排放行为，那么国际原子能机构在给日本发放排放许可时仍然应当考虑放射性损害之外的其他因素，例如长久以来对环境的不可逆的影响以及对日本本国国际形象的重大损害等。

此外，由于海洋环境的复杂性和整体性，核污染水排放会对相邻国家的海岸渔业资源产生直接的负面影响，并通过洋流对全球海洋生态环境和海洋生物多样性造成实质性影响。跨境环境污染必然会造成跨界损害，然而，对于受害国来说，获取能证明跨界损害的证据十分困难。举证困难的原因有二：一是最终损害结果和核污染水排放之间存在着由时间和空间上的巨大跨度所造成的复杂因果关系；二是将损害的具体份额归因于行为国的标准尚不

---

① "The Controversial Plan to Release Fukushima Nuclear Plant's Wastewater," https：//www. japantimes. co. jp/news/2023/02/15/national/nuclear-waste-sea-release-prepare.

② "Prospective Radiological Environmental Impact Assessment for Facilities and Activities," https：//regelwerk. grs. de/sites/default/files/cc/dokumente/dokumente/GSG-10. pdf.

明确。从国际判例的角度上来看，"特雷尔冶炼厂仲裁案"（Trail Smelter Case）是国际法历史上第一个涉及跨界环境责任的仲裁案例，也是迄今为止最重要的关于跨国空气污染的国家责任案件。1896年，加拿大在与美国接壤的边境城市特雷尔建造了大型冶炼厂。自建成以来，该工厂排放的大量硫化物导致美国许多城市的空气二氧化硫浓度超标。1903年，该厂每天向大气排放300~350吨硫，而排放的二氧化硫数量则是该数字的2倍。在初始阶段，冶炼厂污染物的受害者对冶炼厂提出了相关的一系列民事赔偿请求，但污染损害的赔偿问题并未能在两国的国内法范围内得到解决。1927年，美国政府接手了相关争端，并随即向加拿大政府提出抗议。在以斡旋、调停、协商等方式解决争端未果之后，两国政府最终决定将争端提交仲裁庭。在1941年的最终裁决中，仲裁庭要求特雷尔冶炼厂赔偿其所造成的直接损失，并采取保全措施。然而，仲裁庭认为，冶炼厂作为主体所进行的排污行为与附带的环境污染这二者之间的因果关系过于间接，以至于无法推算。因此，这类环境损害不能称为确立赔偿金额的基础。虽然特雷尔冶炼厂案设立了先例，但后续国际司法实践仍然未能明确有关跨界损害的证明标准。由此案例可见，国际社会几乎无法证明日本排放核污染水的行为与可能的损害后果之间的绝对因果联系。与此同时，日本并非核损害系列公约的缔约国，有理由怀疑日本在刻意提前布局规避核污染责任。日本深知向海洋排放核污染水，国际社会也无法取证，因而选择排放核污染水。

（三）日本的行为违反国际环境法原则

人类历史上的核事故，例如切尔诺贝利事故和三里岛事故，所造成的主要危害后果都是大气污染。三里岛事故于1979年3月28日在美国宾夕法尼亚州发生。当日凌晨4点，三里岛核电站第2组反应堆的操作室发出警报。反应堆的涡轮机停转，堆芯压力和温度骤然升高。2小时后，大量放射性物质溢出。但在当时，美国并未向海水中释放有害物质，坚持了国际环境法原则，履行了保护海洋环境的义务。然而，面临相似情况，日本却决定将核污染水排入海洋。这一行为及其后续影响，对中国和世界其他国家都将产生风险，也违反了风险预防原则和国际合作原则等国际环境法原则。①

1. 日本的行为违反风险预防原则

风险预防原则源于国内环境法的规定，是指国家在其管辖范围内或控制下的重大的环境损害发生以前，应采取政治、法律、经济手段以防止此类环境损害的发生。国际环境法中的风险预防原则是用以预防具有科学不确定性的环境风险，保护人类和环境的重要原则。自其产生以来，许多国际环境公约均对其进行了规定。1992 年《联合国里约环境与发展宣言》原则 15 被公认为是对风险预防原则最准确的表述。② 具体而言，该原则由以下几个特征构成：第一，存在严重或不可逆转的环境风险；第二，风险因人类有限的认识能力而具有不确定性；第三，应立即采取措施来防止或缓解环境风险，且不能放任具有科学不确定性的环境风险；第四，应当考虑自身情况采取预防措施。在福岛核电站发生事故后，日本并没有采取措施避免环境的进一步恶化，反而决定单方面向海洋排放核污染水。因此，日本政府的行为明显违反风险预防原则。

2. 日本的行为违反国际合作原则

国际合作原则既是现代国际法的基本原则，也是国际环境法的基础原则。该原则要求各国在世界范围内进行环境保护的合作。国际合作要求建立相互协作、相互通报的国际制度。在发生核污染事件和可能的核污染扩散风险的极端情况下，各国更应当在相互平等和共同协商的基础上进行国际合作。日本作为发达国家，更应负有进行国际合作的义务。然而，日本政府并未与最有可能受到影响的周边国家进行国际合作以减少核污染的损害，因而严重违反了国际合作原则。

3. 日本的行为违反环境影响评价原则

日本政府的行为还违反了环境影响评价的国际法义务。自 1972 年斯德

---

① 郭冉：《从福岛核废水排海事件看国际法的现实障碍与未来走向》，《贵州大学学报（社会科学版）》2021 年第 5 期。

② 《联合国里约环境与发展宣言》原则十五规定："为了保护环境，各国应按照本国的能力，广泛适用预防措施。遇有严重或不可逆转损害的威胁时，不得以缺乏科学充分确定证据为理由，延迟采取符合成本效益的措施防止环境恶化。"

哥尔摩人类环境会议之后，环境影响评价制度便以多种形式出现在国际法体系中。经过40多年的发展，通过国际法律文件和国家实践的确认，并经国际法院的系列案件确认为习惯国际法，[①] 要求所有国家在进行活动规划时，根据其所处的客观情况开展初步的危险评价，从而确定相关活动对他国环境造成严重损害的可能性。[②] 日本政府在规划进行核污染水的排海行为时，没有对核污染水对海洋的污染进行充分和有效的评估，因而其行为违反了环境影响评价的义务。

2023年6月通过的《〈联合国海洋法公约〉下国家管辖范围以外区域海洋生物多样性的养护和可持续利用协定》第28条对缔约国的环境影响评价义务进行了详细规定，包括但不限于"二、当缔约方确定其管辖或控制下、在国家管辖范围以内海洋区域计划开展的某项活动可能对国家管辖范围以外区域海洋环境造成重大污染或重大和有害的变化时，应确保根据本部分对该活动开展环境影响评价，或根据缔约方本国程序开展环境影响评价。根据本国程序进行此类评价的缔约方：（一）在本国程序期间通过信息交换机制及时提供相关信息；（二）确保按照符合其本国程序要求的方式对该活动进行监测；（三）确保按照本协定，通过信息交换机制提供环境影响评价报告和任何相关监测报告"。日本作为缔约方也应遵守新协定所规定的国际义务。然而，就排放核污染水入海一事，日本并未向国际社会公布其国内的调查报告。由此，日本违背了其针对核污染水排放所应承担的义务。

此外，日本政府的行为侵害了人类所享有的环境权。1972年联合国人

---

① Pulp Mills on the River Uruguay (Argentina v. Uruguay), Judgment, I. C. J. Reports 2010, p. 14, para. 273; Certain Activities Carried Out by Nicaragua in the Border Area (Costa Rica v. Nicaragua) and Construction of a Road in Costa Rica Along the San Juan River (Nicaragua v. Costa Rica), Judgment, I. C. J. Reports 2015, p. 665, para. 153.

② Certain Activities Carried Out by Nicaragua in the Border Area (Costa Rica v. Nicaragua) and Construction of a Road in Costa Rica Along the San Juan River (Nicaragua v. Costa Rica), Judgment, I. C. J. Reports 2015, p. 665, para. 153.

类环境会议通过的《人类环境宣言》确立了环境权。[①] 该权利在随后的 1992 年世界环境与发展大会中得到重申。日本政府的行为对整个海洋环境造成了严重的威胁，对人类所享有的环境权造成了严重的损害。

4. 国际原子能机构的报告不能排除日本核污染水排海行为的违法性

2023 年 5 月，国际原子能机构（IAEA）承认该次事件有"利益攸关方"概念，[②] 但由于核事故废水排海问题，国际上并没有国与国之间的协商新机制。日本政府以其排海决定属其内政、所排海域也是其领海为由，不与其他国家协商，在法理上、在当前这一阶段，利益攸关方似乎找不到有效的反制措施。2023 年 7 月 4 日，国际原子能机构在官网发布消息，认为日本核污染水排海计划符合国际安全标准。从 IAEA 的报告来看，虽然目前日本国内及其邻国尤其是韩国，对日本核污染水排海表示强烈反对，但 IAEA 已较为清晰地表示，其对日本核污染水排海无法给予明确的反对，只能在现有科技水平和认知范围内，对其决策与处理之过程进行审查，并使用现有科技与认知手段、方法发表意见。从其目前的审查来看，日本已经取得了 IAEA 的明确"背书"。

然而，IAEA 的报告并不能排除日本核污染水排海行为的违法性；首先，《国际原子能机构规约》第 2 条和第 3 条关于机构目标和职能的规定，并没有赋予 IAEA 对放射性物质处置的权利。其次，IAEA 理事会及其相关决议，并没有赋予 IAEA 准许日本核污染水排海方案的权力，更何况专家组的报告在发布前也未获得机构大会或理事会的认可，缺乏权威性。再次，IAEA 本身的一系列核污染水的安全标准不具有强制拘束力。最后，报告的科学性和可靠性存疑。基于日本提供的数据，三次核污染水分析检测只完成了一次，我们有理由怀疑日本有选择地提供数据，并在三次检测完成前就发布了最终评估报告，缺乏科学依据。因此 IAEA 的评估报告既不能为日本排海计划

---

① 《人类环境宣言》信念一规定："人类有权在一种能够过尊严和福利的生活的环境中，享有自由、平等和充足的生活条件的基本权利，并且负有保护和改善这一代和将来的世世代代的环境的庄严责任。"

② Fukushima Daiichi ALPS Treated Water Discharge（IAEA）.

"背书"，也不能排除日方作出核污染水排海单方决定的违法性。①

日本政府不顾本国和邻国国民反对，一意孤行，执意决定将上百万吨核污染水排入大海，严重违反其应当履行的国际法义务。日本是《联合国海洋法公约》《伦敦公约》《核安全公约》和《巴塞尔公约》的缔约国，负有保护海洋环境、不产生跨境损害、不向海洋倾倒放射性废物、保持信息透明等条约义务，并有义务就核污染水排海事宜与周边邻国等利益攸关方充分协商。

日本政府曾组织委员会讨论过其他几种处理核污染水的方案，并不是仅仅只能排放入海，但最终还是选择了排放入海。② 日本政府声称，将核污染水直接排放入海和将其蒸发后排入大气这两种方案是"最实际的解决方法"，而这二者中，排放入海是最经济也是最快速的解决方式。③ 但实际上日本是将本国利益凌驾于国际社会之上，日本政府的行为属于对现行国际法漏洞和国际司法实践缺陷的利用。将核污染水排入海洋的行为可以被视为对相关国际法的违反、滥用和规避，损害了国际法的权威。日本的核污染水排放行为也是对生命的漠视，对人道主义的挑战，对国际合作的破坏行为。日本应履行其应尽的国际责任和义务。国际社会也应进一步凝聚多边主义共识，加大对海洋环境保护合作的支持和投入，共同维护全球的海洋环境安全。

三 中国针对日本排放核污染水入海的应对措施

中国作为利益攸关方，可从国际舆论途径、外交途径、法律途径和国际合作途径予以应对。

---

① 黄惠康：《日本核污染水排海于法不容，后患无穷》，腾讯网，https://mp. weixin. qq. com/s/yiXcAOIgCzOOHdCYFgygSQ。

② Dennis Normile, "Japan Plans to Release Fukushima's Wastewater into the Ocean," https://www. science. org/content/article/japan-plans-release-fukushima-s-contaminated-water-ocean.

③ Salerian, J. Alen, "Sample Records for Bacteria Produce Organic," https：//www. science. gov/topicpages/b/bacteria+produce+organic.

（一）国际舆论途径

人类通过海洋成为紧密相连的海洋命运共同体。日本排放核污染水的行为与当今世界倡导的环境保护大趋势不符，更违反全人类的共同利益。核污染水排海首先将危害日本的渔业、食品、旅游等相关行业。因此，中国可通过日本国内民间组织和国际环保组织的力量阻止日本政府的行动。[1] 未来，中国还可联合周边海洋环境受损的国家，如韩国、太平洋岛国等，促使日本重视核污染水的排放行动，敦促其对核污染水的处理和排放进行控制。

（二）外交途径

在核污染水排放问题上，日本表示其重视国际社会的关切，却没有与周边邻国等利益攸关方充分协商。[2] 对于日本的决定，中国应提出外交抗议。然而，外交抗议本身难以阻止日本的排放行为。国际原子能机构的《ALPS评估报告》中提出，净化过的污水难以去除氚这类放射性物质。[3] 该报告也提到应考虑核污染水排海的其他可替代方案，并应查看核污染水排放行动是否经过了严格的环境影响评估，以及是否对中国和韩国等日本周边国家保持了公开透明。[4] 上述行动需要包括国际原子能机构在内的国际组织形成决议，或发起国际行动才可完成，以达到阻止日本排放核污染水的目的，或就

---

[1] 例如，日本民间团体"和平人权环境论坛"事务局次长井上年弘多次参与组织市民抗议活动。他表示，日本政府和东京电力公司曾对渔民许下承诺，得不到渔民的理解绝不会把核污染水排海。尽管如此，日本政府和东京电力公司仍在一步步推进排海计划。"据称核污染水的排放将持续进行，直到核电机组报废为止，这将对海洋造成严重污染。日本政府执意推进核污染水排海，极不负责，是背信弃义的行为。我们将继续组织各种市民活动，发出反对核污染水排海的声音。"岳林炜、马菲：《日本政府执意推进核污染水排海，极不负责》，《人民日报》2022 年 5 月 9 日。

[2] 黄惠康：《日本核废水排海的四大悖论》，《解放军报》2021 年 4 月 25 日。

[3] "IAEA Review of Safety Related Aspects of Handling ALPS-Treated Water at TEPCO's Fukushima Daiichi Nuclear Power Station Report 3: Status of IAEA's Independent Sampling, Data Corroboration, and Analysis," https: //www. iaea. org/sites/default/files/3rd_alps_report. pdf.

[4] "IAEA Review of Safety Related Aspects of Handling ALPS-Treated Water at TEPCO's Fukushima Daiichi Nuclear Power Station Report 3: Status of IAEA's Independent Sampling, Data Corroboration, and Analysis," https: //www. iaea. org/sites/default/files/3rd_alps_report. pdf.

核污染程度、排放风险、可替代技术等对日本政府发起国际调查。

中国也应加强与包括日本在内的周边国家的合作。日本排放核污染水后，中国可以与周边有专属经济区重叠的国家开启有关渔业的条约谈判，从而加强对东海、南海及黄海远洋渔业资源的保护与治理，建立一个合规的监管机制以应对核污染水对渔业资源的负面影响。

（三）法律途径

对于日本政府违反国际法、强行向海洋排放核污染水的非法行为，中国政府有权依据国际法和《中华人民共和国对外关系法》第33条的规定，采取相应的反制和限制措施，包括继续禁止受到放射性污染的日本食品进入中国市场。同时，《联合国海洋法公约》第283条第1款规定："如果缔约国之间对本公约的解释或适用发生争端，争端各方应迅速就以谈判或其他和平方法解决争端一事交换意见。"所以，"交换意见"是国际司法仲裁程序中确立管辖权的程序性要件。

除申请临时措施或提起国际司法程序外，还存在另外两条国际司法程序路径：一是提起《联合国海洋法公约》附件七项下的仲裁程序；二是提请国际司法机构发表咨询意见。国际社会不妨效法毛里求斯最近在诉英国关于查戈斯群岛案中的成功实践，在应对日本核污染水排海事件中，打一套法律诉讼的组合拳：第一，将核污染水排海争端提请联合国大会作出决议；第二，将争端提交联合国安理会，请求作出决定；第三，将争端提交国际法院，请求作出"法律咨询意见"；第四，将争端提交《联合国海洋法公约》附件七项下的仲裁程序。①

（四）国际合作途径

1. 与各主权国家积极展开合作，参与核污染水排海治理

基于海洋命运共同体的理念，中国应针对核污染水排放问题提出合作解

---

① 高之国、钱江涛：《对日核污染水排海可打法律组合拳》，《环球时报》2021年4月20日。

决途径。例如，中国、韩国、日本和国际原子能机构可以在国际机构框架下成立由各方专家组成的技术联合工作组，对核污染水排放问题进行国际评估核查和监督，确保拟排入海洋的核污染水符合日本国内法以及国际原子能机构设定的安全排放标准。此外，工作组应公布具体核污染水排放计划，及时更新环境影响评价报告，探讨共同治理核污染水的方式，考虑排海以外的替代方案。日本应确保以公开、透明、科学、安全的方式处置核污染水，积极接受监督，开展国际合作，这是检验日本能否有效履行国际责任的试金石。①目前，中国与俄罗斯发表了相关声明，对日本排放核污染水表示关切，希望日本能与各国合作，公开相关数据，从而保护世界海洋环境和民众健康。②

国际社会则应做好对日本核污染水排放行为的应急预案，发挥包括国际原子能机构、国际海事组织、世界卫生组织等在内的政府间和非政府间国际组织的作用，组建国际专家组进行监督评估，形成信息透明的临时监督机制，在西北太平洋建立常态化的海洋放射性监测预警体系。

2. 呼吁非国家主体充分参与全球海洋治理

良好运行的国际社会离不开非国家主体的参与。此次日本核污染水排放争端应当充分发挥非国家主体的力量，不断扩大各行为主体参与福岛核污染水治理的渠道，丰富核污染水治理手段。政府间和非政府国际组织，包括国际原子能机构、国际海事组织和世界卫生组织，可以成立一个国际专家小组来监测和评估核污染水排放入海的相关情况。各国也可以在联合国大会上提议对核事故污染水的处理进行主题辩论，形成决议或宣言。各国的学者可以从不同角度对日本排放核污染水进行研究和论证，形成权威的、系统的报告。该报告应该包含多学科的分析，尽可能多地覆盖社会科学和自然科学子领域。例如，从法学层面分析核事故污染水排放入海是否合法，受影响国家如何求偿，如何规制有关排放等问题。从政治学层面分析核事故污染水排放

---

① 《中国就日本核污染水排海问题表达严重关切》，外交部网站，https：//www.fmprc.gov.cn/web/wjb_673085/zzjg_673183/jks_674633/jksxwlb_674635/202208/t20220809_10737749.shtml。

② 《中华人民共和国和俄罗斯联邦关于深化新时代全面战略协作伙伴关系的联合声明》，《人民日报》2023 年 3 月 22 日。

决策的流程和影响因素。从国际关系学层面分析核事故污染水排放对海洋安全、国际秩序、海洋命运共同体理念和其他重要概念的影响。从海洋学层面对核事故污染水排放后的海洋环境进行模拟。从渔业水产学层面分析核事故污染水排放入海对海洋渔业的影响并计算和评估预期损失。中国政府可联合高校共同建立相关检测实验室，以中国为主体，联合其他国家的实验室，发布对核污染水排放入海后相关环境影响的建模，而非依赖西方国家已有的模型。

四　结语

对于日本核污染水排海所涉及的国际法问题，国际社会要从相关国际法规则、环境损害的国际责任、环境治理合作等方面进行分析。并且，各国应从外交途径、国际舆论途径和国际合作途径，对日本的行为进行监督和管控。在此基础上，利益相关方应进一步进行国际立法，促进东北亚海域和世界海洋环境的保护。清洁的海洋环境是全人类共同享有的宝贵资源，日本不应采取单方面的核污染水排放行为来污染世界海洋环境。国际社会则应秉持海洋命运共同体理念，加强团结协作，建立长期有效的国际环境监测机制和沟通渠道，从而维护国际社会和各国人民所享有的重要权利。日本应与亚太地区各国和有关的国际组织充分协商有关核污染水排放入海的事宜，基于科学数据，以公开方式，在保证安全的前提下处置核污染水，从而保护世界海洋环境和各国民众健康。中国也呼吁国际社会继续对这一重要问题予以密切关注，敦促日本切实履行国际义务，客观且科学地遵循国际安全标准和国际良好实践的方式处理核污染水，同时对此行为进行深入研究论证，寻找核污染水排海以外的其他科学、合理的处置方案。作为利益相关方的世界各国和相关国际组织应采取措施调查福岛核污染水排海的安全性。

第四部分
国际与区域海洋综合治理

国家管辖范围外海域的
国际法治演进[*]

白佳玉^{**}

摘　要：　现代主权理论的产生使传统的抽象主权概念发展衍生出行使实在性权力的管辖权，陆上主权向海方向的延伸催生了国家管辖海域的出现。国家海上管辖权早期主要呈现海上主权的

　＊　本文系国家社科基金"新时代海洋强国建设"重大研究专项项目"人类命运共同体理念下中国促进国际海洋法治发展"（18VHQ001）的阶段性成果，原载《学习与探索》2023年第2期。

＊＊　白佳玉，法学博士，南开大学法学院教授、博士生导师。

特性，在其制度化后主要服务于国家海上主权和主权权利。中国提出的人类命运共同体理念及在海洋领域提出的海洋命运共同体理念符合国家管辖范围外海域国际法治发展趋势。国家管辖范围外海域相关活动仍要建立在尊重国家主权、主权权利基础之上，通过推动符合全人类共同体利益和共同但有区别的责任原则理念导向的国家管辖范围外海域国际法治，促进基于国际法的全球海洋秩序朝着更加公平有序的方向发展。

关键词： 海上管辖权　国家管辖范围外海域　人类命运共同体　海洋命运共同体　共同但有区别的责任原则

随着 20 世纪 90 年代世界各国国家管辖范围内海域界限划定与确权活动的逐步完成，① 国际社会开始将目光转向国家管辖范围外海域国际法律制度的构建与完善，典型代表如国家管辖范围外海域海洋生物多样性养护和可持续利用、国际海底资源开发、新型海洋污染治理以及气候变化所造成的海洋环境与生态问题应对的法律制度建构等。在国际海洋法调整各国享有管辖权海域与不属于任何国家管辖海域间关系的更迭过程中，② 国家管辖范围外海域法律范围、内涵、外延和规则制度不断发生变化。由于国家管辖范围外海域具体范围的确定需首要仰赖于国家管辖范围的确定，从传统国际法视野出发，国家管辖范围外海域国际法治发展的背后隐含着国家主权与管辖权概念的发展成熟以及彼此间的相互作用关系。在国际海洋秩序深度调整和中国海洋强国建设的新时期，国家管辖范围外海域国际法问题的解决不仅潜在影响着国际海洋法治的未来发展趋势，也是中国面临的历史机遇。因此本文首先

---

① 范晓婷主编《公海保护区的法律与实践》，海军出版社，2015，第 10 页。
② 〔英〕蒂莫西·希利尔：《国际公法原理》（第二版），曲波译，中国人民大学出版社，2006，第 177 页。

对国家管辖范围外海域的国际法发展过程进行梳理，从宏观视角审视其思想和制度变迁，分析国家管辖范围外海域国际法治的演进特点和趋势，其次对国际社会最新讨论的四项议题进行梳理，分析当前国家管辖范围外海域国际法治发展的新趋向，最后为中国在人类命运共同体理念与海洋命运共同体理念下深度参与全球海洋治理以及构建国际话语权提供参考。

一 古典主权观的萌芽与海洋自由观的兴起

梳理国家管辖范围外海域国际法发展的过程，需要考察古典主权观与海洋自由观的形成背景与发展历程，探究古典主权观与海洋自由观彼此间的相互作用关系，从根源上追踪国家管辖范围外海域的国际法治发展过程。

（一）古典主权观的萌芽

传统的主权观念诞生于西方，最早大约可溯至古希腊。[①] 在当时，主权被认为是主权性权力的概括和表征，代表一种永久且绝对支配和管辖的权力，这种权力不得与其他君主或臣民共享。但无论是这种主权观念的酝酿还是人类早期围绕海洋展开的生存发展活动，都并未在海洋及相关法律思想方面产生直接贡献。[②] 直至古罗马时期，人民与君主之间谁才是最高权力拥有者之争论的产生才被视为真正意义上古典主权概念萌芽的出现。[③] 这一时期，关于主权归属的讨论开始从人民向君主倾斜。由于当时尚不存在近现代意义上的民族国家，关于主权问题的关注更多集中于实在享有的权能，而非近现代国家交往层面的主权内涵。对于正处于奴隶制社会的古典城邦君主而言，主权具体反映为一种最高统治权，具有普遍服从的特性。受制于生产力发展水平以及航海技术的局限，人们的生活领域主要局限于大陆范围内，各

[①] 〔法〕让·博丹著、朱利安·H.富兰克林编《主权论》，李卫海、钱俊文译，北京大学出版社，2008，第1页。

[②] 杨泽伟：《国际法史论》，高等教育出版社，2011，第14页。

[③] 陈序经：《现代主权论》，清华大学出版社，2010，第10页。

城邦国家只满足于陆地上的控制权，对海洋没有主权诉求，甚至也没有控制权主张。① 与之相伴的，是海洋自由观的兴起。

(二)海洋自由观的兴起

在古典城邦君主的控制权尚局限于陆地范围时，理性自然法思想占据了罗马时代的社会主流。以西塞罗为代表的自然法学派学者提出并支持"理性自然法"观点，强调各民族人民的共同性。其认为上帝将所有财产（其中自然也包括海洋）赋予全人类，而没有给予任何一个具体的人。② 2 世纪左右，罗马法学家马希纳斯（Marchinus）在其著作《罗马法典》中率先提出海洋自由的观念，主张任何人都可以依据自然法在海洋中通行和捕鱼，③从而产生了关于人类在海洋中自由航行以及自由利用海洋以享有生产权利的首次专门论述。④ 乌尔比安也认为海洋应对所有人开放。⑤ 到 6 世纪左右，东罗马帝国皇帝查士丁尼（Justinian I）在《查士丁尼法典》中首次以法律形式宣告了海洋的法律地位，即海洋是人们的共有之物，所有人都可自由利用海洋。虽然 9 世纪东罗马帝国皇帝曾对特定事项（如渔业和海盐等）主张行使管辖权，但其并未针对海域本身提出权力或权利主张。至于参与海洋活动的主体多以个人或小型群体为主，城邦中的臣民正与海洋之间建立起一种以沿岸或大洋中的个人或船只为圆心向外辐射的简单利用关系。由于这种利用相较于整体海洋资源蕴藏量而言几乎可以忽略不计，所以人们开始并在接下来的很长一段时间内普遍持有海洋"取之不尽，用之不竭"的观点，这对相关海洋法律制度的创设产生了重要影响。

这一阶段，人类与海洋的关系还处于"初级状态"，即人类初步认识海

---

① 屈广清、曲波主编《海洋法》，中国人民大学出版社，2017，第 22 页。
② 〔荷〕雨果·格劳秀斯：《论海洋自由或荷兰参与东印度贸易的权利》，马忠法译，上海人民出版社，2013，第 15 页。
③ 杨华：《海洋法权论》，《中国社会科学》2017 年第 9 期。
④ 陈德恭：《现代海洋法》，北京出版社，2009，第 331 页。
⑤ 〔英〕詹宁斯、瓦茨修订《奥本海国际法》（第一卷第二分册），王铁崖等译，中国大百科全书出版社，1998，第 153 页。

洋、进入海洋，人们既没有实际控制海洋的能力，也因此难以产生占有海洋的观念。城邦君主对城邦臣民以及陆地一定范围内事务的管辖和控制权被赋予"绝对""永久"等属性，虽然仍未发展成为近现代国际法意义上的主权概念，但其已经摆脱一种符号性的意义而具有实实在在的权力内容。由于这种权力明显没有脱离陆地而进入海洋范围，无疑在很大程度上促进了海洋得以维持自然法状态和原始状态。① 国家管辖海域制度的空白事实上也使国家管辖范围外海域范围达到历史最大值，即陆地之外的全部海域。此时，国家管辖范围外海域的法律属性属于"共有物"而非"无主物"，其法律地位与海洋本身的自然状态高度吻合，核心原则是自由以及开放利用。虽然难以认为这一时期已经出现类似现代意义上的"公海自由"的国际法规范，但"全人类共有之物"概念的提出以及海洋自由观的兴起，建立了该时期"城邦国家"对陆地之外海域海洋利益的初步认识，为之后整个海洋法的发展提供了理性基础。而这一时期陆地外的海域即国家管辖范围外海域，这使国家管辖范围外海域的国际法治事实上间接发轫于这一阶段。

二 陆地主权的延伸与国家管辖海域概念的出现

古典主权观与海洋自由观初步形成后，中世纪时期的君主初期仍然将注意力集中在其对土地的排他性领有权。国家船舶制造等技术取得突破性进展后，欧洲各国才逐渐开始将对土地的排他性领有权延伸至海洋，国家管辖海域概念也在这一时期出现。

（一）陆地主权及其延伸

从严格意义上来说，中世纪没有主权者。② 在以古希腊罗马为代表的西

---

① Hugo Grotius, *The Freedom of the Sea*, Translated by Ralph Van Deman Magoffin, Oxford: Oxford University Press, 1916, p. 34.

② John Neville Figgis, *Studies of Political Thought from Gerson to Grotius 1414-1625*, *The Birkbeck Lectures*, Cambridge: Cambridge University Press, 1900, p. 11.

方古代文明衰败之后，整个欧洲从奴隶社会进入封建社会。以教皇和罗马皇帝为代表的两大力量将整个欧洲都置于高度集权统治之下。位于不同地方的政治权力被分割成一个个大的领土单位，形成了无数的领土统治者和自治市，显而易见地区别于古希腊罗马时期的"城邦国家"，但仍然不属于现代意义上的主权国家。当主权再次被人们重视的时候，它开始侧重于一种财产权，① 准确地说，是对土地的排他性领有权。对于中世纪的欧洲君主而言，掠夺土地是最重要的，对土地的占有和所有成为其享有主权权能的最高表现。于是，当船舶设计和制造开始取得突破性进展时，欧洲各国对土地的排他性领有权开始向海洋方向延伸。

（二）国家管辖海域概念的出现

到 14 世纪中叶左右，有学者提出国家陆地与近海海域之间存在连带关系的观点，最为典型的就是意大利法学家巴尔多鲁提出的"国家君主有权管辖陆地的毗连水域，并对沿海 100 海里范围内的邻接岛屿享有所有权"。其门生巴尔多斯更直接指出"邻接一个国家的海域属于该国管辖的区域"。② 是以，国家管辖海域的概念在国际海洋法的发展历史中首次出现。

虽然罗马时期自然法思想中也有上帝的身影，但是人们更注重上帝赋予人们的权利，倾向于认为海洋属于自然，因此应保持原有状态而为所有人类所共享。随着古希腊罗马城邦的灭亡，尽管中世纪的神权思想仍然认为包括海洋在内的万物属于上帝的财产，但在世俗中却存在上帝的代理人，也就是教会教皇，自然法只是作为上帝存在的证明。于是为了配合各国君主对海洋的诉求，法学家们开始倾向于将海洋作为"无主物"解释。这在一定程度上加剧了不同海洋力量之间的角逐。伴随着欧洲早期民族国家——葡萄牙和西班牙的诞生，欧洲的领土统治者和封建君主陆续根据自身的航海力量所及对陆地周围海域提出完全统治权主张，结果是欧洲诸海几乎完全处于某种权

---

① 〔法〕让·博丹著、朱利安·H. 富兰克林编《主权论》，李卫海、钱俊文译，北京大学出版社，2008，第 1 页。

② 华敬炘：《海洋法学教程》，中国海洋大学出版社，2009，第 15~16 页。

力主张之下，① 对海洋主张的重叠导致国家间战争纠纷频发。从 1493 年教皇亚历山大六世颁布敕令将大西洋分给葡萄牙、西班牙，促成两国签订《托德西里亚斯条约》开始，到 1529 年两国签订《萨拉戈萨条约》，整个全球海洋正式被葡萄牙、西班牙两国瓜分。国家管辖海域得到了事实上的承认，而全球层面国家管辖范围外海域的范围也几乎坍缩至最小。

回顾中世纪到地理大发现早期这一历史阶段，受宗教影响，罗马帝国崩溃之后的这个"黑暗时代"以权威代替法律，并未有效促进类似当今国际法法律制度的发展。② 但这一时期促使了国家管辖范围真正从陆地走向海洋，也促使了作为国家海洋权利载体的国家管辖海域的出现。虽然国家管辖范围外海域因为当时葡萄牙和西班牙对全球海洋的划分缩拢至最小，但国家管辖海域的出现萌发了国家管辖范围外海域的形成以及法律地位的转变。有学者指出，正是在这一阶段国家管辖海域的概念出现之后，才产生了下一阶段格劳秀斯与塞尔登关于"海洋自由"与"海洋封闭"的讨论，③ 以及领海与公海二分法的出现，进而促进国家管辖范围外海域习惯国际法的形成。

三　领水概念的发展与海上管辖体系的初步确立

国家管辖海域概念出现以后，随着欧洲各国进入资本主义时期，领水概念也随之产生。人们开始关注国家的海洋权利并对此展开激烈讨论，其中格劳秀斯与塞尔登关于"海洋自由"与"海洋封闭"的讨论为当时的代表。该时期的讨论最终导致了公海自由原则的确立，促使了以领海和公海划分为基础的海上管辖体系的确立。

（一）领水概念的产生

随着整个欧洲进入资本主义时期，民族国家逐步取代中世纪的封建等级

---

① 白桂梅：《国际法》，北京大学出版社，2006，第 358 页。
② 〔美〕阿瑟·努斯鲍姆：《简明国际法史》，张小平译，法律出版社，2011，第 22 页。
③ 刘中民：《世界海洋政治与中国海洋发展战略》，时事出版社，2009，第 194 页。

秩序，近现代意义上的国家以及国家主权概念随之产生。国家主权不再仅仅指称君主向国内的对土地的控制和财产所有权，而是被国家概念所包括，成为国际法上国家独立自主处理其对内以及对外事务的一种最高权力，国家主权的辐射范围具有了领土的含义。作为行使国家主权具体表现的国家管辖权，开始具有立法、执法、司法等多重内涵以及属人管辖权、属地管辖权、保护性管辖权、普遍性管辖权等不同范畴。17世纪初，荷兰法学家真提利斯正式提出沿海海岸是毗连海岸所属国家领土的延续，从而标志着领水概念的产生。①领水概念的产生成为国家管辖海域具有近现代国际法理论意义的重要标志。

（二）国家海洋权利的争论与发展

在地理大发现孕育了葡萄牙、西班牙等早期海洋国家之后，荷兰、英国也相继作为海洋大国崛起，并发生了荷兰在东印度远海上捕获葡萄牙商船的争端。格劳秀斯作为东印度公司的辩护者创作了《捕获法》，承继了罗马自然法观点与宗教改革思想，支持海洋具有无法被占有的特性，因而认为其客观上不能成为任何人的私有财产。在格劳秀斯看来，"共同（common）"显著地区别于"公共（public）"，任何单纯的"发现"或者"占有"都不足以成为主权的要素。②这在一定程度上似乎反映了其反对将国家主权概念延伸至海洋的主张，因为如果作为国家主权范围内的领水，从理论上来说必然要为某个国家所占有。于是，英国法学家约翰·塞尔登发表《闭海论或海洋主权论》，主张海洋为"无主物"，宣称"其同土地一样可以被视为私有领地或财产"，以证明国家海上主权的成立。③"海洋自由论"与"闭海论"之争反映了主权的控制与占有属性延伸至海洋，与海洋固有的传统自

① Percy Thomas Fenn, "Origins of the Theory of Territorial Waters," *The American Journal of International Law* 20（1926）：478.

② 〔荷〕雨果·格劳秀斯：《论海洋自由或荷兰参与东印度贸易的权利》，马忠法译，上海人民出版社，2013，第11页。

③ John Selden, *Mare Clausum*, London：William Dugard, 1652, p. 25.

由观念间发生冲突，这也变相为公海的出现以及公海自由奠定了理论基础。随着 17 世纪末英国对荷兰海洋力量的超越，英国逐步放弃了大面积海洋主权的主张，领海与公海的区分在事实上得以确立。18 世纪初，各国均以渐渐放弃垄断性占有海洋的要求而认可海洋自由原则。待到 19 世纪初叶时，公海自由原则已得到普遍承认。

（三）海上管辖体系的初步确立

1930 年海牙会议的讨论正式将传统领水概念改称为"领海"，会议认为"领海"这个概念比"领水"更为恰当，事实上"领水"概念包括的内容更为广泛，指一国主权管辖范围下的一切水域，包括内水、内海和领海，故"领水"不能确切表明该水域的特征。① "领海"概念具体反映到了 1958 年日内瓦海洋法四公约②中，其最大特点即领海、公海传统二分习惯国际法的成文化。此时，全球海洋法律地位基本可以被划分为分属沿海国主权范围内的"领海"，以及不属于任何国家主权的、各国均可自由使用的"公海"，国家管辖范围外海域首次以国际法律制度的方式得到确立。回顾 17 至 19 世纪，真正意义上的海上管辖权是伴随着领海概念而出现的，这时的海上管辖权与海上主权所覆盖的海域一致，满足了各国基于传统主权对陆地主权延伸产生的有关近海安全和防卫的需求。在整个海洋法体系中，领海和公海是最早确立的海上管辖体系。③

回顾这一时期，资本主义时代航海贸易的发展带来了国家对海上自由航行的需求，同时也带来了国家对沿海国家安全和利益的关切，各国开始维护自身的海洋权利，并引发了激烈的讨论。这一时代不仅确立了公海自由原则，还通过国际谈判初步确立了以领海与公海二分法为基础的海上管辖体

---

① 转引自魏敏主编《海洋法》，法律出版社，1987，第 56 页。

② 日内瓦海洋法四公约指的是 1958 年在日内瓦召开的联合国第一届海洋法会议上签订的四部公约，包括《领海与毗连区公约》《公海公约》《公海渔业和生物资源养护公约》《大陆架公约》。

③ 宋云霞：《国家海上管辖权理论与实践》，海洋出版社，2009，第 6 页。

系。该体系首次正式对海洋进行了空间划分，国家在不同海域的海洋权利也因此产生了差别，国家管辖范围外海域首次以国际法律制度的方式得以确立。

四 现代国家海上管辖权的制度化

两次工业革命以及 20 世纪四五十年代，随着科学技术水平的迅速提高，各国开始关注海洋的经济价值，原有的海上管辖体系已经不敷当时国家对海洋资源不断扩张的需求，一系列的国家实践影响和催生了一套新的现代国家海上管辖权制度。

（一）现代国家海上管辖权的初步实践

新能源、新材料和空间技术等科技革命，大大提高了世界各国对海洋的控制能力和开发能力，海洋的经济价值越来越突出，不仅反映在航行和渔业领域，还体现在海底矿物和油气资源开发等多方面。伴随着利用和开发能力不断增强的，是各国争相扩张的海洋资源需求。对于国家海上主权的具体内容而言，在安全和防卫的基本需求之上，个别海洋大国率先开始注意到主权范围内经济利益的突出价值，从而强调对经济性事务的专属管辖权。具有代表性的是基于马汉海权理论兴起并且在海上具有突出控制和开发能力的美国，其从国际政治的角度直接或间接地影响了现代国家海上管辖权制度化的进程。

1945 年，美国总统杜鲁门发布《关于大陆架的海床和底土自然资源的政策的总统公告》（以下简称《杜鲁门公告》），分别宣布美国在连接本国海岸的海上有权对渔业采取养护措施以及毗连美国海岸的大陆架底土和海床自然资源受美国管辖和控制。《杜鲁门公告》被认为是美国扩大近海管辖权的国家利益之需，[1]但值得注意的是，其虽然直接反映了美国对经济性资源

---

① 吴少杰、董大亮：《1945 年美国〈杜鲁门公告〉探析》，《太平洋学报》2015 年第 9 期。

管辖权的扩张，但已经与传统主权具有的完全占有和排他性主张存在较大区别。美国强调经济性管辖权的概念而非传统主权概念可能是出于对其航行自由利益的维护，在美国不存在近海安全防卫的紧迫需求情况下，美国希望实现经济和航行利益最大化。然而，无论《杜鲁门公告》初衷为何，其客观上造成了亚非拉国家对本国海上主权（具体表现为安全）的紧张。

（二）现代国家海上管辖权的制度化

1973 年至 1982 年，世界各国在联合国主持下召开了第三次联合国海洋法会议。会议上形成了以主要的海洋大国、七十七国集团、群岛国、宽大陆架国家、内陆国及地理不利国等为代表的不同利益集团。最终通过的 1982 年《联合国海洋法公约》（以下简称《公约》）将全球海域分成领海、毗连区、专属经济区、大陆架、公海、群岛水域等具有不同法律地位的海域，使各国在不同海域享有对应的权利和义务。国家管辖海域具体性质不仅包括沿海国享有的海上主权，也涵盖进主权权利。值得注意的是，在专属经济区中和大陆架上，沿海国的权利主要表现为经济性的专属管辖权，但关于人工岛屿设施等的构建以及紧追权等规定仍体现着沿海国权利的领土性或属地性。① 在现代国家海上管辖权制度化后，国家管辖范围外海域国际法治也随之形成。此时，传统的公海事实上被再次分割，在剥离出了国家可以就经济事项行使主权权利以及特定事项行使管辖权的专属经济区、大陆架之后，国家管辖范围外的海床和洋底及其底土被作为国际海底区域（以下简称"区域"）与公海水体部分进行分离，进而使得"区域"与公海享有不同法律地位。其中，公海具体指各国内水、领海、群岛水域和专属经济区以外不受任何国家主权管辖和支配的海洋部分。公海被规定不得处于任何国家主权主张之下，各国在公海享有航行、捕鱼等公海自由。公海生物资源养护和管理问题被单独提出，《公约》认为所有国家均有义务采取措施，同时鼓励各国积极开展相关合作。"区域"及其资源的法律地位被界定为人类共同继承财

---

① 赵建文：《海洋法公约对国家管辖权的界定和发展》，《中国法学》1996 年第 2 期。

产,《公约》明确指出任何国家不应对"区域"任何部分或资源主张主权或主权权利,其上一切权利属于全人类,由国际海底管理局代表全人类行使,所有活动均应为全人类的利益而进行。至此,国家管辖范围外海域主要由公海和"区域"两大部分组成。

无论是《公约》谈判过程中对程序性事项的规定还是最终文本的达成,都充分体现了联合国意图对不同利益集团间进行协调以实现各国利益平衡的意愿。1982 年《公约》的生效正式确立了现代国家海上管辖权制度。[①] 经济性的专属管辖权以及大陆架制度的确立在一定程度上中和了传统主权理论中安全防卫以及占有的绝对排他性,更容易满足海洋大国对经济性利益的需求。就《公约》最终所形成的"公海"概念而言,其事实上已经远小于之前各历史阶段的公海范围。而通过《公约》的规定不难发现,各国海洋利益的平衡通过对国家海上管辖权内容加以界定来实现。这在整体上形成了一种稳定的海洋秩序,虽然带来了诸如相邻或相向国家间专属经济区和大陆架重叠造成的潜在的冲突性问题,但其在较长一段时间内较好地实现了沿海国家管辖范围内海域的权利利益与国际社会整体海洋利益的平衡。

五　国家管辖范围外海域国际法治发展新趋向

虽然《公约》对国家管辖范围内和国家管辖范围外海域相关法律地位以及各国权利义务等内容均作出规定,但长久以来对海洋资源所持有的"取之不尽、用之不竭"的观念以及国家管辖范围外海域所具有的"公地"效应,使各国倾向于关注对资源的占有和利用,而忽略了人类活动对海洋环境可承载力以及资源可持续开发的影响,人类对海洋自然资源利用状况的担忧一定程度上导致了对海洋可持续利用观的转变,催生了共同体利益(Community Interests)管理国家管辖范围外海域的公共性事务的治理逻辑。"共同体"这一概念来源于社会学,最初由德国社会学家滕尼斯(Ferdinand

---

① 宋云霞:《国家海上管辖权理论与实践》,海洋出版社,2009,第 4 页。

Tonnies）在其著作《共同体与社会》中提出。德文"Gemeinschaft"一词可被译作"共同体"。滕尼斯的共同体概念强调亲密关系和共同的精神意识以及对社区的归属感、认同感，因此包括地域共同体、血缘共同体和精神共同体。① 与滕尼斯提出的共同体不同，国际共同体强调成员之间的相互依存，而这种相互依存产生了一种全体的更高的利益，在成员之间创建了共同的目标和责任，并且这种共同体可以是区域尺度的，也可以是全球尺度的。② 这表明国际法层面的共同体并不单纯基于血缘、地域或是精神，而是基于国家之间的相互依存关系，其内容包含了利益共同体和责任共同体两方面的内容，区别于完全基于共同利益组成的共同体，保障了共同体利益的长久维护。在国际实践中西方发达国家多将共同体利益局限于基于地域或基于血缘而形成的小集团区域共同体利益，而全人类共处于一个地球，海洋作为地球生命的摇篮，孕育了人类，也决定着人类的命运；海洋与人类的前途命运休戚与共，人类基于海洋的全球性问题成为利益共享、责任共担、命运与共的共同体。因此国家管辖范围外海域涉及全人类的共同体利益，其利益范围需要兼容并包全球不同国家利益并且涉及人类生存的重要需求的利益，其国际法表达则体现为《公约》在序言部分阐述的"各海洋区域的种种问题都是彼此密切相关的，有必要作为一个整体加以考虑"③。但国家管辖范围外的应然共同体利益并不意味各方应承担同等的责任，由于国家管辖范围外海域公共事务治理的特殊性和复杂性，每个国家应基于自身的义务，充分地参与治理。

各国在国家管辖范围外海域公共事务治理的不同主要体现在责任承担和惠益分享上。首先，工业革命时代，发达国家排放的污染物对大气造成损害，空气中多余的温室气体与海水作用后造成海洋酸化，气候变化对脆弱海

---

① 胡鸿保、姜振华：《从"社区"的语词历程看一个社会学概念内涵的演化》，《学术论坛》2002 年第 5 期。

② Oystein Heggstad, "The International Community," *Journal of Comparative Legislation and International Law* 17 (4), (1935): 265-268.

③ 《联合国海洋法公约》（1982 年 12 月 10 日通过，1994 年 11 月 16 日生效）序言。

洋生态系统和物种带来潜在影响，大气与海洋的相互作用导致气候治理与海洋治理间存在密切联系。大气与海洋构成环境的组成要素，其耦合关系使得大气变化会对海洋造成影响进而影响整体的环境。为保障时空层面的环境正义，在共同治理国家管辖范围外海域公共事务中理应适用源于《联合国气候变化框架公约》中共同但有区别的责任原则的理念精神，即一方面强调基于"共同体利益""人类共同关切之事项"的共同责任，[①] 另一方面又强调发展中国家与发达国家基于不同的历史责任、技术差距等原因承担有区别的责任。发达国家拥有了工业化所带来的科学技术与资金实力，理应对海洋环境治理方面承担主要责任，这也是实质正义的体现。该逻辑进路与《公约》中有关对发展中国家的科学和技术援助，以及其他优惠待遇等制度设计[②]初衷相一致。其次，由于国家管辖范围外海域公共事务既包括环境保护责任承担方面又包括资源利益分享方面，考虑到发达国家和发展中国家在经济和海洋资源开发利用上的技术差异，为保证公平与正义，理应将共同但有区别的责任原则延伸适用于惠益分享方面，给予发展中国家关照，从而同时达到责任承担正义和利益分配正义。在国家管辖范围外海域国际法治发展新议题中，这种价值反思可以以制度为载体反映于新的规则制定中。

（一）《国家管辖范围以外区域海洋生物多样性的养护和可持续利用协定》

《国家管辖范围以外区域海洋生物多样性的养护和可持续利用协定》（以下简称《BBNJ 协定》）谈判源于联合国在 2015 年召开的联大第 69 次大会上通过的一项决议。[③] 该项决议旨在根据《公约》的规定就国家管辖范围以外区域海洋生物多样性的养护和可持续利用问题拟定一份具有法律约束

---

① 吕忠梅：《环境法新视野》，中国政法大学出版社，2000，第 175 页。
② 如《联合国海洋法公约》第 202 条规定了对发展中国家的科学和技术援助，第 203 条规定了对发展中国家的优惠待遇等。
③ 《根据〈联合国海洋法公约〉的规定就国家管辖范围以外区域海洋生物多样性的养护和可持续利用问题拟订一份具有法律约束力的国际文书》，A/69/L. 65。

力的国际文书，以确保《公约》关于国家管辖范围以外区域海洋生物多样性的养护和可持续利用的目标得以有效实现，其尤为强调要重视作为一个整体的国家管辖范围以外区域海洋生物多样性的养护与可持续利用。《BBNJ协定》的实际谈判和最终案文主要包括《BBNJ协定》海洋遗传资源、划区管理工具、环境影响评估、能力建设及海洋技术转让，以及体制机制和争端解决等部分。2023年6月19—20日，各缔约方在联合国主持下召开的第五届政府间大会再续会上就《BBNJ协定》的案文达成一致。2023年9月20日，《BBNJ协定》正式开放签署，在当日已有75个缔约方签署了该协定。最终案文充分体现了对世界主要国家分歧的融合和平衡下的妥协性制度安排。在一般规定项下，谈判过程中发达国家不接受将"人类共同继承财产"这一原则纳入，而发展中国家则支持这一原则。① 而最终案文将"人类共同继承财产"列为一般原则和方法的同时，也纳入了"海洋科学研究自由以及其他公海自由"，一方面体现对发展中国家特别是小岛屿发展中国家、最不发达国家和内陆发展中国家特殊利益和需要的考量，以公平公正的惠益分享兼顾发展程度不同的国家的利益；另一方面也以海洋科学研究自由的形式鼓励科技创新推动BBNJ持续向前，体现了对自由与效率、公平与正义之间利益诉求的平衡。

在海洋遗传资源议题下，谈判过程中的发达国家与发展中国家在海洋遗传资源是否应遵循"人类共同继承财产"原则、采用货币或是非货币的惠益分享模式②关键问题上长期存在分歧。结合发达国家在海洋资源开发上的经济与技术优势，这些分歧或进一步表明发达国家达成海洋资源开发垄断的野心。《BBNJ协定》的最终案文规定海洋遗传资源应遵循"《公约》规定的人类共同继承财产"原则。这一表述一方面以"人类共同继承财产"原则体现对发展中国家观点的采纳，另一方面以"《公约》规定的"这一前置条

---

① 参见2022年8月26日版本《联合国海洋法公约》的规定就国家管辖范围以外区域海洋生物多样性的养护和可持续利用问题拟订的协定案文草案进一步修改稿第11条、第13条。

② 参见2022年8月26日版本《联合国海洋法公约》的规定就国家管辖范围以外区域海洋生物多样性的养护和可持续利用问题拟订的协定案文草案进一步修改稿第5条。

件响应发达国家的诉求。同时，《BBNJ 协定》最新案文在第 11 条和第 11 条之二规定了货币惠益分享和非货币惠益分享的形式、方式以及机制，凸显了海洋遗传资源这一对立最为激烈的部分对争议的消解和观点的融合。

在划区管理工具议题下，各国达成了通过包括海洋保护区在内的划区管理工具，对一个或多个部门或活动进行管理，以根据协定达到特定养护和可持续利用目标的共识。① 根据《BBNJ 协定》最新案文，在决策机制问题上，第 23 条规定对于划区管理工具项下的问题，一般规则采用协商一致方式，如无法达成协商一致，采用 3/4 多数票决制；对于判定是否已穷尽协商一致努力，则须经 2/3 多数投票决定。而多数票决制可能使得保护区更加容易建立。另外，案文对保护区的提案、紧急措施以及监测和审查都提到了"风险预防方法"，② 但未对"预防"这一概念作更明确的阐述，这可能为更广义的解释打开了大门，使得保护区在缺乏完全科学证据的情况下即得以建立。在此议题下，有必要警惕基于国家小团体或是对"预防"概念的扩大解释带来的国家管辖范围外海域新一轮"蓝色圈地运动"的风险。

在环境影响评估议题下，谈判过程中的各国就拟议的科学与技术机构制定标准或指南向缔约方会议提出建议并达成共识。但对于这些建议应该被视为"标准"或"指南"曾一度存在争论。③ "标准"具有法律约束力，而"指南"的适用可能更为灵活。④《BBNJ 协定》的最终案文在第 33 条规定，科学和技术机构的建议的目的是制定指南，可见其采取了更为灵活的处理方式。在能力建设与海洋技术转让议题下，谈判过程中的西方发达国家反对强

---

① 参见 2022 年 8 月 26 日版本《联合国海洋法公约》的规定就国家管辖范围以外区域海洋生物多样性的养护和可持续利用问题拟订的协定案文草案进一步修改稿，第 1 条第 3 款。

② 参见 2022 年 8 月 26 日版本《联合国海洋法公约》的规定就国家管辖范围以外区域海洋生物多样性的养护和可持续利用问题拟订的协定案文草案进一步修改稿，第 5 条、第 17 条。

③ 参见 2022 年 8 月 26 日版本《联合国海洋法公约》的规定就国家管辖范围以外区域海洋生物多样性的养护和可持续利用问题拟订的协定案文草案进一步修改稿，第 23 条第 4 款。

④ Rachel Tillera, Elizabeth Mendenhallb, Elizabeth De Santoc, Elizabeth Nyman, "Shake it Off: Negotiations Suspended, but Hope Simmering, after a Lack of Consensus at the Fifth Intergovernmental Conference on Biodiversity beyond National Jurisdiction," *Marine Policy* 148, （2023）：1-9.

制性技术转让与国际合作，而坚持自愿性转让的方式。在监测和审查海洋技术能力建设和转让方面，发达国家曾主张监测和审查，反对协议设立的委员会，认为缔约方会议就是一个灵活的治理结构。小岛屿国家和发展中国家则主张成立海洋技术委员会，强调成立一个具体的具有专门能力的附属机构，其召开会议的频率比缔约方会议更高，无须等待缔约方会议且根据地域分布提名以实现地域公平。① 在各方的积极努力下，《BBNJ协定》的最终案文在这一部分更多地体现对小岛屿国家与发展中国家利益的维护，将技术转让与国际合作规定为一项强制性义务，并在第46条特别规定成立海洋能力建设和技术转让委员会，将委员会的职权范围和运行模式等细则的规定权限赋予了缔约方大会。

目前，《BBNJ协定》业已通过并开放签署。在该协定达成后的履约过程中，同样需要秉持从全人类共同体利益维护之初心，注意维护小岛屿国家与发展中国家的利益。各国对条约解释和适用需要达到公平公正的效果，避免发达国家对全人类共同体利益进行扩大解释，以保护全人类共同体利益之名，行海洋圈地之实。

（二）国际海底区域矿产资源勘探开发规章的制定议题

《公约》第十一部分规定了国际海底区域的法律地位和开发制度，其中有关"区域"及其资源是人类共同继承财产的原则逐渐发展成为习惯国际法的一部分，具有共同共有、共同管理、共同参与和共同获益四大特征。② 2011年，国际海底管理局决定启动"区域"资源开发规章的制定工作，目前《"区域"内矿产资源开发规章和标准合同条款工作草案》（以下简称《草案》）已历经五次拟定和反复磋商，新的《草案》文本还在制定当

---

① 参见2022年8月26日版本《联合国海洋法公约》的规定就国家管辖范围以外区域海洋生物多样性的养护和可持续利用问题拟订的协定案文草案进一步修改稿，第47条。
② 金永明：《人类共同继承财产概念特质研究》，《中国海洋法学评论》2005年第2期。

中。① 在不断修订过程中，有关"区域"环境保护的规定得以细化和强化，《草案》在全人类共同环境利益的基础上赋予担保国环境保护的一般义务，在具体资源勘探和开发活动中，赋予既有"共性"又有"区别"的环境保护义务。在惠益分享机制讨论上，也体现了共同但有区别的责任原则。2021年，瑙鲁触发了《关于执行1982年12月10日〈联合国海洋法公约〉第十一部分的协定》下的"两年规则"，② 加快了开发规章的制定进程，但规章能否出台仍然取决于谈判本身。

根据2019年版本的《草案》，在第十一部分"检查、遵守和强制执行"中规定了国际海底管理局的监管职权，进一步明确了《公约》授予国际海底管理局的监督检查权，明晰了担保国的担保责任，并规定了对承包者的强制执行和处罚措施等内容。但是，过多地强调承包者和担保国的义务和责任，导致承包者和担保国负担的责任过重，而有悖于各国提案中普遍强调的适当惩罚。③ 另外，《草案》并未明确提出具有可操作性的具体环境标准和做法，而对于环境标准的明晰需求已经反映在各国的提案当中。根据2019年12月的《关于"区域"内矿物资源开发规章草案的评论意见》，有建议提出需进一步澄清环境标准、环境管理系统、环境影响报告与环境管理和监测计划之间的关系，包括内容、产出、工作流程和主要实施实体。并且，企业部的设立运行等问题也尚未得到解决。故申请者如在开发规章缺位的情况下进行开发工作计划的申请，将面临诸多法律不确定性和经济风险。因此，在开发规章开放讨论的过程中，各方需要秉持人类共同继承财产的原则，从维护全人类共同体利益角度出发，在各种关系国家重要利益的问题上进一步积极讨论，同时应强调发达国家与发展中国家在资源开发技术上的差异，注意合理设计各方在"区域"资源开发议题下的环境保护责任和惠益分享

---

① 2021年4月国际海底管理局发布了有效期至2021年6月的《草案》的附加标准和准则草案，由利益相关方提供意见，旨在对国际海底管理局正在制定的《草案》进行补充。

② 《关于执行1982年12月10日〈联合国海洋法公约〉第十一部分的协定》第15条规定，在一个国家提出申请核准开发工作计划的国家请求后，国际海底管理局理事会须在两年内完成开发规章的制定。否则，理事会将不得在没有规章的情况下审议开发申请。

③ 参见2019年12月版本《关于"区域"内矿物资源开发规章草案的评论意见》，第23段。

机制。

2023 年 7 月，国际海底管理局召开第 28 届会议，重点工作仍然是对《草案》进行谈判。无规章情况下开发工作计划的申请将面临能否开采、如何开采以及开采年限等诸多法律不确定性和经济风险，故对国际区域及资源的处理应符合《公约》及其执行协定中的规则和精神。《草案》的制定需要兼顾各国利益、国际社会整体利益和全人类共同利益，在平衡发达国家和发展中国家有关资源开发技术的差异情况下，达成权责相当、公平合理的深海开发规章。

（三）国家管辖范围外海域塑料污染议题

在国际环境公共性问题领域，塑料垃圾污染是显著性问题。在全球范围内塑料已被证明占海洋垃圾的 60%～80%，① 在一些地区占比甚至会更高。② 海洋塑料垃圾最终沉积于国家管辖范围外海域，进入深海生物链，破坏深海生态系统。③ 在现有的国际法律框架下对此问题适用的协定是 2019 年生效的《〈巴塞尔公约〉缔约方会议第十四次会议第 14/12 号决定对〈巴塞尔公约〉附件二、附件八和附件九的修正》（以下简称《巴塞尔公约》塑料废物修正案），其核心理念是基于全人类共同体利益，保护人类健康和环境，使其免受危险废物和其他废物的产生和管理可能造成的不利影响。《巴塞尔公约》塑料废物修正案对海洋塑料污染的中间环节的法律介入，通过事先知情同意程序等义务性规定，约束塑料废物的跨境转移，从而保护全人类共同体利益。另外，在塑料无害化处理等技术方面，发达国家缔约方对发展中国

① José G. B Derraik, "The Pollution of the Marine Environment by Plastic Debris: A Review," *Mar Pollut Bull* 44 (9), (2002): 842-852.

② Michael L. Dahlberg, Robert H. Day, "Observations of Man-made Objects on the Surface of the North Pacific Ocean," in S. Shomura Richard, O. Yoshica Howard (eds.), *Proceedings of the Workshop on the Fate and Impact of Marine Debris*, 27-29 November 1984, Honolulu, Hawaii, pp. 198-212; Haruyuki Kanehiro, Tadashi Tokai, Ko Matuda, "The Distribution of Litter in Fishing Ground of Tokyo Bay," *Fishing* 31 (3), (1996): 195-199.

③ 钭晓东、赵文萍：《深海塑料污染国际治理机制研究——人类命运共同体的深海落实》，《中国地质大学学报（社会科学版）》2019 年第 1 期。

家缔约方提供废物回收技术援助与资金支持的规定，也表达了共同但有区别的责任原则的理念。

2022年3月2日，175个国家和地区的领导人、环境部长及其他部门的代表，在联合国第五届环境大会续会上通过了《终止塑料污染决议（草案）》，旨在2024年达成一项涉及塑料及其制品的生产、设计、回收和处理等各个环节且具有国际法律约束力的协议。与《巴塞尔公约》塑料废物修正案不同，该协议将涉及塑料的整个生命周期，包括可重复使用和可回收产品和材料的设计，更加强调国家间技术、能力建设和科学技术合作。而微塑料污染是一种新兴的海洋污染问题，因微塑料废片直径小于5mm，在大自然循环系统的作用下其更容易进入海洋生态环境，从而对鱼类等海洋生物造成污染。因此，微塑料污染不仅威胁到海洋生态安全和可持续发展，还威胁到人类粮食安全。但目前其治理主要依据《巴塞尔公约》等条约和《塑料污染热点和促成行动国家指南》等软法，尚未达成针对性的国际条约。

针对海洋微塑料污染治理，同样需要基于对全人类共同体利益的保护，鼓励跨部门、跨行业的国际合作。总的来说，在海洋塑料污染防治方面，各方在依据《终止塑料污染决议（草案）》的后续谈判上，需要确保广泛的参与性，同时需要注意发达国家与发展中国家的责任差异，从而达成一项应对塑料污染的公平协定。而这份专门针对塑料污染且具有法律约束力的国际协定，需要各方对诸多法律原则达成共识，如"全生命周期管控原则""生产者责任延伸原则"和"污染者付费原则"等。另外，还需要考虑如何将塑料治理纳入整个经济社会发展规划中，统筹考虑经济、社会发展与环境治理的协同促进作用。在微塑料污染防治方面，有必要通过专门性条约规则的制定，为各国合作搭建平台，保护以海洋为依托为人类提供优质蛋白高效供给的"蓝色粮仓"。

（四）气候变化造成的海洋酸化及海平面上升等议题

进入工业时代后，煤炭等化石燃料的大量燃烧使温室气体排放量急剧增加，温室气体进入海洋水体后，经过反应产生大量氢离子以及碳酸，导致海洋酸化。① 气候变化造成的全球气温变暖同样反应在海平面上升等问题上。气候变化带来海洋环境变化后，海洋生物多样性也受到威胁。可见，气候变化在海洋领域造成了一系列全球性问题。现有国际法框架下尚不存在一套专门应对气候变化造成的海洋问题的国际法律制度，能为解决这些问题提供必要的法律基础的国际条约包括《联合国海洋法公约》《生物多样性公约》《联合国气候变化框架公约》等。《联合国海洋法公约》中有关国际海洋环境保护的法律制度和《联合国气候变化框架公约》及相关协定中有关气候变化应对的国际法律制度，在全人类共同体利益的基础上赋予各国环境保护的一般义务。但二者均缺乏具体针对气候变化造成的海洋酸化、海平面上升、海洋生物多样性丧失等问题的共识与措施。《生物多样性公约》中有关海洋生物多样性保护法律制度从海洋生物多样性养护的角度纳入海洋酸化问题的考量，但其对气候变化造成的海洋问题的关注也并不全面。因此，对国家管辖范围外海域气候变化造成的海洋问题的治理虽具有良好的国际法律基础，但仍有欠缺。而不论是《联合国气候变化框架公约》中缔约方的应承担的减排义务，还是《生物多样性公约》中惠益分享机制等都贯穿着共同但有区别的责任原则理念。人类对气候变化造成的海洋问题的治理尚处于初级阶段，基于气候变化与海洋酸化之间相互作用的关系，前期人们在气候治理上达成的共识理应适用于国家管辖范围外海域海洋酸化问题，因此各方同样应基于全人类共同体利益，共同治理因气候变化影响造成的国家管辖范围外海域海洋酸化问题，以"共商共建共享"原则促进合作，同时注意考量发达国家与发展中国家的差异，遵循"共同但有区别的责任"原则分配国家的承担义务。

2023 年 9 月 15 日，中国代表在国际海洋法法庭涉气候变化咨询意见案口头程序中进行陈述，阐释中国关于管辖权和有关国际气候变化法以及国际海洋问题的立场和主张，是中国的一次重要的国际准司法实践。需要关注

---

① Richard A. Feely, Scoot C. Doney, Sarah R. Cooley, "Ocean acidification: present conditions and future changes in a high CO2 world," *Oceanography* 4 (2019): 36-47.

到，通过国际司法机构的咨询意见程序，国际海洋法法庭和国际法院在气候变化造成的海洋酸化、海平面上升、海洋生物多样性丧失等问题上通过提供咨询意见的方式所发挥作用的边界。

六 国家管辖范围外海域国际法治发展特点

通过对国家管辖范围外海域的国际法治发展历程的回溯，以及对国家管辖范围外海域国际法治新兴议题发展趋势的分析，可总结出国家管辖范围外海域国际法治的发展特点，进而为中国推进国家管辖范围外海域国际法治发展和深度参与全球海洋治理提供有益的建议。

（一）国家管辖范围外海域国际法治发展特点

纵观整个国家管辖范围外海域的国际法治发展历程，随着人类海洋科学技术水平的提升，陆上主权逐渐向海上延伸，海洋也从原始海洋的开放与自由状态到几乎全部处于各国名义上的"控制"之下，再到领海、公海二分国际海上管辖权体系的初步形成，最终使得国家管辖范围外海域首次以国际法律制度的方式得以确立。二战后，《公约》将海上管辖权的制度化，进一步发展了国家的海上管辖权，实现了国家主权内绝对占有和排他性与海上管辖权范围内别国享有适当合理自由的平衡。国家管辖范围外海域法治发展趋势表明，在国家管辖范围外海域，国家的权力、私有的权利观已经从单一或几个主权国家进行占有发生转变；相应地，其控制的权力/权利内容也发生改变，更倾向于共同的义务以及责任观。对于国家管辖范围外海域的治理需要在包容全球各国不同的价值理念的基础上通过良好健康的国际合作，维护全人类共同体利益。在法律上，表现为在国际规则的制定、履行与监督和科学技术进步等方面，从维护全人类共同体利益的角度出发，在各国平等谈判协商基础上实现各国共同责任承担与共同利益分配上的公平，而判断公平的一个基本条件是在责任承担与利益分配上适用共同但有区别的责任，彰显该原则中的公平价值。

（二）中国应积极参与国家管辖范围外海域治理

国家管辖范围外海域国际法治的发展趋势表明，国家管辖范围外海域的治理需要从保护全人类利益的角度，促进在国际合作的基础上共同治理，并达成责任的公平共担和利益的公平共享。而中国提出的"人类命运共同体"理念在国际法层面强调主权平等、国际合作、维护全人类利益，将合作具体推向了"共商共建共享"的深层次意涵，① 恰恰适应了现阶段国家管辖外海域国际法治发展的需要，符合国家管辖范围外海域国际法治的发展趋向，是中国应对全球治理困境贡献的全球治理方案。② "海洋命运共同体"是对"人类命运共同体"理念的丰富和发展，为解决全球海洋治理的困境提供了可行的理念引导与实践路径。③ 因此，中国需在人类命运共同体理念与海洋命运共同体理念下参与国家管辖范围外海域治理。

首先，在《BBNJ 协定》议题下，中国作为负责任的海洋大国，支持养护和可持续利用国家管辖范围外海域，兼顾不同地理特征国家的利益和关切，保持权利、义务的平衡，维护全人类的共同体利益，致力于实现互利共赢的目标。④ 故在后续的履约实践中，中国需要注意与各国达成条约解释与执行的共识，避免发达国家对全人类共同体利益进行扩大解释，以新形态的"蓝色圈地运动"压缩发展中国家的发展空间。

其次，在"区域"资源开发规章的制定议题下，中国有必要继续在"区域"资源开发规章的制定中发挥"引领国"的作用，既不断提升本国的有关"区域"资源的开发技术和开发能力，也要考虑其他发展中国家的利

---

① 邹克渊：《国际海洋法对构建人类命运共同体的意涵》，《中国海洋大学学报（社会科学版）》2019 年第 3 期。

② 白佳玉、隋佳欣：《人类命运共同体理念视域中的国际海洋法治演进与发展》，《广西大学学报（哲学社会科学版）》2019 年第 4 期。

③ 程保志：《全球海洋治理语境下的"蓝色伙伴关系"倡议：理念特色与外交实践》，《边界与海洋研究》2022 年第 4 期。

④ 郑苗壮：《国家管辖范围以外区域海洋生物多样性国际协定谈判与中国参与》，《环境保护》2020 年第 3 期。

益，推动其他发展中国家间国际合作、共同参与"区域"资源的开发活动，从而进一步落实全人类共同继承财产原则。[①] 结合中国 2019 年提交的关于《"区域"内矿产资源开发规章草案》的评论意见，中国在该草案的制定中可进一步促进各方在检查活动中的权利、义务和责任的清晰与明确，避免增加承包者的负担，推进环境保护标准和有关企业部分的规定丰富和细化等工作。

再次，在国家管辖范围外海域塑料污染治理议题下，中国支持通过多边努力来应对塑料污染，就塑料（包括海洋环境中的塑料）的国际文书启动谈判，认为应具有积极进取的目标和执行手段，确保广泛的参与性，同时充分承认各国不同国情和起点。[②] 故后续谈判中，中国有必要积极参与和推进有关协定的达成，坚持共同但有区别责任的原则，鼓励发达国家对发展中国家在经济和技术方面的援助，共同推进全球海洋塑料污染的防治。在微塑料治理方面，中国应推进新的有针对性的国际协定的制定，推进全球微塑料污染的共同治理，从而保护全人类的生命健康安全。

最后，在气候变化造成的海洋酸化等议题下，发达国家对全球气候变暖负有不可推卸的历史责任，中国立场是通过公平合理的减排标准实现分配正义，通过发达国家对发展中国家提供支持实现矫正正义，并强化履约机制。[③] 因此在因气候变化造成的国家管辖范围外海洋酸化等问题治理方面，中国应结合《中国应对气候变化的政策与行动》白皮书，积极参与气候变化造成的海洋问题治理的讨论，并基于气候正义有效开展气候领域的国际合作。在责任承担问题上，基于气候变化影响造成国家管辖范围外海域海洋问题的逻辑，

---

① 2017 年 5 月 11 日，原中国国家海洋局局长王宏明确表示，中国政府"将一如既往地支持和参与国际海底管理局的工作，切实承担起国际海底管理局成员国的责任，共同推进国际海底活动规范化，同时持续支持发展中国家提升海底勘探能力建设，提升发展中国家的海洋科技水平"。参见《中国大洋协会与国际海底管理局签署国际海底多金属结核矿区勘探合同延期协议》，中国自然资源部网站，https：//www.mnr.gov.cn/dt/hy/201705/t20170515_2333189.html；杨泽伟：《国际海底区域"开采法典"的制定与中国的应有立场》，《当代法学》2018 年第 2 期。

② 参见 2022 年 3 月 8 日《联合国环境大会第五届会议续会的会议记录》中 77 国集团和中国的发言。

③ 曹明德：《中国参与国际气候治理的法律立场和策略：以气候正义为视角》，《中国法学》2016 年第 1 期。

强调发达国家与发展中国家的责任承担的区别，促进各方在气候造成的海洋问题治理上达成公平正义目标下的合意。

（三）实施途径

为把握上述机遇，中国有必要积极参与国家管辖范围外海域治理的造法论证与后续的谈判协商及履约进程。[①] 具体可考虑四个方面落脚点：第一，扩大人类命运共同体和海洋命运共同体的理念传播，扩大合作范围，形成一种共治氛围。中国提出的人类命运共同体理念与海洋命运共同体理念，强调通过国际合作维护全人类共同体的利益，具体体现为对海洋治理"共商共建共享"，符合国家管辖范围外海域国际法治发展的趋势。因此中国需要积极推进人类命运共同体理念和海洋命运共同体理念的传播，增强该理念的国际认同，打造蓝色伙伴关系，从而促进制度共识的达成。第二，在人类命运共同体理念和海洋命运共同体理念下促进国际协定在善意解释的基础上得到各缔约方的积极履约。国家管辖范围外海域的海洋生物多样性养护与利用及区域资源开发的规则制定虽已尘埃落定，但后续对条约的解释和适用方兴未艾，中国有必要以人类命运共同体和海洋命运共同体为理念指导，以发展中的海洋大国这一身份地位持续发挥国家实践的示范性作用，引领各缔约方对《BBNJ协定》公平公正的法律适用。第三，在人类命运共同体理念与海洋命运共同体理念下促进新的国际协定的制定。如前文所述，海洋塑料与微塑料污染治理、海洋酸化治理等方面都缺乏有针对性的专门性国际法律规范，有必要积极参与国家管辖范围外新规则的制度构建，强调全人类共同体利益的保护、共同责任的承担、共同命运的维护，促进国家实际享有的权利与其实际负担的义务相统一。第四，在人类命运共同体理念和海洋命运共同体理念下注意打造多边平台上的外交关系，促进各国在管辖范围外海域事项的履约。对于现行国际秩序，中国既要防止西方国家将规则项下的强权政治逻辑代入国际法，

---

① 白佳玉：《〈联合国海洋法公约〉缔结背后的国家利益考察与中国实践》，《中国海商法研究》2022年第2期。

又需以人类命运共同体理念为指引，促进"以国际法为基础"的国际秩序和国际体系。[1] 故国家管辖范围外海域国际法治应遵循基于国际法的国际秩序，坚持开放包容，让每个国家都能够平等地参与全球性的多边制度，通过平衡各方利益达到合作共赢的效果，而这种效果的达成依赖于各国对国际协定的履行。因此中国应通过以联合国为核心的多边平台，积极监督和促进各国在国家管辖范围外海域相关事宜下的履约。第五，在人类命运共同体理念与海洋命运共同体理念下需注意技术差距问题，科学技术不仅影响着人类认识开发以及获取海洋资源的能力，更是国家管辖海域与国家管辖范围外海域制度革新的重要推动力。而话语权的塑造与竞争往往体现在科学与政治的互动中，[2] 不论是国际协定谈判中的议题设计还是科学论证引用，其背后都可能存在国家利益的考量。中国应抓紧实现海洋技术飞跃与人类命运共同体理念的转化渗透，当中国通过技术超越掌握了未来技术制度走向的国际话语权时，可能更有利于进一步促进国家管辖范围外海域治理公平的实现。

七　结语

从罗马时代到 21 世纪，传统主权概念由萌芽逐渐发展成熟，从抽象的权力象征衍生出具体的管辖权内涵。随着人类认识、利用以及控制海洋能力的提升，这种从陆上产生的概念被主权国家扩大以适用于海洋，于是产生了国家管辖海域。不同时期，国家管辖海域的权力/权利内容从单一的海上主权向海上主权与海上专属管辖权的复合内容转变，国家海上管辖权的制度化更使这种国家管辖海域法律制度体系得以成熟。国家管辖海域范围的确定构成了国家管辖范围外海域国际法治发展的前提，在无法被海上主权以及海上管辖权控制的国家管辖范围外海域，新的法律制度聚焦于海洋生物资源养护、区域资源开发、海洋新型污染治理，以及气候变化对海洋的影响应对等涉及全

---

① 徐崇利：《国际秩序的基础之争：规则还是国际法》，《中国社会科学评价》2022 年第 1 期。
② 李昕蕾：《全球气候治理中的知识供给与话语权竞争——以中国气候研究影响 IPCC 知识塑造为例》，《外交评论（外交学院学报）》2019 年第 4 期。

人类共同体利益的事项，在义务和责任分配方面更加强调共同但有区别的责任原则。在这一背景和发展趋势下，中国应充分发挥人类命运共同体理念和海洋命运共同体理念在国家管辖范围外海域国际法治发展进程中的功能和作用，提升中国在整体国际海洋法治发展中的话语权和领导力，促进全球海洋秩序朝着更加公平有序的方向发展。

集体安全化与东盟应对海上威胁策略演进逻辑

李大陆　张慧霞*

摘　要： 理解东盟应对海上威胁策略选择的因果机制，需要梳理东盟国家的威胁认知和互动。基于集体安全化的分析框架，可以厘清东盟国家应对海上威胁的基本逻辑。东盟成员国通过识别威胁、说服与动员、回应与互动以及可持续性合作四个阶段促成议题的集体安全化。这一过程中威胁说服、利益说服和规则说服三条路径的综合作用构成了施动者说服逻辑，受众的回应方式决定集体安全化是否成功：当受众就议题进行正反馈，集体安全化容易催生区域合作，形成规范化的机制；当受众出现负反馈，议题很难进入集体层面，普遍性决议的政治可行性较低。东盟应对海上恐怖主义的政策选择验证了上述理论逻辑。

关键词： 集体安全化　东盟　海事安全威胁　说服策略

---

* 李大陆，中国海洋大学马克思主义学院副教授，中国海洋大学海洋发展研究院研究员；张慧霞，中国海洋大学国际事务与公共管理学院硕士研究生。

一 引言

区域组织作为国际组织的一种，在整合资源应对威胁方面具有优势。构建应对威胁的合作议程是考察区域组织能力的重要标准。海上安全是东盟的重要议题，也被纳入东南亚国家安全的范畴。海上安全问题通常相互依赖，具有跨界、扩散和不确定特点。一国内部安全问题外溢至整个地区导致国家很难凭借一己之力克服诸多挑战。因此，海事问题本质上是区域性的，应通过建立一套区域性的、综合的、全面的合作方式来解决。① 这就要求东南亚国家具有共同安全意识，通过集体化方式应对安全威胁。东盟由此在地区公共安全问题治理中具有中心地位。

目前关于东南亚国家海上安全的既有研究中，主要存在三种分析视角：一是现实主义视角。不少学者将海洋安全与地缘政治结合，作为理解战略研究的分支。该视角关注海上秩序、国家间互动和全球力量转移对国家政策的影响。特别是强调高度复杂的地缘政治总格局下，国家能力对维护海上安全的重要作用。凌胜利将国家能力作为理解海权的一个维度，认为其既包括经济利用，也涉及军事控制；既立足于合法的海洋权益维护，也兼顾战略性运筹。② 陈翔认为，强大的国家能力有助于推进国家目标更顺利地转化为政策现实，提高国家应对海上竞争与挑战的整体效能。③ 二是新自由制度主义的视角，强调通过国家间的相互协调来解决海洋问题。该视角尤其强调通过构建海上安全合作机制，或建立共同体的方式来应对威胁。特别是面对海洋利益的非传统威胁呈现的跨国性、扩散性和长期性特点，需要国际社会凝聚共识，通过反复试错形成有效的制度。④ 该视角的研究也突出东盟中心性的研

---

① 周玉渊：《东南亚地区海事安全合作的国际化：东盟海事论坛的角色》，《外交评论》2014 年第 6 期。
② 凌胜利：《中美亚太海权竞争的战略分析》，《当代亚太》2015 年第 2 期。
③ 陈翔：《威胁认知、国家能力与东南亚国家的军备发展》，《云大地区研究》2019 年第 1 期。
④ 李大陆：《海权演变与国际制度的运用》，《太平洋学报》2014 年第 1 期。

究。例如，阿米塔夫·阿查亚认为非正式性、最小程度的制度化、领导人之间的私人友谊是促进东盟海上合作的重要特征。[①] 韦红等认为"东盟方式"为应对海上威胁提供了指导性方针。[②] 东盟利用其构建的区域关系网络掌控了强关系性权力，在区域海洋合作中发挥中心性和主导性作用。[③] 三是哥本哈根学派的"安全化"视角，以奥利·维夫和巴里·布赞为代表。这一视角将特定国家构建海洋安全威胁，并采取行动的过程框定为安全化的过程。通过安全威胁建构机理的剖析，阐释安全问题的形成过程，并提出通过"去安全化"应对威胁。贺嘉洁认为当东盟可能出现内部分裂时，将海洋合作"安全化"有利于提升议程设置的优先性，借此巩固东盟的中心性地位。当东盟被边缘化或面临选边站时，又通过"去安全化"来引导海洋合作议程向发展问题转向。[④]

综上所述，上述三种研究视角解释了应对海上安全问题的路径选择，为厘清海上威胁的政策复杂性提供了借鉴与启示。但是上述研究视角也存在不足：首先，现实主义关注权力的因素，期望通过权力来解释海上安全合作出现的动因。但是该视角无法在经验上解释，即便东南亚区域缺少主导性强国，但依然在某些海洋安全问题上存在广泛合作的现象。而且，按照现实主义的逻辑，在自身能力不足的情况下，理性的行为体有动机引入域外大国参与海洋安全合作，提升区域公共安全供给水平。但实际上，东南亚国家依然基于自主性理由，坚持通过"区域问题区域解决"的原则解决地区问题，而非引入域外力量干预。其次，新自由制度主义强调通过制度促进国家间合作。但是东南亚国家普遍遵循以东盟为中心，形成了以不干涉内政和协商一致为原则的"东盟方式"，试图通过非正式的合作机制，兼顾各方利益，推

① Amitav Acharya, "Ideas, Identity and Institution-Building: From the 'ASEAN Way' to the 'Asia-Pacific Way'?" *Pacific Review* 10 (3), (2007): 319-346.

② 韦红、卫季：《东盟海上安全合作机制：路径、特征及困境分析》，《战略决策研究》2017年第5期。

③ 田诗慧、郑先武：《关系性权力与亚太海洋安全合作"东盟中心地位"构建》，《当代亚太》2022年第6期。

④ 贺嘉洁：《东盟海洋合作的"安全化"与"去安全化"》，《东南亚研究》2020年第4期。

动国家间的功能性合作。新自由制度主义难以解释东盟为何会在没有规范性制度的约束下，推进安全合作的基本经验。

上述两个视角在经验解释上的不足，一个重要的原因是主要局限于结构层次的分析。结构因素虽然揭示了塑造东南亚国家应对海上安全威胁的外部动因，但由于忽视了东南亚国家实施地区安全治理的进程因素，所以无法直接揭示相关国家政策选择的内部动因。相比之下，安全化理论虽然提供了"进程选择"的视角，但该理论过于强调单一施动者的作用，缺乏对受众能动性的关注，导致难以深入把握东南亚国家安全合作的内在逻辑。而且，对东南亚国家来讲，随着"威胁"超越国家边界，侵蚀集体身份或挑战国家间功能性合作，各国偏好的差异性更加凸显，此时东南亚国家的海上安全合作将更多地表现为集体层面互动的结果。因此，理解国家互动的内在逻辑是了解其政策选择的核心。对此，本文尝试引入"集体安全化"概念，分析影响受众应对海上威胁互动的动力机制。

二　集体安全化的理论反思与进程建构

集体安全化是指行为体将特定挑战框定为对国家或区域的威胁，并采取制度化措施予以应对的过程。这一理论强调集体层面接受共同的安全话语并以此塑造实践行动。[1] 一般来说，当安全的观念从集体安全发展到综合安全、共同安全甚至合作安全，安全的含义超出军事安全的界限，更多指涉非传统安全问题时，集体安全化更容易发生。[2] 由于非传统安全问题通常具有传递效应，问题扩散和地理距离的临近会提升国家的威胁认知，导致矛盾尖锐化，协调难度提升。而单一国家受限于行动能力，很难独自解决集体层面的共同难题。因此，集体安全化的问题解决路径，有利于国家将议题推到集

---

[1] James Sperling, Mark Webber, "NATO and the Ukraine Crisis: Collective Securitisation," *European Journal of International Security* 2（1），（2017）：19-46.

[2] 刘青尧：《从气候变化到气候安全：国家的安全化行为研究》，《国际安全研究》2018 年第6 期。

体层面，立足多边平台塑造共同的威胁认知以及议程设置的合法性，并在可持续政策实践中提升问题解决效能。集体安全化驱动集体间的共同行动，但并不意味着必然导致集体安全。集体安全将安全视为集体公共物品，由国家共享安全、共担风险，具体表现为以集体的力量威慑或制止可能出现的侵略，以及形成国际安全保障机制，其取得必须通过所有成员国形成集体共识。① 集体安全化正是通过将施动者策略与受众能动性纳入一个进程分析的框架，阐释议题被建构为安全威胁的过程。该理论更重视整体的、系统的区域安全治理的分析路径，强调整体的安全认知和共同接受的治理规范在维护国家安全中的重要作用。

（一）集体安全化理论阐述

集体安全化概念最早是由于尔根·哈克和保罗·威廉姆斯提出的。学界认为集体安全化是行为体之间建构安全威胁的过程，其意味着施动者认定的安全目标被越来越多的受众所接受，由区域或跨区域行为者分享。② 在安全化的过程中，某一区域内的施动者将特定议题框定为对区域整体安全的威胁，并希望自身的安全认知和政策获得区域内受众的支持，进而形成共识并以制度化的方式予以应对。

詹姆斯·斯柏林和马克·韦伯发展了安全化的概念。他们认为在正式的国际组织中，集体安全化的受众由成员国组成，国际组织是实施安全化的场所。由于各个行为体本身具有不同的安全偏好，所以为了应对安全问题，就需要赋予施动者代表受众界定安全挑战、提出应对战略的权威。施动者及受众对挑战的关注既可能来自成员国各自的安全化需求，也可能来自共同的威

---

① 门洪华：《集体安全辨析》，《欧洲》2001 年第 5 期；郑永年：《亚洲的安全困境与亚洲集体安全体系建设》，《和平与发展》2011 年第 5 期。

② Jürgen Haacke, Paul D. Williams, "Regional Arrangements, Securitization, and Transnational Security Challenges: The African Union and the Association of Southeast Asian Nations Compared," *Security Studies* 17 (4), (2008): 775-809.

胁感知。[①] 因此某个议题被视为安全威胁不仅取决于施动者话语与现实之间的一致性，也会受到国家利益与需求的影响。[②] 两位学者将安全化概括为包含六个阶段的过程：一是现状被某种安全话语和政策所框定；二是出现破坏现状的单个事件；三是施动者基于事件建立联盟并以演讲的形式表达联盟的声明与意愿；四是观众对施动者发起的动议进行回应与验证；五是政策产出；六是出现新的现状。[③] 在这一模型中，行为体的提议被受众接受，并因此采取适当的共同政策时，意味着集体安全化的成功。

丽塔·弗洛伊德从规范性和道德的角度，进一步界定了集体安全化的成功。其强调集体安全化在应对威胁方面具有的优势，主要表现为能力的集中，并且能够代表集体层面具有的信誉。弗洛伊德不仅认同斯柏林和韦伯的观点，认为获得受众的支持意味着施动者和集体安全化的成功，并且提出，当施动者能力不足，成员国没有就威胁和采取的措施达成一致共识时，施动者若能够从规范性和道德上说服受众，根据受众自身的不安全状况负担行动成本，集体安全化也有可能成功。[④]

根据上述学者的观点，集体安全化的基本逻辑是施动者在集体层面推动安全化的过程。其结果将是"相对积极的"[⑤]：一是能弥补单个国家应对威胁的劣势，缓解威胁增加、扩散和资源紧张的张力。内嵌于国际组织的整体规范，为调动各方资源提供了重要激励，是克服集体行动问题的重要保证。二是驱动国家间复杂化的互动，进而由合作促成稳定与连贯的制度化安排。三是弥合组织内部分歧，通过构建适当的冲突解决机制，提升区域组织的凝

① James Sperling, Mark Webber, "NATO and the Ukraine Crisis: Collective Securitisation," *European Journal of International Security* 2 (1), (2017): 19-46.

② James Sperling, Mark Webber, "NATO and the Ukraine Crisis: Collective Securitisation," *European Journal of International Security* 2 (1), (2017): 19-46.

③ James Sperling, Mark Webber, "The European Union: Security Governance and Collective Securitization," *West European Politics* 42 (2), (2019): 228-260.

④ Rita Floyd, "Collective Securitisation in the EU: Normative Dimensions," *West European Politics* 42 (2), (2018): 391-412.

⑤ James Sperling, Mark Webber, "The European Union: Security Governance and Collective Securitization," *West European Politics* 42 (2), (2019): 228-260.

聚力。

斯柏林和韦伯虽然为解释集体安全化提供了一条新思路，但考虑到与现实政治的匹配性，其模型存在以下问题：（1）对施动者的限定不符合国际组织行为的复杂性。他们将国际组织视为单一行为体，忽视国际组织内成员的差异化偏好、国际组织的资源存量和组织能力的综合作用。事实上，国际组织由于职能的差异可划分为不同形式，例如诺兰德提出组织具有"多边效用型"和"对冲效用型"两类。[①] 不同的组织类型因为功能和权威的限制具有不同的安全观，因而其应对威胁的行为也有所不同。（2）对集体安全化的过程论证过于宽泛。不同于单一国家驱动安全化的行为，集体安全化追求建立一致性偏好和集体共识。因此，对威胁的界定既可能来自国际组织，也可能来自组织内某一有能力的成员。斯柏林和韦伯虽然承认了这一点，但对促成集体安全化的发起过程以及施动者动机没有详细论证。（3）对受众能动性的解释不足。集体安全化虽然超越哥本哈根学派将受众视为被动接受者的观点，提出"递归互动"概念，用以描述受众与施动者之间就议题展开的博弈、妥协与协调的过程，但是并没有解释其形成的原因。[②] 该理论只强调了安全化演变的过程，并假设受众在面临威胁时接受施动者的言语和行为，从而进入安全的新常态。这一模型难以解释受众在界定议题和提出应对方式中的主动性，也无法厘清影响受众在面临类似的安全风险时政策选择差异化的因素。

（二）集体安全化进程构建

上述理论思考为理解集体安全化在实践中是如何运作的提供了借鉴。本文在上述观点的基础上遵循言语-行为的逻辑构建安全化行动的分析框架。言语-行为是理解集体安全化行动的重要工具。于斯曼认为定义安全以及如

---

① J. Rüland，"Southeast Asian Regionalism and Global Governance：'Multilateral Utility or Hedging Utility?'，"*Contemporary Southeast Asia* 33（1），（2011）：83-112.

② James Sperling，Mark Webber，"NATO and the Ukraine Crisis：Collective Securitisation，" *European Journal of International Security* 2（1），（2017）：19-46.

何处理安全问题之间存在内在联系，而言语-行为将特定议题定义为威胁，并为采取的应对措施提供合法性支撑。① 沙哈尔·哈默里和李·琼斯认为威胁能否成功被言语-行为定义取决于某些促进条件，包括威胁性质、施动者的安全言语以及施动者与受众的联系等。② 在现实政治中，这些条件的出现事实上标定了安全化不同阶段的内容。

威胁性质是言语-行为发起的初始条件，它确定施动者与受众的规模与范围，并且赋予相关施动者主导议程的特权。施动者的言语策略通过建立广泛的联系，塑造受众的威胁认知和集体层面的身份与认同，为它们的行动创造合法性。而受众接受度是影响言语策略效果的关键环节。梅利·卡拉贝若-安东尼等认为传统政治与安全环境下，受众通常具有弱参与性，言语-行为容易演变为符号-行为。③ 此时，受众对施动者言语策略的接受度较高。但是集体环境下，施动者与受众规模的扩展意味着受众的同一性失去效用。④ 规模的扩展意味着受众的能动性提升，施动者需要协调与更广泛的受众之间的关系。并且，由于集体安全化的进程通常发生在国际组织，且受众通常为国家行为体，结构性的约束和国家对利益的关注等因素制约着受众对言语策略的接受度。由此，基于三者之间的关系，本文将集体安全化的进程分为四个阶段。

第一阶段：识别威胁。国家及国际组织通过发现某一议题对自身安全价值的消极影响来构建威胁认知。国家往往会基于政权的安全诉求、战略偏好或利益考量判定威胁。当威胁具有跨界或跨国的特性，超出国内政治的界限时，国家就会倾向于动员区域内的行为体共同应对，特别是当国家期望用制

---

① Jef Huysmans, "Security! What Do You Mean?: From Concept to Thick Signifier, " *European Journal of International Relations* 4 (2), (1998): 242-244.

② Shahar Hameiri, Lee Jones, "The Politics and Governance of Non-Traditional Security," *International Studies Quarterly* 57 (3), (2013): 462-473.

③ 梅利·卡拉贝若-安东尼、拉尔夫·埃莫斯、阿米塔夫·阿查亚编著《安全化困境：亚洲的视角》，段青编译，浙江大学出版社，2010。

④ Shahar Hameiri, Lee Jones, "The Politics and Governance of Non-Traditional Security," *International Studies Quarterly* 57 (3), (2013): 462-473.

度强化自身权力或提升行动合法性时，更倾向于发起集体安全化。国际组织对威胁的定义来自自身的职能和议题本身的特性。当某一议题被视为对集体身份及共同利益的损害，或者制约区域组织的有效性时，更容易被国际组织指认为对集体的威胁。无论是对国家，还是对国际组织而言，其作为安全化的施动者对安全威胁的识别更多的是一个政策选择过程。某些紧急事态的发生可能将行为体置于安全危机的情境中，行为体由此在短时间内形成并强化威胁认知。但是，威胁认知的出现也可能反映了行为体立场的渐进调整，既是一个行为体不断修正对安全议题的态度的过程，也是一个将特定议题引入组织议程并不断提升优先性的过程。换言之，威胁认知的形成是一个先前很少被关注的议题频繁出现在官方议程中，进而被赋予重大安全价值的过程。①

第二阶段：说服与动员。这一阶段的目标是建构集体安全威胁认知，塑造群体间应对安全威胁的共识。此时行为体之间的关系转变为施动者对受众的说服。如果行为者试图在集体的层面上传播自身的安全威胁认知，使他者认同自身的安全判断，那么其就转变为安全化过程的施动者。施动者需要运用安全话语，② 按照特定的说服逻辑动员受众建立新的制度安排来应对威胁。由于安全状态是由客观存在的状态与主观感受结合的统一体，其本质是一种主体间认知。因此，安全话语对塑造群体间安全的认知发挥很大作用。其通过紧迫性和例外论来揭示目前的状态"是什么"和"怎么样"，强调安全政策体系面对的"规范赤字"和能力困境，③ 提升受众对施动者说服的认同感。

---

① Jürgen Haacke, Paul D. Williams, "Regional Arrangements, Securitization, and Transnational Security Challenges: The African Union and the Association of Southeast Asian Nations Compared," *Security Studies* 17 (4), (2008): 775-809.

② R. Guy Emerson, "Towards a Process-orientated Account of the Securitisation Trinity: The Speech Act, the Securitiser and the Audience," *Journal of International Relations and Development* 22 (2), (2019): 515-531.

③ 杨华锋：《"情境—意识—行动"框架下国家安全治理的模型假设》，《国际安全研究》2022年第6期。

第三阶段：回应与互动。集体安全化是一个双向互动的过程，受众回应和互动的意愿是影响其成功的重要指标。特别是在国际组织层面，不存在凌驾于主权国家之上的绝对权威，并且由于国际组织本身资源存量和组织能力有限，其能力供给和资源输出主要来自成员国，这就决定了成员国不是集体安全化的被动接受者。相反，作为受众的成员国在互动过程中具有能动性，其回应方式影响议题进程，甚至决定安全化的走向。受众与施动者的互动过程存在两种情况：一是受众接受议题与自身安全的因果联系，积极响应施动者的安全化政策，与施动者共同寻求解决威胁的适当措施；二是受众与施动者之间存在认知分歧，只是有限地认同甚至完全不认同施动者的说服逻辑。双方进行消极互动，导致议题很难进入集体安全化的流程。成功的集体安全化需要受众采取积极的回应方式，给予施动者的说服策略正反馈，认同威胁应对需要采取集体方式。

第四阶段：可持续性合作。成功的集体安全化要增强合作的可持续性。伴随集体安全化的进行，施动者与受众在多边平台上进行多层次和长期化的重复博弈，从而不断澄清和确认彼此的共同利益，进而形成稳定的制度。按照建构主义的观点，合作的制度化能够稳定相互预期，积累互信，引导各方共享规则并内化共有身份。由于集体认同的激励，各方有更强的动机拓展合作领域，以集体行动的方式应对层出不穷的挑战，这无疑会促进功能合作的外溢过程。由此，制度互动会扩散为一个不同问题领域相互渗透和绑定的复杂生态体系，区域合作因之具有复杂系统的自组织特点，为各个主体的可持续性合作注入内生动力。

表 1　集体安全化发展进程及其阶段性特征

集体安全化的发展阶段	目标任务	演变方式	阶段特征
识别威胁	威胁识别	对威胁和安全情境的判断	1. 对议题威胁性的确认 2. 基于多重动机的政策选择

集体安全化的发展阶段	目标任务	演变方式	阶段特征
说服与动员	建构普遍认知与话语联盟	投射性的安全话语频繁出现	1. 强调议题的紧迫性和例外性 2. 通过对状态"是什么"和"怎么样"的描述推进安全化进程
回应与互动	寻求适当性措施	受众主动反应	1. 受众接受威胁意向，并付诸行动 2. 受众有限接受或不接受，议题受限停滞
可持续性合作	可持续性的集体安全化与规则内化	规则或程序的例行化	1. 威胁概念共识 2. 利益与规则的双重肯定

（三）叙事策略与受众行动逻辑

集体安全化的成功与否取决于受众的接受度。因此，叙事策略的实施以及施动者与受众双向互动是整个过程的核心环节。叙事是影响国家建构国内与国际政治现实的重要手段，不仅影响国内外行动者的行为，还具有动员作用。① Linus Hagström 等认为，当关键多数（a critical mass）的社会行为体认同某一叙事时，就会成为主导性叙事，进而对集体行动产生效力。② 布鲁纳认为，通过解决正在发生的事情，如何、在哪里、何时、为什么发生，以及主角是谁的方式，叙事赋予事件意义，甚至带来政策执行的附加效果。③ 完整的叙事由故事发生的背景、具备因果关系的情节设置、人物的关系组合以及叙事模式组成。④ 对集体安全化的说服过程而言，施动者一般通过威胁、

① 高奇琦、梁子晗：《反语式叙事与外来威胁动员——美国太空竞争的叙事剧本》，《世界经济与政治》2023 年第 3 期。

② Linus Hagström, Karl Gustafsson, "Narrative Power: How Storytelling Shapes East Asian International Politics," *Cambridge Review of International Affairs* 32（4），（2019）：387-406.

③ Jerome S. Bruner, *Actual Minds, Possible Worlds*, Cambridge: Harvard University Press, 1986, p. 11.

④ Linus Hagström, Karl Gustafsson, "Narrative Power: How Storytelling Shapes East Asian International Politics," *Cambridge Review of International Affairs* 32（4），（2019）：387-406.

利益和规则三种叙事策略对受众进行说服，引导受众就议题达成共识。

威胁叙事：巴里·布赞认为生存安全赋予议题独特的重要性，并允许诉诸正常政治之外的手段解决议题。因此施动者为获得受众的支持需要强调对议题威胁性的锁定。具体来讲，施动者通过某一偶发或突发性事件切入，描述具体事件的过程和现象产生的影响，将事件定性为高紧迫性和强破坏性的挑战。施动者通过着重描绘"不安全性"，引导受众建立威胁共识。在这一过程中，施动者的主观认知和利益偏好主导威胁叙事进程。

利益叙事：为使特定议题的关注度提升，施动者不仅会从议题的威胁性和紧迫性叙事，还会考虑从利益分析的角度对议题进行深度包装和利益动员，这体现为对受众的政策思维的塑造。一般情况下，功能性的议题进入议程设置需要遵循常规程序，在这一过程中，受众的政策思维关注成本-收益的权衡。① 因此，利益叙事从成本和收益的经济视角建立叙事逻辑，强调政策转变带来的利益激励，引导受众形成"利益联盟"。在此基础上，施动者既强调单一国家面临的风险损失，又强调共同应对带来的溢出收益，在已形成的威胁叙事和利益关切之间建立具有因果关系的话语。施动者通过重复和持续的话语动员，加深受众对威胁的负面认知，号召利益趋同的受众最大化收益，提升其应对威胁的参与意愿。

规则叙事：规则叙事通过将相同或相似的传统、身份或经验等作为叙事基础，强调对共有身份、共享价值观，或解决冲突的程序的肯定与认可，以此引起受众的共鸣。这一过程中，为与受众在观念上达成共识，施动者需要突出"我们感"，强化与受众之间的身份认同。为此，施动者通常从集体身份出发，通过分享认知性或规范性观念，描述并表达共有的认知，建立对特定问题的新理解，引导受众意识到需要采取非常态措施的必要性。此外，为防止其他竞争性的观点的质疑与解构性的话语，施动者通常还借助现有法理和规范增强自身观点的合法性，强调自身观点与现行政策的契合度，实现说

---

① 管传靖：《安全化操作与美国全球供应链政策的战略性调适》，《国际安全研究》2022 年第 1 期。

服效用的最大化。[①]

在回应与互动阶段，推动受众回应施动者说服的动力来自以下三个方面。

一是施动者议题对受众自身利益的影响。其通常包括议题对受众国内政权合法性的支持程度，以及议题是否会外溢到其他功能领域两个方面。伊恩·赫德认为合法性通过预期结果和适当性逻辑两种模式影响国家战略。[②]如果共同合作具有良好的运转模式且包含国家可接受的安全逻辑，国家将通过对外合作增加统治绩效以及国内认同。在这种情况下，执政者倾向于给予施动者的说服策略正反馈，积极参与集体安全化过程。与此同时，在与施动者互动的过程中，受众会根据议题特性，对议题是否具有"溢出"效应进行判定，即在确定议题本身增进自身合法性的同时，判断其是否可能引发各方在其他问题领域的合作。"溢出"效应将推动受众从多元、多层次博弈的视角审视施动者说服策略，同样有利于引导受众与施动者进行良性互动，激活受众参与集体安全化的意愿。

二是受众自身能力影响其如何回馈施动者的说服行为。无论是议题与合法性的正相关性，还是收益外溢的前景，都赋予了受众接受集体安全化的初始动机。相对能力的重要价值则在于增加受众在集体安全化过程中获得的收益，也即为受众从与他者的互动中带来更多的合法性收益，并在"外溢"过程中取得重要的相对收益。受众的能力意味着其在威胁应对上具有必要的资源存量和国际影响力，其具体表现形式往往受到议题情境的约束，一般表现为某种与问题解决直接相关的物质资源或权力工具，并不一定直接与一国的经济总量或军费支出相关。

一般来说，在能力占优或能力严重不足的条件下，都会弱化该国参与集体安全化的动机。在能力占优的情况下，该国通常更愿意采取单边方式应对威胁，从而避免多边合作带来的协调成本，以及其他国家搭便车导致的成本

---

① 岳圣淞：《再论安全化：理论困境与对外政策话语分析的新探索》，《国际关系理论》2021年第 3 期。

② 〔美〕伊恩·赫德：《无政府状态之后》，毛瑞鹏译，上海人民出版社，2018。

增加。相反，一旦出现能力严重不足的情况，该国将严重缺乏在合作中的议价能力，难以在规则制定、议程设置以及利益分配中发挥作用，导致自身利益的严重损失，因此也会弱化其回应施动者说服的动机。相比之下，在受众具有有限能力的条件下，其参与集体安全化的动机最强。此时受众既具有一定的讨价还价能力和为自身牟利的动机，同时由于能力不足，也具有与他者合作的偏好，其接受发起者说服逻辑的意愿最为强烈。

三是观念规范受众行为选择。建构主义认为体系结构本质上是观念的。体系结构不但制约国家行为，而且塑造国家身份及国家利益。行为体通过互动产生主体间的意义，能够加强或者削弱某些私人观念，形成共有观念，催生具有社会性的观念结构。文化或者观念结构能够塑造行为体身份、利益偏好，且影响行为体的行为。因此，集体身份是观念的产物，国家之间持久的合作与实践动力，来自使国家形成集体身份的共有观念与文化结构。当受众在某个问题上形成共识或集体身份时，就会催生集体认知和互信的产生。[1]通过集体身份发展的集体认同为合作提供重要基础，使受众能够根据普遍的行为原则行动。[2] 观念对成员国行为规范与塑造的功能，使成员国能对组织倡议产生正向的反馈与互动。当主体间的信念成为一种社会事实，容易产生具有集体合法性的意向从而具有创造新的权益和责任的功能。[3]

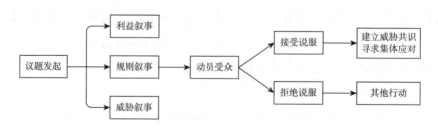

图 1　集体安全化过程的逻辑推演

---

① 郭树勇：《建构主义与国际政治》，长征出版社，2001。

② 〔美〕亚历山大·温特：《国际政治的社会理论》，秦亚青译，北京大学出版社，2005。

③ 〔美〕彼得·卡赞斯坦、罗伯特·基欧汉、斯蒂芬·克拉斯纳：《世界政治的探索与争鸣》，秦亚青等译，上海人民出版社，2018。

三　东盟应对海上威胁策略的演变

集体安全化的过程是可逆的，并非自然而然的演进。下文将运用这一框架对东盟应对海上威胁的案例进行比较分析，考察东盟应对海洋威胁的集体安全化建构路径。从集体安全化的视角出发，一方面可以从整体上对东盟应对海上威胁的制度变迁进行历时性探究，另一方面，有助于从动态的地区结构中把握东盟地区治理的演进方向。

（一）威胁识别：由国家威胁转向区域威胁

安全化的过程涉及三个问题：威胁的对象是谁、面临什么样的威胁和如何应对威胁。东南亚国家对海盗和海上恐怖主义问题的关注经历了一段长期的历史。早期，虽然海盗问题频发，但并未在区域层面引起足够的重视。国际上对海上安全问题的关注始于"9·11"恐怖主义袭击事件。"9·11"事件在某种意义上成为东南亚国家安全观和安全战略重构的分水岭，[①] 挑战了传统的对安全的认知与应对方式。2002 年巴厘岛爆炸事件进一步促成了各成员国对海上恐怖主义的关注。鉴于海上恐怖主义威胁国家安全与经济发展，并且还会对区域安全秩序造成极大的威胁，东南亚国家愈发担心未来海上恐怖主义袭击的潜在威胁，这也成为施动者推动议题集体安全化的原动力。

东南亚的恐怖主义势力是一个错综复杂的网络，很难确定威胁来源为某一确定的恐怖组织。但恐怖主义的发展趋势表明，该区域的所有恐怖团体都有动机和潜在能力对区域和海洋利益发动袭击。深受海上恐怖主义影响的国家主要有新加坡、马来西亚、菲律宾和印度尼西亚等国。新加坡是"9·11"事件后最早将海上恐怖主义安全化并采取措施的国家。新加坡对该议

---

① 朱大伟：《"9·11"后新加坡的海上恐怖主义关切及其战略因应》，《亚太安全与海洋研究》2017 年第 4 期。

题的关注，一方面来自外向型经济发展模式对地缘安全环境的高度依赖，另一方面来自恐怖主义对国内政治稳定的威胁。新加坡国防部于 2004 年出台《反恐斗争》的新国家安全战略报告，将包括海上恐怖主义在内的一切恐怖主义提升到国家安全战略的高度。在打击海上恐怖主义的具体行动上，一方面，新加坡利用国内资源，通过协调海事和港口管理局、海岸警卫队和海军三方机构共同构建海上防御屏障；另一方面，新加坡期望通过打破国家和地区的界限，构建整体、协作有效的应对机制。2002 年，新加坡加入"集装箱安全倡议"。2003 年美国提出"防扩散安全倡议"后，新加坡积极响应并提出"区域层次分享信息和资源，以加强现有的国家和国际不扩散条约和协定"的倡议。①

由于历史复杂性和边界冲突等问题，东南亚国家对海上恐怖主义存在相当程度的认知差异。以新加坡和印尼为例，新加坡将海盗和海上恐怖主义视为重要安全威胁，但印尼认为海盗是普通的海上犯罪，将海上打击重点放在走私、贩毒等其他领域。印尼前海军上将认为，海盗和恐怖主义问题是国际媒体为外国势力介入印尼而制造的舆论。② 因此，东盟各国对合作打击海上恐怖主义的方式相对排斥，此阶段虽然尝试区域合作共同应对威胁，如双边或小多边的海上巡航协定，但效果不佳，合作最终停滞不前。因此，新加坡等国开始探索区域合作，尝试构建以东盟平台为中心的海上反恐机制。

（二）说服策略：通过叙事建构区域共识

集体安全化寻求目标受众汇聚利益与威胁共识。对海上恐怖主义的集体安全化，反映了施动者试图将国家层面的安全认知拓展至整个区域。为此，需要采取多管齐下的说服策略，塑造区域内国家应对安全威胁的共识。新加坡一直是推动海上恐怖主义集体安全化的主导力量。鉴于其他成员国对海上

---

① Dr Donna J. Nincic, "The Challenge of Maritime Terrorism: Threat Identification, WMD and Regime Response," *Journal of Strategic Studies* 28 (4), (2005): 619—644.

② 朱大伟:《"9·11"后新加坡的海上恐怖主义关切及其战略因应》,《亚太安全与海洋研究》2017 年第 4 期。

恐怖主义的不同立场和认知差异限制了其在议题上的积极性，新加坡通过下述三种叙事策略在集体的层面传播威胁认知，动员受众对建立新的制度安排积极回应。

在威胁叙事层面，发起方从海上恐怖主义的现实特点出发，围绕议题的威胁严重性和紧迫性进行叙事。在威胁的严重性上，新加坡将海上恐怖主义描绘为对航道安全的重要威胁，并将其定位为影响区域安全秩序的"重大隐患"。围绕"9·11"恐怖主义袭击和2002年的巴厘岛爆炸两起突发事件，新加坡形成了一套特定的叙事逻辑并对其不断重复阐述，致力于将海上恐怖主义对国家海上及滨海地区的影响描绘为区域安全威胁。在安全化话语表达上，新加坡着重强调海上恐怖主义与海上航道之间的利害关系，突出威胁的严重性。新加坡同时强调在马六甲海峡等具有国际战略意义和价值的海上航线上，海盗与海上恐怖主义具有融合发展趋势。两者的合流将导致犯罪分子通过击沉油轮、炸毁港口或使用集装箱运输引爆大规模杀伤性武器等方式，实施类似于"9·11"式的大规模恐怖主义袭击。在威胁的紧迫性上，新加坡强调，由于主权因素，现有区域层次的安全措施在应对海上恐怖主义方面有效性不足，陷入能力困境。因此，需要通过升级国家间的合作模式，提升区域合作的行动效力。2003年在东盟地区论坛第10次会议上，新加坡提出通过《合作打击海盗行为和其他海上安全威胁的声明》，以及将海上安全合作纳入东盟地区论坛的议程是必要且及时的。新加坡对海上恐怖主义威胁性的渲染，一方面促进区域国家对海上恐怖主义与安全关系的认识，引起主要国家的决策者对相关风险的重视，另一方面也为采取合法的应对措施创造有利的政策环境。

在利益叙事层面，发起方为了证明本身言语叙事的可信度，除了突出议题的威胁性外，还从经济发展视角对议题进行深度包装，提升受众对议题的关注度。一方面，发起方就议题与国家发展利益之间的关系形成特定的言语叙事。2003年亚洲海事防务展开幕式上，时任新加坡国防部部长张志贤强调海上货物运输在现代全球贸易中的重要作用，每年的货物贸易中，80%是通过船舶运输的。① 因此，区域内任何贸易中断都会产生经济和战略影响。另一方面，发起方强调海上恐怖主义影响国家发展产生的成本，并着重强调政策转变带来的收益以提高其他国家的积极性。新加坡强调未来海盗或海上恐怖主义在海上的袭击可能会造成化学物质和燃料泄漏，产生过高的清理和基础设施维修费用，甚至影响海峡沿岸国的旅游开发和海洋环境。与此同时，威胁扩散也会影响到其他安全部门，造成国家利益的多重损失。据此，新加坡强调政策转变有利于分担东南亚国家在维护海上安全和防止海上污染的财政成本，维护区域内国家的公共利益。此外，海上安全环境的复杂还会导致海上安保负担加重。2005 年 6 月 20 日，英国劳氏市场协会属下战争风险评估委员会将东南亚区域内的海峡加入其认为商船高风险且易发生战争、罢工、恐怖主义和其他此类威胁的 21 个区域列表中。针对这一事件，新加坡认为此项行动会导致区域范围内海上安保成本的增加，并在官方平台发表讲话，号召东南亚国家必须调整国家政策，营造良好的海上安全环境，以期实现国家更好的发展。

在规则叙事层面，新加坡承认制止海上恐怖主义具有相当程度的复杂性，目前各国在议题上分散化的认知和行动，导致应对策略难以发挥效用。为此，新加坡从东盟平台入手，期望通过共有身份，构建共同体意识，并借此形成防止海上恐怖主义的区域行动方案。新加坡学者在公开场合发表观点，认为"开创外交和政治空间，同其他国家，包括邻国、大国和地区组织构筑一个相互连接的安全网络，一直是新加坡克服海上脆弱性的核心战略"②。时任新加坡总理李显龙强调马六甲海峡的安全和可通航对该地区的重要性，并公开表示，保护东南亚海上安全必须通过集体行动和有效的基础工作，并辅之与外国利益攸关者以及与海洋有关的国际组织等合作来完成。在东盟地区论坛上，新加坡外长着重强调"东盟的首要目标是应对海上威

---

① Syed Mohammed Ad'ha Aljunied，"Countering Terrorism in Maritime Southeast Asia: Soft and Hard Power Approachs," *Journal of Asian and African Studies* 47（6），（2011）：652-665.

② Kishan S. Rana，"Singapore's Diplomacy: Vulnerability into Strength," *The Hague Journal of Diplomacy* 1（1），（2006）：81-106.

胁，成员国必须密切关注海上通道问题，这关系到所有国家与地区利益"，"并强调通过海上演练，弥合语言、文化和认知差异，促进地区互信"。① 除此之外，为巩固成员国的共同体意识，防止出现解构性或质疑的观点，新加坡还借助东盟平台促成应对海上恐怖主义的规范。2001 年，新加坡联合其他东盟成员国促成《东盟打击恐怖主义联合行动宣言》，并在会议上强调恐怖主义无论发生在何时、何处都是对国际和平与安全的严重威胁，需要采取协调一致的行动保护和捍卫区域内以及世界的和平与安全，由此奠定东盟打击海上恐怖主义正式的区域合作基调。2003 年，东盟地区论坛通过的《合作打击海盗行为和其他海上安全威胁的声明》进一步规范了成员国的国家行为，增强了规则叙事的合法性。

说服策略的目的是通过言语渲染，提升海上恐怖主义在成员国国内议程和区域议程的优先性，并提出将区域合作视为各方共同利益维护的共同机制。新加坡等国以加强对话沟通，共御风险，更好地维护安全利益的安全话语为手段，重复多次的安全话语有助于议题贯穿到东盟的议程设置中，进入东盟的制度结构，实现区域层次的制度建构。在这个阶段的过程中，东盟的中心性作用得以显现。新加坡等国具有鲜明投射性的安全话语，突出海盗与海上恐怖主义的紧迫性和威胁性，以此形成对议题的框定，推进集体安全化的进程。在自身的积极行动以外，新加坡还联合其他持有相同立场的国家和国际组织，在多个场合共同发声，强化了说服力度。

（三）互动与回应阶段：转变认知，强化共同体观念

印度尼西亚、马来西亚等国最初对共同应对海上威胁的积极性不高，原因在于：一是受限于主权的敏感性，担心与他国合作会侵害本国主权安全。二是对引入域外力量，丧失区域主动权的担忧，认为过多的域外力量干预会导致国家丧失海域控制权和区域自主性，甚至出现外交被动，威胁其在区域

---

① 周玉渊：《东南亚地区海事安全合作的国际化：东盟海事论坛的角色》，《外交评论（外交学院学报）》2014 年第 6 期。

的优势地位。2004年1月东盟打击跨国犯罪部长级会议核可的"执行东盟打击跨国犯罪行动计划的工作方案"，表明了东盟成员国对改善合作的兴趣。① 之后，印度尼西亚、马来西亚等国对海上恐怖主义议题积极回应并付诸行动。这一阶段，驱动成员国回应的动力来自三个方面。

1. 议题对政权合法性的加持以及其获得的"溢出"收益

东南亚各国普遍依赖外向型经济发展模式，大部分地区依赖海洋条件。因此，政权的海洋政策被纳入合法性的评估过程。合法性要求政权通过响应议题，以维护国内经济持续增长所需的发展和生产环境。与此同时，积极的行动也会提高政权的安全绩效，进而提升国内认同感。东南亚区域内的海盗与海上恐怖主义具有颠覆国家政权的威胁，尤其是伊斯兰祈祷团、阿布沙耶夫组织等恐怖组织对国家安全提出挑战。② 在合法性诉求的推动下，成员国期待利用海洋外交建立区域合作关系，通过维护海上安全环境，巩固政权的合法性。

另外，区域合作带来的物质激励外溢至其他功能领域。首先，区域合作有助于打击有组织跨国犯罪、经济犯罪、武器贩卖等其他威胁，并且能够将收益外溢至经济、社会等领域，对安全收益转化为经济、社会收益提供推力。其次，共同合作意味着多国协调，并且分担巡逻航道的费用和支出，减小国家在运营、基础设施建设方面的经济压力，降低国家维护航道、港口日常运作的成本，并协助国家发展海洋能力。最后，通过区域合作建立的多边海岸警卫队外交被视为通过"低领域政治"进行定期互动、集体维护共同安全、建立信任的手段。

2. 相对优势和有限能力共同驱动国家互动意愿

成员国发生转变是基于相对优势和有限能力情况的双重考量。成员国具有的相对优势，增加了受众在互动过程中的收益。一方面，地理位置优越。独特的地理位置为国家利用水道和海洋发挥自身优势、建立反恐机制提供了

---

① T. Lee, K. McGahan, "Norm Subsidiarity and Institutional Cooperation: Explaining the Straits of Malacca Anti-piracy Regime," *The Pacific Review* 28 (4), (2015): 529-552.

② http://www.thejakartapost.com/news/2003/05/08/police-say-bali-bombing-path-islamic-state.html.

有利条件。另一方面，具有应对海上恐怖主义的经验以及资源优势。东南亚国家普遍具有海洋传统，在长期的实践中，积累了相当成熟的经验和物质资源。例如印尼引入军事力量，通过海军平台现代化提升沿海拦截和巡逻能力；马来西亚发展统一的海事执法机构；新加坡也建立了一体多层的安全体制，构筑立体防御体系。① 越南、菲律宾、泰国等国也结合自身特色与域外力量合作形成本国反恐模式。

能力优势还表现为东盟国家针对议题发展的海上执法能力。几乎每个国家都配备了独立的海上执法力量用于海上巡逻、拦截以及情报交流。印尼配备了 110 米级、80 米级和 48 米级巡逻舰，并配备了相当数量的巡逻船只和海上巡逻机用以警戒、监督、预防和执法。② 新加坡发展了海岸警卫队作为执法权力，并于 2011 年建立国家海事安全系统（NMSS）促进海军与海岸警卫队的联系。越南的海岸警卫队是东南亚国家中装备最好的海岸警卫队之一。截至 2016 年，其有 50 多艘不同级别的船只和 3 架巡逻飞机，并且正在通过委托建造更多的 2000 吨级船只和 1 艘 4000 吨级船只。另外，越南还从日本和美国获得大量二手舰船支持。③ 能力的优势使成员国作为受众在议题上具有相当程度的议价权利和互动意愿。

但是安全威胁的特殊性导致东盟成员国能力发挥受限：一是漫长的海岸线导致加强海域管辖和进行海域巡逻的负担相对较重，并且为犯罪分子提供藏身和躲避追捕的空间，加上受到海啸等自然灾害的影响，导致国家打击威胁的能力更加有限。二是打击海上恐怖主义不仅要求具有集中的海上执法能力，还要求能力能够转化为实际行动。目前东盟成员国打击海上恐怖主义的预算和资源仍不足，无法满足后续足够的资源跟进。三是犯罪分子具有超强的流动性和转移能力，需要形成区域打击能力。目前东盟成员国除印尼之

---

① 朱大伟：《"9·11"后新加坡的海上恐怖主义关切及其战略因应》，《亚太安全与海洋研究》2017 年第 4 期。

② Ian Bowers, and Swee Lean Collin Koh（eds.），*Grey and White Hulls：An International Analysis of the Navy-coastguard Nexus*，2019.

③ Suk Kyoon Kim，"The Expansion of and Changes to the National Coast Guards in East Asia，" *Ocean Development and International Law* 49（4），（2018）：313-334.

外，大部分国家的海上能力仍以国家为中心，并不具备区域行动和协调的能力。因此，东盟成员国基于有限能力，具有与他者合作的偏好，其接受发起者说服逻辑的意愿更为强烈。

3. 共同体观念规范国家行为选择

阿查亚认为国家行为既是工具性的也是规范性的，区域组织能对国家行为产生构成性影响。[①] 东盟是成员国对话、制定规则和建立新的合作机制的平台。东南亚国家通过东盟发展的集体身份为合作提供重要基础，使各国能够根据普遍的行为原则行动。东盟对议题的规范一方面形成于国际法律对打击海上恐怖主义责任的界定，为其界定海上恐怖主义提供法律框架。1982年《联合国海洋法公约》（UNCLOS）就对海盗、海上恐怖主义等问题作出法律界定；1988年《制止危及海上航行安全非法行为公约》（SUA）是界定海上恐怖主义的一个重要公约，该公约所附的议定书规定将沿海国的执法管辖权扩大到领土界限以外，并在特殊情况下，允许在邻国的领海行使这种管辖权。[②]"9·11"事件后，海事组织在上述公约的基础上重新对相关概念进行修订，并且国际法委员会重申了国家的责任法。[③] 另一方面根植于东盟本身的职能性。东盟倡导东南亚以集体姿态共同应对挑战，致力于推动区域共同体。虽然东南亚国家仍奉行主权优先和不干涉原则，但长期实践中形成的共同体文化和认知塑造了成员国的共同体认知。再加上东南亚国家普遍具有相似的海洋传统与文化，促使各国形成相互契合的发展战略和价值观。在东盟规范的影响与塑造下，成员国建立统一的合作框架，弥合成员国内部的分歧和边界上的不统一。

---

① Amitav Acharya, "Asian Regional Institutions and the Possibilities for Socializing the Behavior of States," AOB Working Paper Series on Regional Economic Integration No. 82, 2011, pp. 4–8.

② H. Tuerk, "Combating Terrorism at Sea: The Suppression of Unlawful Acts against the Safety of Maritime Navigation," *Legal Challenges in Maritime Security*, 2008, pp. 41–78.

③ Tammy M. Sittnick, "State Responsibility and Maritime Terrorism in the Strait of Malacca: Persuading Indonesia and Malaysia to Take Additional Steps to Secure the Strait," *Pacific Rim Law and Policy Journal* 14 (3), (2005): 743–770.

（四）政策实践：打造合作共同体

随着集体层面互动的深入，东盟成员国发起了许多打击不法行为的倡议。这些举措一方面以安全合作的形式出现。例如，多边协调巡逻、双边演习、协议、谅解备忘录等。2004 年，马来西亚、新加坡和印尼启动了一项海上巡逻行动（MALSINDO），在马六甲海峡执行全年巡逻任务，该行动在 2006 年更名为"马六甲海峡巡逻队"（MSP）。泰国于 2008 年加入后，MSP 成为东南亚第一个本土的多边安排，领域涉及成员国的海岸警卫队、海军和空军。大约在同一时期，马六甲海峡周边国家还同意在海峡建立航行安全和环境保护合作机制，共同维护该地区的安全秩序。2005 年，新加坡海军与印尼海军在印尼巴淡岛建立海上监视系统，采集和交换新加坡海峡上的实时海上情况图像。同年，马来西亚、新加坡和印尼协同泰国发起名为"空中之眼"的空中巡逻行动，为三国海上协作巡逻活动提供空中支援。在东盟平台上，东盟国家与中日韩等国在日本签订《亚洲地区反海盗及武装劫船合作协定》，确立亚洲地区成员国在打击海盗上的信息共享、海上执法能力建设以及合作安排等，开始从规范的角度确定反海盗与海上恐怖主义的合作应对。另一方面，成员国之间的互动还以论坛和会议的形式出现，构成了合作应对威胁的制度与规范框架。2007 年 1 月通过的《东盟反恐公约》（ACCT），作为防止和打击恐怖主义以及深化成员国合作的区域合作框架，通过机制和多边关系进行的互动加深了区域合作，增强共同体意识。2009 年在泰国主办的第十六届东盟地区论坛外长会上，东盟国家正式同意东盟地区论坛关于反恐和打击跨国犯罪的工作计划，并在此后设立东盟海事论坛，作为东盟成员国打击海上恐怖主义的主要合作平台。东盟开放的合作形式超越了传统国家的界限，允许在国与国之间关系持续紧张的情况下合作。[①] 因此，各国就反海盗与海上恐怖主义的认知和采取的措施达成一致意见，并将

[①] Mark S. Cogan, Vivek Mishra, "Regionalism and Bilateral Counter-terrorism Cooperation: The Case of India and Thailand," *Journal of Policing, Intelligence and Counter Terrorism* 16 (3), (2021): 245-266.

其纳入日常运作中，逐渐形成议程和实践的常规化。

在区域一级，东盟形成的可持续性合作实践主要涉及三个方面，即预防、保护和应对。"预防"要求信息的交流与共享。2017年10月在第11届东盟国防部长会议（ADMM）期间提出的"我们的眼睛"倡议涉及六个国家之间的情报共享，要求参与国的高级防务官员每两周会面一次，交换与分享各自搜集到的武装组织活动情报，这六个国家是印度尼西亚、泰国、马来西亚、文莱、新加坡和菲律宾。东盟表示"在我们看来，每个国家都有责任创建一个新的情报共享单位，并在收集相关信息方面积极沟通"①。"保护"强调通过国家间的通力合作建立固定的海上巡逻和侦察机制。2003年东盟地区论坛通过《合作打击海盗行为和其他海上安全威胁的声明》后，就计划建立一个法律框架的区域合作，期望确定合作打击海盗与海上恐怖主义的法律基调，从而保证区域行动的合法性。在应对具体挑战方面，东盟地区论坛在框架下创建了一系列具体议题领域的非传统安全合作机制，并依托会间专题会议、工作小组和东盟海事论坛等更为具体的机制，通过1轨、2轨和1.5轨等多种方式，更有针对性地探讨非传统安全领域面临具体问题的解决方案。②"应对"需要区域层次达成共识，就某一挑战出台具体应对方案。从2007年起，马六甲海峡的使用国以及马六甲海峡利益攸关的各方通过了建立"合作协调机制"的决议，该机制旨在协调马六甲海峡沿岸国和马六甲海峡使用国以及马六甲海峡利益攸关方，以自愿为原则帮助沿岸国维持马六甲海峡的航运安全和环境保护等问题，通过三次会议，提高其维护海峡安全与打击海盗的行动能力。③2018年10月，第五届东盟国防部长扩大会议讨论通过了《关于反对恐怖主义威胁的联合声明》，东盟各国国防部部长与8个对话国国防部部长一致同意加强防务合作，以预防和应对恐怖主义

---

① Noraini Zulkifli, "Maritime Cooperation in the Straits of Malacca（2016-2020）：Challenges and Recommend For a New Framework," *Asian Journal of Research in Education and Social Sciences* 2（2），（2020）：10-32.

② Suhirwan, "Counter Maritime Terrorism：Multitrack Diplomacy," *Journal of Advanced Research in Social Sciences and Humanities* 16（4），（2020）：199-209.

③ 许可：《当代东南亚海盗研究》，厦门大学出版社，2009。

的威胁，巩固各方之间实质性互信和相互了解的措施。经过近 20 年的合作发展，马六甲海峡和新加坡海峡发生的海上抢劫事件总体呈递减态势，海盗与海上恐怖主义在东南亚的泛滥得到有效遏制。

四 结语

集体安全化正在改变和重塑区域安全结构，并在威胁外溢和国家间的合作中推动区域合作。通过上述案例的分析可以发现，区域组织内的成员国对塑造区域集体安全化具有重要作用。区域合作的实践取决于成员国的互动关系，当成员国就议题的集体安全化倾向于正反馈时，倾向于接受威胁议题并促成集体安全化的实践。反之，议题难以进入集体应对的层面。东盟在区域安全中具有中心性地位，其海事安全的应对是以过程导向为中心的，过程的核心是推动合作安全、灵活共识以及开放和软性地区主义来塑造集体行动，但不意味着所有成员国就议题互动能达成一致共识。在这一过程中，成员国的意愿能动性和互动形式决定东盟政策实践的绩效。鉴于现实政治中的区域间合作常处于一种渐进的区间之内，受制于多重因素而表现出独特性。未来在该方向仍需进一步深入研究。

中国"北极利益攸关者"身份建构[*]

——理论与实践

董利民[**]

摘　要： 身份的重要性在于群体成员的"我者群体"身份越强烈，越容易促使其加强"我者群体"与"他者群体"之间的区别，并导致对"他者群体"的歧视乃至排斥。目前中国在参与北极事务过程中被一些国家赋予的"非北极国家"等身份，是北极国家对参与北极事务的国家群体进行分类的结果，导致"非北极国家"的参与遭受质疑。中国政府于2015年冰岛北极圈论坛大会上首次向国际社会强调自己作为"北极利益攸关者"的身份。以"利益攸关者"展现自己并参与北极事务，有助于打破"我者—他者"二元身份逻辑，突破既有的"北极国家—非北极国家"二元对立划分方式。加强在"利益攸关者"这一集体身份下的认同，还有助于推动各方增信释疑、促进合作。身份建构是内在建构与外在承认的统一体。中国符合"北极利益攸关者"的构成标准。中国正在推动"北极利益攸关者"身份的内在建构，并积极争取获得更多外在承认。中国还需要努力成为"负责任

---

　*　本文原载《太平洋学报》2017年第6期。

　**　董利民，中国海洋大学国际事务与公共管理学院讲师、师资博士后；中国海洋大学海洋发展研究院研究员。

的北极利益攸关者"。

关键词： 中国 身份建构 北极治理 北极利益攸关者

受全球气候变化影响，北极地区的重要性日益凸显，国际社会对北极事务的关注短期内得到迅速加强。作为深受北极变化影响的国家，中国一直非常关注北极地区的动态，积极参与北极科研与开发。但由于不是地缘国家，中国的参与一度饱受地区国家的质疑乃至排斥，在北极理事会等北极治理机制中，也只能申请观察员的身份，没有参与决策的权利。为应对有关质疑，国内学者相继提出"近北极国家""北极利益攸关者"等身份，力图拉近中国同"北极国家"之间的距离，弱化二者的身份差别，进而增强各方在北极事务中的互信与合作。2015 年，我国外交部、国家海洋局等有关部门组团参加了在冰岛举行的"北极圈论坛"会议，首次向国际社会强调自己作为"北极利益攸关者"的身份，[①] 引起广泛关注。身份为何如此重要，中国为什么需要构建"北极利益攸关者"身份？究竟什么是"利益攸关者"，中国又何以能够成为"北极利益攸关者"？本文试图结合身份的概念及其建构过程，对上述问题进行探讨。

一 身份的概念及其建构

身份原本是社会学中的概念，我们对身份的理解主要源自社会心理学家亨利·泰费尔（Henri Tajfel）及其学生约翰·特纳（John Turner）的社会身

---

① 《王毅部长在第三届北极圈论坛大会开幕式上的视频致辞》，外交部网站，https：//www.mfa. gov. cn/web/wjbzhd/201510/t20151017_352676. shtml；《外交部副部长张明在"第三届北极圈论坛大会"中国国别专题会议上的主旨发言》，外交部网站，https：//www. mfa. gov. cn/web/ziliao_674904/zyjh_674906/201510/t20151017_7945486. shtml。

份理论与自我分类理论。① 泰费尔将身份定义为："个人对从属于某一社会群体的认知，并且群体成员资格对其具有情感和价值意义。"② 他还指出："社会分类、社会比较和积极区分原则是建立社会身份的基础。"③ 特纳在社会分类的基础上进一步提出自我分类理论，即人们会自发对事物进行分类，而在对他人分类时会区分出内群体和外群体，④ 这一理论将自我分类视为自我与群体互动的最基本条件。⑤ 乔纳森·默瑟（Jonathan Mercer）将上述二人的理论总结为："人们在采取合作或冲突的行动前，需要认知自我和他者，这便要求我们对自我和他者进行分类。分类作为一种认知活动，意味着需要对不同群体进行比较，人们渴望获得积极社会身份的情感。在上述比较过程中被逐渐转变为对'我者群体'的好感，认为'我者群体'优于'他者群体'，从而在情感上更加倾向于'我者群体'。这进一步促使人们更加愿意强化二者之间的区别，同时通过强化这种区别提升自尊。因此，群体成员的'我者群体'身份越强烈，越容易促使其认同并强化'我者群体'与'他者群体'之间的区别，并歧视'他者群体'。"⑥ 自20世纪90年代开始，

① Henri Tajfel, "Cognitive Aspects of Prejudice," *Journal of Social Issues* 25 (4), (1969): 79-97; Henri Tajfel, "Social Identity and Intergroup Behaviour," *Social Science Information* 13 (2), (1974): 65-93; Henri Tajfel, "Social Psychology of Intergroup Relations," *Annual Reviews in Psychology* 33 (1), (1982): 1-39; John Turner, "Social Identity and Social Comparison: Some Prospects for Intergroup Behaviour," *European Journal of Social Psychology* 5 (1975): 5-34; John Turner, "Towards a Cognitive Redefinition of the Social Group," in H. Tajfel (ed.), *Social Identity and Intergroup Relations*, Cambridge University Press, 1982, pp.93-118; John Turner, R. Onorato, "Social Identity, Personality, and the Self-Concept: A Self-Categorization Perspective," in T. R. Tyler, R. M. Kramer, O. P. John (eds.), *The Psychology of the Social Self*, Lawrence Erlbaum, 1999, pp.11-46.

② Henri Tajfel, "Social Identity and Intergroup Behaviour," *Social Science Information* 13 (2), (1974): 69.

③ Henri Tajfel, *Social Identity and Intergroup Relations*, Cambridge University Press, 1982, p.142.

④ John Turner, "Social Categorization and the Self Concept: A Social Cognitive Theory of Group Behavior," in Edward J. Lawler (ed.), *Advances in Group Process*, 1985, pp.77-122.

⑤ John Turner, R. Onorato, "Social Identity, Personality, and the Self-Concept: A Self-Categorization Perspective," in T. R. Tyler, R. M. Kramer, O. P. John (eds.), *The Psychology of the Social Self*, Lawrence Erlbaum, 1999, pp.20-21.

⑥ Jonathan Mercer, "Anarchy and Identity," *International Organization* 49 (1995): 241-251.

身份与认同概念逐渐被引入国际政治研究领域，成为建构主义的核心内容。
建构主义认为，行为体的身份影响偏好，偏好界定利益，利益决定行为，[①]
国家身份在国际政治领域的重要性得到认可。这一时期，学界对身份与认同
进行过大量讨论，形成的概念有数十种之多。[②] 尽管对身份的定义非常多，
然而我们发现这些定义始终没有脱离泰费尔和特纳理论的核心内容，如对人
或事物进行区分的需要，进而形成"我者—他者"区别，[③] "他者"成为建
构"我者"身份的需要，以及群体内成员对"我者群体"的认同高于"他
者群体"等基本内容。据此，这一概念事实上也暗含着中华文化中"名正
言顺"的哲理。所谓"名不正，则言不顺；言不顺，则事不成"。群体外成
员建构或者融入"我者群体"时，在某种意义上即意味着为自身进行"正
名"，进而更好地参与属于群体成员的共同事务。

　　温特认为："两种观念可以进入身份，一种是自我持有的观念，一种是
他者持有的观念。身份是由内在和外在的结构建构而成的。"[④] 这表明，身
份建构是内在建构与外在承认的统一体，二者缺一不可。迈伦·阿罗诺夫
（Myron J. Aronoff）将行为体的身份区分为主观身份和客观身份，主观身份
指行为体对自身的认知，客观身份独立于主观认知，更多从客观社会事实层
面对行为体进行判定。主观身份与客观身份紧密联系，客观身份在一定程度

---

① Kuniko Ashizawa, "When Identity Matters: State Identity, Regional Institution-Building, and Japanese Foreign Policy," *International Studies Review* 10 (2008): 571-595.

② Glenn Chafetz, Michael Spirtas, Benjamin Frankel, "Introduction: Tracing the Influence of Identity on Foreign Policy," *Security Studies* 8 (1998): 2-3; Rogers M. Smith, "Identities, Interests, and the Future of Political Science," *Perspectives on Politics* 2 (2), (2004); Akeel Bilgrami, "Notes Toward the Definition of 'Identity'," *Daedalus* 135 (4), (2006); Sydney Shoemaker, "Identity & Identities," *Daedalus* 135 (4), (2006); Alexander George Theodoridis, "Implicit Political Identity," *American Political Science Review*, July 2013.

③ 虽然已有学者对这一核心概念进行了批判，但并没有引起对身份概念根本性的挑战，参见 Arash Abizadeh, "Does Collective Identity Presuppose an Other? On the Alleged Incoherence of Global Solidarity," *American Political Science Review* 99 (1), (2005).

④ 〔美〕亚历山大·温特：《国际政治的社会理论》，秦亚青译，北京大学出版社，2005，第231页。

上是主观身份的前提。① 外在承认取决于行为体间的权力关系、他者对既有身份留恋程度以及建构者持之以恒的努力等因素。② 结合上述学者观点，我们将身份建构过程概括为：成功的身份建构需要内在建构与外在承认的统一，就内在建构而言，取决于主观和客观两种因素，外在承认则取决于双方的权力关系、他者对既有身份的留恋程度以及建构者持之以恒的努力等因素。

二 中国既有北极身份及构建新身份的原因

（一）中国既有北极身份

2007 年俄罗斯"北冰洋海底插旗事件"让本已发酵的北极热迅速升温，再次成为国际社会关注的重大焦点。2013 年中国被接纳为北极理事会正式观察员，中国参与北极事务的身份问题逐渐受到更多关注。已经提出的北极身份包括"北极圈外国家""非北冰洋沿岸国家""北极理事会观察员""近北极国家"以及"非北极国家"等，而其中又以使用"非北极国家"和"近北极国家"这两种身份者居多。"近北极国家"常见于中国官员、学者的表述以及官方媒体中，③ 国外官员、学者则多使用"非北极国

---

① Myron J. Aronoff, "The Politics of Collective Identity," *Reviews in Anthropology* 27 (1), (1998): 5-6.

② Jeffrey W. Legro, "The Plasticity of Identity under Anarchy," *European Journal of International Relations* 15 (1), (2009): 47-48;〔美〕亚历山大·温特：《国际政治的社会理论》，秦亚青译，北京大学出版社，2005，第 231 页。

③ 唐国强：《北极问题与中国的政策》，《国际问题研究》2013 年第 1 期；郭培清、孙凯：《北极理事会的"努克标准"和中国的北极参与之路》，《世界经济与政治》2013 年第 12 期；贾桂德、石午虹：《对新形势下中国参与北极事务的思考》，《国际展望》2014 年第 4 期；《奥巴马宣布新北极战略 中国可能成为观察员国》，中国广播网，http://china.cnr.cn/yaowen/201305/t20130513_512567097_1.shtml；《北极理事会接纳中国为永久正式观察员国》，观察者网，https://www.guancha.cn/strategy/2013_05_15_144858.shtml；《北极理事会中国"转正"：北极八国的怕和爱》，中国经济周刊，http://paper.people.com.cn/zgjjzk/html/2013-05/20/content_1244868.htm；《"身份升级"，中国需更深入了解北极》，中新网，https://www.chinanews.com.cn/gj/2013/05-16/4823465.shtml。

家"一词。①

1. 非北极国家

"非北极国家"是与"北极国家"相对应的一个身份,"北极国家"指其领土自然延伸到北极圈内且环绕北冰洋的国家,"非北极国家"则是除"北极国家"外的其他所有国家。这两个词较早见于1996年北极理事会成立时发布的《渥太华宣言》中,这份文件以"北极国家"一词指代加拿大、丹麦、芬兰、冰岛、挪威、俄罗斯、瑞典和美国八国,故有时也以"北极八国"代称,这八个国家为北极理事会成员国。这份文件第3节提到:"北极理事会观察员地位向'非北极国家'开放。"② 此后,2013年在基律纳召开的北极理事会高官会议通过的报告中,包含的两个附件《北极理事会程序规则》和《北极理事会观察员手册》的定义部分,均未对上述"北极国家"与"非北极国家"内涵进行更新,不同之处在于其对"北极国家"与"观察员"在北极理事会内的权利和义务进行了更为详细的规定,作为"非北极国家"的观察员权利受到更加严格的限制。③ 近年来,"北极国家"与"非北极国家"的称呼逐渐被国际社会接受并广泛使用。随着北极事务日趋升温,国内外学者、官员使用"非北极国家"的频率相应增加,使得仅以实际地理状况为基础的"北极国家"与"非北极国家"之间的划分正逐渐超出其本意,进而形成一种明显的"我者—他者"身份差别,二者的身份距离无意间被人为增大,导致部分域内国家歧视乃至排斥域外国家对北极事

---

① Caitlin Campbell, "China and the Arctic: Objectives and Obstacles," *U. S. -China Economic and Security Review Commission Staff Research Report*, April 13, 2012; Linda Jakobson, Jingchao Peng, "China's Arctic Aspirations," *SIPRI Policy Paper*, November, 2012; Marc Lanteigne, "China's Emerging Arctic Strategies: Economics and Institutions," Centre for Arctic Policy Studies, University of Iceland, 2014; Heather A. Conley, Caroline Rohloff, "The New Ice Curtain: Russia's Strategic Reach to the Arctic," Center for Strategic and International Studies, 2015; Alexander Pilyasov, Alexander Kotov, "The Russian Arctic: Potential for International Cooperation," Russian International Affairs Council, 2015.

② "Declaration on the Establishment of the Arctic Council," https://oaarchive. arctic-council. org/handle/11374/85.

③ 郭培清、孙凯:《北极理事会的"努克标准"和中国的北极参与之路》,《世界经济与政治》2013年第12期。

务的参与，①成为阻碍域内外国家开展合作的重要因素。

2. 近北极国家

对北极事务感兴趣的域外国家局限于"非北极国家"身份，在参与包括北极理事会在内的北极事务时，常被视为"外来者"，按照规则基本上只能旁听而没有表决权。"近北极国家"的提出，暗示中国与其他距离更为遥远的"非北极国家"之间的区别，②意在拉近与"北极国家"的身份距离，是有意突破"非北极国家"身份局限的一种积极尝试，因此具有更好的针对性。然而，判定"近北极国家"的标准却比较模糊，国内学者柳思思在论证这一概念时指出，判定一国是否属于"近北极国家"的标准包括地理位置上属于北半球国家、地缘政治上与北极密切相关、经贸上高度关注北极航道三项，③其模糊性主要体现在："近北极国家"身份面临究竟如何判断"远近"的问题，地缘政治上与北极密切相关一项中的"密切"以及经贸上高度关注北极航道的"高度关注"也缺乏相应标准。中国人民大学王新和博士曾指出，"近北极国家"包含"北极国家"这一概念，可视为后者的衍生品，④因此并未突破"北极国家"框定的游戏规则。即便如此，这一身份依然面临着能否被"北极国家"接受的不确定性。部分国外学者使用"虽然距离遥远，但中国声称自己是'近北极国家'"来表达其疑虑，⑤还有一

① 赵宁宁、欧开飞：《冰岛与北极治理：战略考量及政策实践》，《欧洲研究》2015 年第 4 期；Nadezhda Filimonova, "Prospects for Russian-Indian Cooperation in the High North：Actors，Interests，Obstacles," *Maritime Affairs：Journal of the National Maritime Foundation of India* 11（1），（2015）：102.

② 陆俊元：《北极地缘政治与中国应对》，时事出版社，2010，第 338~340 页；《中国或是北极航道最大潜在用户——专访中国极地研究中心极地战略研究室主任张侠》，《新民晚报》2015 年 12 月 12 日。

③ 柳思思：《"近北极机制"的提出与中国参与北极》，《社会科学》2012 年第 10 期。

④ 王新和：《国家利益视角下的中国北极身份》，《太平洋学报》2013 年第 5 期。

⑤ Gwynn Guilford, "What is China's Arctic Game Plan?" http：//www. theatlantic. com/china/archive/2013/05/what-is-chinas-arctic-game-plan/275894/；Andreas Kuersten, "Russian Sanctions, China, and the Arctic," http：//thediplomat. com/2015/01/russian-sanctions-china-and-the-arctic/.

些学者甚至担忧这一身份的提出表明中国将挑战北极地区现状,① 由此可见,"近北极国家"身份尚面临质疑。问题的关键还在于,相较在北极地区拥有领土的域内国家,中国的最北端与北极圈仍然相距约 900 英里 (约 1448 千米),② 因此仅仅在地理的意义上强调与其他距离更为遥远的"非北极国家"之间的区别,并不能为自身参与北极事务提供更多合法性。事实上,虽然在北极圈内没有领土,但由于领土最北端距北极圈仅 320 海里 (592 千米),英国认为自己是距离北极最近的国家,因此也自视为"近北极国家"。③ 同英国相比,中国与北极圈的距离显然更为"遥远",既然有比中国更加靠近北极圈的"非北极国家",中国通过凸显自己同更为遥远的国家之间的差别来论证自身"近北极国家"身份的合理性,便很难不受外界质疑。此外,目前也只有中国和英国明确表明自己是"近北极国家",包括日本、韩国、德国以及法国等在内的更多域外国家对这一身份反应相对冷淡,据此,这一身份也面临能否被国际社会广泛接受的问题。

(二) 中国构建新北极身份的原因

当今国际社会的发展,早已形成"你中有我我中有你"的新局面,从某种程度上讲,任何地区事务都与全球发展紧密相关,这一点尤其明显地体现在北极事务中,北极事务兼具地区属性与全球属性。一方面,造成北极地区众多问题的根源并不在本地区,而在北极地区之外;④ 另一方面,包括气候变化、环境保护、中北冰洋不管制公海渔业管理、北极地区可持续发展等在内的北极事务,其影响具有全球性,因此国际社会有权利也有义务参与这

---

① Marc Lanteigne, "Respect, Co-operation and Win-win," http://arcticjournal. com/opinion/1911/respect-co-operation-and-win-win.

② Gwynn Guilford, "What is China's Arctic Game Plan?" http://www. theatlantic. com/china/archive/2013/05/what-is-chinas-arctic-game-plan/275894/.

③ "Responding to a Changing Arctic," the Authority of the House of Lords, February 27, 2015, p. 91.

④ Oran R. Young, "The Arctic in Play: Governance in a Time of Rapid Change," *The International Journal of Marine and Coastal Law* 24 (1), (2009): 436.

些事务，共同合作以应对这些问题。美国联邦政府也将其担任北极理事会轮值主席国期间的工作主题定为"同一个北极：机会共享，挑战共对，责任共担"。① 美国官员曾多次表示欢迎中国、印度等国家参与北极事务，共同应对气候变化这一全人类面临的威胁与挑战。中国近几十年的发展取得了巨大成就，国际地位随之提高，中国将在全球治理中扮演什么角色，成为中国不得不面对的问题。"中国威胁论""修昔底德陷阱"等问题出现的重要原因，便是国际社会对中国身份的不确定性的担忧。因此，中国需要通过明确自己的身份和角色，增信释疑，获得更多的认同和合作。就北极事务而言，中国也面临着回答"我是谁"的问题，并向国际社会表明中国将在该地区发挥怎样的作用，承担怎样的责任和义务。

中国在参与北极事务过程中被赋予的身份，如"非北极国家""近北极国家""北极圈外国家""非北冰洋沿岸国家"等，蕴含着无法改变的地理状况这一事实，然而从另外一个角度看，这些身份始终难以脱离作为"北极国家"的"他者"定位功能，因此，不能简单地从地理事实视角看待这些身份。从身份的概念出发考虑，"非北极国家"本身便是"北极国家"对参与北极事务的国家群体进行分类的结果，"北极国家"是加拿大、丹麦、芬兰、冰岛、挪威、俄罗斯、瑞典和美国这八个国家形成的"自我群体"的代名词，而"非北极国家"则是除以上八国之外的"他者群体"的代名词。集体身份越强烈，集体内成员同集体外成员的"我者—他者"区别就越明显。一些"北极国家"试图通过强化这种"我者—他者"区别，增强对"北极国家"这一"自我群体"的认同与情感，并期望通过不断加强"北极国家"之间的合作，排斥"非北极国家"对北极事务的参与。就北极理事会而言，2011 年以来"北极国家"通过主导理事会的机构改革和角色定位转变，进一步夯实了"北极国家主导、原住民全程参与、非北极国家无实权"的等级关系。② 加拿大在担任北极理事会轮值主席国期间对"非北

---

① "One Arctic: Shared Opportunities, Challenges and Responsibilities," http://www.state.gov/e/oes/ocns/opa/arc/uschair/.

② 赵宁宁、欧开飞：《冰岛与北极治理：战略考量及政策实践》，《欧洲研究》2015 年第 4 期。

极国家"参与便讳莫如深，其主导成立的北极经济理事会也未给予"非北极国家"更多关注。[1] 俄罗斯对"非北极国家"参与北极事务抱持异常复杂的心态，一方面对这些国家的参与戒心重重，如反对印度提出的修改北极理事会决策程序的建议，以避免其权利受到影响，试图将合作对象重点放在北极国家；另一方面又由于其与西方国家关系持续恶化，从而不得不与"非北极国家"就北极开发等事务开展合作。[2] 身份建构是内在建构与外在承认的综合过程，然而在"非北极国家"身份的形成与发展中，更多地表现为域外国家被"北极国家"贴上"非北极国家"标签，这些国家本身并无意愿获得这一身份，因此在"非北极国家"身份的形成与发展过程中，始终缺乏身份所有者的积极认同。相反，这一身份导致域外国家在参与北极事务时面临被质疑与排斥的境况，若放任这种"我者—他者"身份差异持续下去，最终形成固化心理，将使域外国家在参与北极事务过程中面临更多困难，"非北极国家"群体与"北极国家"群体的矛盾也极有可能增长。

此外，"北极八国"内部也存在一个更小的国家集团，美国、俄罗斯、加拿大、挪威和丹麦（格陵兰岛）五个北冰洋沿岸国于 2008 年召开有关北极议题的伊卢利萨特会议，便将冰岛、瑞典和挪威排除在外，形成"北极五国"集团。[3] 2015 年 7 月这五个国家签署《关于防止中北冰洋不管制公海捕鱼的宣言》，也将上述三国排除在外。因此冰岛、瑞典和挪威也需要建构一种新的集体身份，以模糊"北极五国""北极八国"之间的界限。

因此，就北极事务而言，中国需要建构的新身份肩负双重使命。首先，中国需要向地区乃至国际社会表明"我是谁"，以及"我将发挥怎样的作用"；其次，中国建构的新身份还需承担弱化北极地区已经形成的"北极国家—非北极国家"这一"我者—他者"界限的使命，这意味着新身份也是

---

[1] 郭培清、董利民：《北极经济理事会：不确定的未来》，《国际问题研究》2015 年第 1 期。

[2] Nadezhda Filimonova, "Prospects for Russian-Indian Cooperation in the High North: Actors, Interests, Obstacles," *Maritime Affairs: Journal of the National Maritime Foundation of India* 11 (1), (2015): 102.

[3] Oran R. Young, "The Arctic in Play: Governance in a Time of Rapid Change," *The International Journal of Marine and Coastal Law* 24 (1), (2009): 428.

增强关注北极事务的国家、组织之间情感、信任与合作的方式，从这一层面看，这一新身份也需获得国际社会的支持与认可，同时这一身份为相关国家、组织参与北极事务提供了一种全新的思路。

三　中国"北极利益攸关者"身份建构

以"利益攸关者"论述北极事务各参与方，将所有参与方建构到"利益攸关者"这个"内群体"身份中，有助于打破"我者—他者"简单二元身份逻辑，突破既有的"北极国家—非北极国家"对立划分方式；加强在"利益攸关者"这一集体身份下的认同，消解既有"北极国家"对"非北极国家"的歧视，有助于推动各方加强合作；就中国参与北极事务而言，这一身份还可以增强我国参与北极事务的合理性。同时，这一新身份有助于建构北极地区国家及人民对包括中国、欧盟、日本、韩国等行为体在内的新的角色期待与行为预期，增进双方之间的理解与互信。此外，相较"非北极国家""近北极国家"等，"北极利益攸关者"身份也更加符合我们对自身利益及行为的界定和预期，促使我们认真思考自己在北极治理中的地位和作用，北极对中国而言不再是遥远的北方，而是关乎我国切身利益且需要我们密切关注的地区。国内学者王新和在2013年便提出过中国作为北极地区"利益攸关者"的身份，[①] 随后中国海洋大学孙凯副教授也曾提出过这一身份，[②] 然而这两位学者对中国的"利益攸关者"身份并未进行充分阐释。当时，中国的北极身份问题并没有引起足够重视，这一新身份也未能引起国内学术界及官方重视。随着中国对北极事务日趋深入的参与，身份问题的重要性日益凸显。在此背景下，笔者2015年在"国际极地与海洋门户"网站撰文提出中国应少用"非北极国家"标识自己，而应突出"利益攸关者""负

---

① 王新和：《国家利益视角下的中国北极身份》，《太平洋学报》2013年第5期。
② 孙凯：《参与实践、话语互动与身份承认——理解中国参与北极事务的进程》，《世界经济与政治》2014年第7期。

责任大国"等形象,① 随即受到国内外学者、官方广泛关注。中国外交部部长王毅在第三届北极圈论坛大会开幕式上通过视频致辞时指出:"中国是北极的重要利益攸关方。"② 外交部副部长张明在该大会的中国国别专题会议上作主旨发言时,也表示中国是重要的"北极利益攸关方"。③ 这表明"北极利益攸关者"身份已成为中国政府部门的共识。本节从"利益攸关者"的概念及构成标准出发,首先论证中国"北极利益攸关者"身份的合理性,进而结合身份理论,对中国"北极利益攸关者"身份的内在建构与外在承认进行分析。

(一)"利益攸关者"概念及标准

利益相关者原本是管理学中的概念。20 世纪 80 年代,美国学者爱德华·弗里曼对利益相关者给出了一个较为宽泛的定义,"任何能够影响公司目标的实现,或者受公司目标实现影响的团体或个人",都可称为该公司的"利益相关者",④ 此后这一概念得到学术界普遍认可。2005 年 9 月,时任美国助理国务卿佐利克就中美关系发表讲话时,首次提及美国应当敦促中方成为既有国际体系"负责任的利益攸关者",主张以务实态度对待中国,⑤ 利益攸关者概念被正式引入国际政治领域,并逐渐受到国内外学术界关注。

① 董利民:《中国应少用"非北极国家"标识自己》,国际极地与海洋门户网,http://www.polaroceanportal.com/article/201;郭培清:《中国姿态开放 弱化对华北极活动恶意解读》,环球网,http://world.huanqiu.com/exclusive/2015-09/7517239.html。

② 《王毅部长在第三届北极圈论坛大会开幕式上的视频致辞》,外交部网站,http://www.fmprc.gov.cn/web/wjbzhd/t1306854.shtml。

③ 《外交部副部长张明在"第三届北极圈论坛大会"中国国别专题会议上的主旨发言》,外交部网站,https://www.mfa.gov.cn/web/ziliao_674904/zyjh_674906/201510/t20151017_7945486.shtml。

④ 〔美〕R. 爱德华·弗里曼:《战略管理:利益相关者方法》,王彦华、梁豪译,上海译文出版社,2006,第 30 页。

⑤ Robert B. Zoellick, "Whither China: From Membership to Responsibility?" http://2001-2009.state.gov/s/d/former/zoellick/rem/53682.htm.

（二）中国何以为"北极利益攸关者"

借鉴弗里曼的经典定义，我们可将国际政治中的"利益攸关者"简单定义为："任何影响一国目标、利益的行为体或事务，或者受该国行为影响的国际社会中任何一方或事务。"①

对本文而言，弗里曼给出的"利益相关者"定义显然过于宽泛，我们无法据此对其进行衡量。这里，我们引入管理学界三位学者罗纳德·米歇尔（Ronald K. Mitchell）、布莱德利·阿格尔（Bradley R. Agle）、唐娜·伍德（Donna J. Wood）给出的分析框架，对中国的"北极利益攸关者"身份进行分析。经过对既有研究的分析与综合，他们提出了成为"利益攸关者"需要满足的三项标准：合理性、影响力和紧急性。具体而言，合理性标准指行为体是否拥有参与特定事务或获取特定利益的合理权利，并且其行为是否符合社会规则、价值以及信念等；影响力标准指行为体是否拥有影响特定国际事务或利益的地位、能力、资源和相应手段；紧急性标准指事务发展已经影响到行为体利益，拖延解决将对行为体造成严重后果。② 有学者认为："一个有意义的利益攸关者，至少需要满足以上一项标准，否则就是无效的利益攸关者，不值得重视。"③

上文给出了"利益攸关者"的三项标准：合理性、影响力和紧急性。就北极事务而言，中国能否被视为"利益攸关者"，我们将依据这三项标准逐一进行分析。

首先，中国满足"北极利益攸关者"的合理性标准。当前，全球气候变化已经成为不争的事实，北极地区因其独特的自然条件和地理位置，在全

---

① 〔美〕罗伯特·爱德华·弗里曼：《战略管理：利益相关者方法》，王彦华、梁豪译，上海译文出版社，2006，第 30 页。

② Ronald K. Mitchell, Bradley R. Agle, Donna J. Wood, "Toward a Theory of Stakeholder Identification and Salience: Defining the Principle of Who and What Really Counts," *The Academy of Management Review* 22 (4), (1997): 854-867；转引自高尚涛《外交决策分析的利益相关者理论》，《社会科学》2016 年第 1 期。

③ 高尚涛：《外交决策分析的利益相关者理论》，《社会科学》2016 年第 1 期。

球气候变化过程中扮演着十分重要的角色。中国近几年频繁发生的极端天气，与北极气候变暖引起的海冰消融以及大气环流异常密切相关。① 因此，开展北极科学研究、参与气候变化治理是中国不得不面对的议题。北冰洋海冰消融为北极海上活动提供了可能性，包括对北极航道以及海洋生物资源的利用等。作为全球航运大国以及国际海事组织 A 类理事国，参与制定保障海上航行安全、保护海洋环境等方面的《极地规则》，是中国理应承担的责任和义务。北极海洋生物资源利用可能性的增加，使得如何实现中北冰洋不管制公海生物资源的养护以及防止未受管制的捕捞活动，成为摆在国际社会面前的重要议题。根据《联合国海洋法公约》等国际法，中国对中北冰洋不管制公海生物资源的养护与利用既享有权利也负有国际义务。② 因此，中国还应积极参与相关海域渔业协定的协商与制定。此外，北极地区还面临着经济开发与生态环境保护之间的协调、维护原住民合法权益等多重问题，作为负责任的大国，中国应当密切关注这些问题，推动北极地区实现可持续发展。此外，中国、欧盟等利益攸关者的参与，也是实现对北极地区更加有效治理的需要。③

就社会规则而言，北极地区相关治理机制可以划分为全球性与区域性两类：就全球性治理机制而言，北冰洋沿岸五国（加拿大、丹麦、俄罗斯、挪威、美国）外长于 2008 年 5 月签署的《伊卢利萨特宣言》明确表示："在外大陆架划界、海洋环境保护、冰封区域、自由航行权、海洋科学研究和其他对海洋的使用等方面，海洋法都为其提供了权利和义务规定，因此没有必要再设置一个综合的国际法律制度来管理北冰洋。"④ 这意味着五国承

---

① 秦大河、周波涛、效存德：《冰冻圈变化及其对中国气候的影响》，《气象学报》2014 年第5 期；武炳义、杨琨：《从 2011/2012 和 2015/2016 年冬季大气环流异常看北极海冰以及前期夏季北极大气环流异常的作用》，《气象学报》2016 年第 5 期。

② 唐建业：《北冰洋公海生物资源养护：沿海五国主张的法律分析》，《太平洋学报》2016 年第 1 期。

③ Oran R. Young, "The Arctic in Play: Governance in a Time of Rapid Change," *The International Journal of Marine and Coastal Law* 24（1），（2009）：430-441.

④ Arctic Ocean Conference, "The Ilulissat Declaration," Ilulissat, Greenland, May 27-29, 2008.

诺在北极地区遵守包括《联合国海洋法公约》在内的国际海洋法，此外，涉及北极地区的全球性治理框架还包括《联合国气候变化框架公约》《保护臭氧层维也纳公约》《生物多样性公约》等；就地区治理机制而言，北极地区形成了包括《斯匹次卑尔根群岛条约》、北极理事会和国际海事组织主持制定的航运规则等在内的多元治理结构。中国无一例外地参加了上述重要的国际性条约和国际组织，并努力维护以现有国际法为基础的北极治理体系。除此之外，中国在参与北极事务过程中奉行尊重、合作与共赢的政策理念，① 具体而言，中国坚持推进探索和认知北极、倡导保护与合理利用北极、尊重北极国家和北极原住民的固有权利、尊重北极域外国家的权利和国际社会的整体利益和建构以共赢为目标的多层次北极合作框架等政策主张，② 致力于推动地区的可持续发展，努力使中国成为北极事务建设性的参与者与合作者。这些均符合北极地区发展的价值理念。

其次，中国满足"北极利益攸关者"的影响力标准。改革开放以来，中国综合实力不断提升，我们以美国为参照系对此进行观察，从国内生产总值、按购买力平价衡量的国民总收入、外贸总额、工业总产值和国防开支五个指标性数据对两国进行比较。中国在国内生产总值、国防开支两方面目前仍落后于美国，不过数据显示，两国近十年内的差距明显缩小，2014 年中国国防开支已经达到美国的 1/3 还多，③ 国内生产总值由 2004 年不到美国的16% 迅速增长为接近美国的 60%。④ 在其他三项指标上，中国均于近几年已经超过美国：按购买力平价衡量的国民总收入于 2014 年超过美国，⑤ 这是美国自 1872 年超越英国成为世界第一后，首次有国家超过美国；中国的外

---

① 《王毅：中国秉承尊重、合作与共赢三大政策理念参与北极事务》，外交部网站，https：//www. mfa. gov. cn/web/wjbzhd/201510/t20151017_352679. shtml。

② 《外交部副部长张明在"第三届北极圈论坛大会"中国国别专题会议上的主旨发言》，外交部网站，https：//www. mfa. gov. cn/web/ziliao_674904/zyjh_674906/201510/t20151017_7945486. shtml。

③ Sam Perlo-Freeman，Aude Fleurant，Pieter D. Wezeman and Siemon T. Wezeman，"Trends in World Military Expenditure 2014，" SIPRI Fact Sheet，April，2015，p. 2.

④ "World Development Indicators：Population Dynamics，" World Bank，June 14，2015.

⑤ "World Development Indicators：Population Dynamics，" World Bank，June 14，2015.

贸总额于 2013 年超过美国,[①] 2014 年中国的工业总产值已经是美国的126%。[②] 与此同时,中国的国际地位以及参与国际事务的意愿与能力大幅提升。在此背景下,中国对包括北极事务在内的全球事务的影响力与日俱增。英国前首相布莱尔曾表示:"中国现在已经成为世界上重要的领导力量,如果没有中国的参与,很多国际大事无法得到解决,不管是经济还是安全方面,中国无疑起到中心协调的角色。"[③] 就北极地区而言,中国在应对气候变化、协商中北冰洋不管制公海渔业协议、推动北极地区可持续发展以及参与国际海事组织制定《极地规则》等方面,发挥着越来越重要的作用;中国的市场、资金乃至技术优势,意味着中国在促进地区经济发展方面拥有相当大的潜力。中国政府在《中华人民共和国国民经济和社会发展第十三个五年规划纲要》中提出:"中国将积极参与国际和地区海洋秩序的建立和维护……积极参与网络、深海、极地、空天等领域国际规则制定……深度参与全球气候治理,为应对全球气候变化作出贡献。"[④] 这意味着,中国在这些领域将更加积极作为,对北极事务的影响力也将得到进一步提升。正如奥兰·扬(Oran Young)所说:"由于北极事务自身的全球属性,以及中国、欧盟等力量在北极事务中的重要作用,由北极国家单独主导北极事务的时代已经过去,这些国家终将被迫接受这一事实,纵使美国也无力改变这一局面。"[⑤]

最后,中国满足"北极利益攸关者"的紧急性标准。北极地区气候变化及其引起的一系列后果,已经对包括中国在内的世界各国气候、环境和安全造成严重影响。中美两国于 2014 年签署的《中美气候变化联合声明》明

① United Nations, "2013 International Trade Statistics Yearbook," June, 2014, pp. 4-12.

② Statistics Times, "List of Countries by GDP Sector Composition," http://statisticstimes.com/economy/countries-by-gdp-sector-composition.php.

③ 《克林顿"点赞"习近平:反腐一块要给他鼓鼓掌》,大公网,http://news.takungpao.com/world/exclusive/2014-07/2632396.html。

④ 《中华人民共和国国民经济和社会发展第十三个五年规划纲要》,新华网,http://news.xinhuanet.com/politics/2016lh/2016-03/17/c_1118366322.htm。

⑤ Oran R. Young, "The Arctic in Play: Governance in a Time of Rapid Change," *The International Journal of Marine and Coastal Law* 24 (1), (2009): 430-432.

确表示："全球气候变化是人类面临的最大威胁……应对气候变化同时也将
增强国家安全和国际安全。"[1] 北京大学张海滨教授认为："由气候变化及其
导致的一系列问题，已经对中国的国土、军事、社会、经济、生态、资源、
政治以及核安全等产生了诸多负面影响。"[2] 北极作为地球物理环境的重要
组成部分，因其独特的自然条件和地理位置，在全球气候变化过程中的作用
不言而喻，扮演着全球生态环境变化指南针与晴雨表的角色，北极地区也因
全球气候变暖再次受到国际社会关注。由气候变化引起的北极生态、资源、
地缘政治等问题，促使应对北极地区的安全风险成为全球治理的重要议
题。[3] 北极之于中国的重要性主要体现在气候变化及其引起的一系列全球性
反应方面。北极地区环境变化对中国的国家安全已经造成实质性影响，同济
大学夏立平教授指出："北极冰盖融化致使中国恶劣天气增多，造成更多的
自然灾害，已经严重影响到中国的生态安全以及粮食安全，而从长远看，由
于北极冰盖融化导致的全球海平面上升，将导致中国沿海岛屿以及海岸线面
临被海水淹没的危险。"[4] 此外，由气候变暖导致的北极冻土融化将释放出
大量"超级病毒"，这些"超级病毒"有可能影响到全人类的健康。[5] 诸如
此类且尚未被发现的潜在威胁还有很多，若不尽早采取预防措施，将可能造
成严重后果，这也必将影响包括中国在内的国际社会。另外，中国正在积极
实施的各种应对气候变化的措施，也将影响到包括北极在内的全球气候
变化。

---

[1] 《中美气候变化联合声明（全文）》，中国政府网，https://www.gov.cn/xinwen/2014-11/13/content_2777663.htm。

[2] 张海滨：《气候变化对中国国家安全的影响——从总体国家安全观的视角》，《国际政治研究》2015 年第 4 期。

[3] 于宏源：《气候变化与北极地区地缘政治经济变迁》，《国际政治研究》2015 年第 4 期。

[4] 夏立平：《北极环境变化对全球安全和中国国家安全的影响》，《世界经济与政治》2011 年第 1 期。

[5] James L. Van Etten (ed.), "In-depth Study of Mollivirus Sibericum, a New 30, 000-y-old Giant Virus Infecting Acanthamoeba," *Proceedings of the National Academy of Sciences* 112 (38), (2015); Rachel Feltman, "A Giant Ancient Virus was Just Uncovered in Melting Ice and It won't be the Last," https://www.washingtonpost.com/news/speaking-of-science/wp/2015/09/09/an-ancient-giant-virus-was-just-uncovered-in-melting-ice-and-it-wont-be-the-last/.

上述分析表明，中国符合"北极利益攸关者"的构成标准，并且已经成为深受北极变化影响，且能够影响北极事务发展趋势的重要"利益攸关者"。

（三）中国"北极利益攸关者"身份的构建

根据上文，中国目前被赋予的"非北极国家"等身份，已经使我们与所谓"北极国家"之间形成"我者—他者"身份差异。若长此以往，不仅将影响中国在北极地区这一重要的全球治理区域负责任国家角色的扮演，更有可能影响中国北极利益的维护。因此，建构更具包容性的身份已经成为中国北极活动的一项重要任务，"北极利益攸关者"身份的出现可谓恰逢其时。中国应努力推动"北极利益攸关者"身份的内在建构，并通过积极参与北极事务，争取获得更多外在承认。

首先，中国正在积极推动"北极利益攸关者"身份的内在建构。身份的内在建构包括主观与客观两方面因素，主观因素在一定程度上又依赖于客观因素的存在。在上文中，我们已经根据构成"利益攸关者"的合理性、影响力和紧急性标准，对中国的"北极利益攸关者"身份进行了论证，这一分析主要建立在客观事实基础上，因此不再对身份建构过程中的客观因素进行叙述。既然中国满足成为"北极利益攸关者"的客观条件，那么建立在这一客观事实基础上的主观认知的建构也就相对容易。哥伦比亚大学哲学系教授阿吉尔·比尔格拉米（Akeel Bilgrami）认为："在身份建构过程中，内在建构的主观因素主要依赖于建构者对自己的认知。"① 就此而言，由于近年来在参与北极事务中，因"非北极国家""近北极国家"等身份带来的诸多不便与限制，中国学者以及政府已经意识到建构"北极利益攸关者"身份的重要性，并发出了清晰的声音。在学者多次提出建构中国的"北极利益攸关者"身份后，外交部部长王毅和副部长张明于 2015 年 10

---

① Akeel Bilgrami, "Notes Toward the Definition of 'Identity'," *Daedalus* 135 (4), (2006): 5.

月召开的第三届北极圈论坛大会上均明确表示，"中国是北极的重要利益攸关方"。① 在 2016 年召开的第四届北极圈论坛大会上，中国外交部气候变化谈判特别代表高风再次强调上述立场。②

其次，争取国际社会承认"北极利益攸关者"身份。作为身份建构的有机组成部分，"外在承认"显得格外重要。新身份的建构耗时旷日持久，并且面临着部分国家不愿轻易接受的困难，需要建构者持之以恒的努力，不断争取国际社会对新身份的认可与支持。虽然中国近几年才开始"北极利益攸关者"身份的话语建构，但中国参与北极事务进程的开启却可以追溯至 20 世纪 20 年代，即成为《斯匹次卑尔根群岛条约》缔约国。1949 年后，政府部门组织的北极考察活动开始于 20 世纪 90 年代，其后参与范围及深度不断拓展：在科学研究领域，中国于 1996 年加入国际北极科学委员会，积极参与北极科研合作，截至 2016 年已进行了 7 次北极科考活动，并设立了黄河科考站，还于 2016 年参加了由美国主导的北极科学部长级会议；在气候变化与环保领域，中国是《保护臭氧层维也纳公约》《联合国气候变化框架公约》《生物多样性公约》等多项涉及北极气候变化及环境保护的国际条约缔约国，并积极履行相关义务；在航运领域，中国在《极地规则》的制定过程中发挥了建设性作用，并积极探索利用北极航道；中国在 2013 年被接纳为北极理事会观察员后，积极参与理事会及其工作组有关工作，此外还积极参与北极地区资源开发及原住民保护、中北冰洋不管制公海渔业管理的协商等事务，努力推动地区可持续发展。中国持之以恒地开展北极活动及参与北极治理，为获得国际社会对"利益攸关者"身份的承认提供了强有力支撑。

---

① 《王毅部长在第三届北极圈论坛大会开幕式上的视频致辞》，外交部网站，https：//www.mfa. gov. cn/web/wjbzhd/201510/t20151017_352676. shtml；《外交部副部长张明在"第三届北极圈论坛大会"中国国别专题会议上的主旨发言》，外交部网站，https：//www. mfa. gov. cn/web/ziliao_674904/zyjh_674906/201510/t20151017_7945486. shtml。
② 《外交部气候变化谈判特别代表高风率团出席第四届北极圈论坛大会》，外交部网站，https：//www. fmprc. gov. cn/wjbxw_673019/201610/t20161026_383486. shtml。

中国建构"北极利益攸关者"身份，应积极争取北极八国的认可。北极八国中加拿大将其他北极国家视为重点合作对象，对中国参与北极事务的态度相对保守，① 俄罗斯对中国参与北极事务持非常矛盾的心态，② 这两个国家更愿将中国视为北极地区的"外来者"或北极事务的"他者"（即非北极国家）。近年来，中俄两国建立了全面战略协作伙伴关系，双方互信程度不断提高，合作项目和经贸活动不断增多，在此背景下，中俄两国在北极领域的合作也取得一些进展。目前，俄罗斯国内支持中俄两国加强北极合作的一派逐渐占据优势，俄罗斯政府高官近年来多次表态欢迎中国参与北极开发，这些转变为双边合作持续推进注入更大动力，③ 也有助于推动俄罗斯接受中国的"北极利益攸关者"身份。冰岛、挪威、瑞典、芬兰、丹麦这北欧五国，在对待中国参与北极事务问题上则持相对开放态度，并积极吸引中国投资其北极开发项目，④ 丹麦在其北极政策文件中更是明确指出欧盟、中国、日本和韩国等为"利益攸关者"。⑤ 美国联邦政府关注北极地区的最大动力来自维护其全球领导地位以及对气候变化的关注，⑥ 中美双方在应对气候变化领域存在共同利益，⑦ 时任美国国务卿克里曾在北极理事会部长级会议上强调："美国将同中国等国家开展合作，共同应对气候变化。"⑧ 美国学者乃至官方并不避讳使用

---

① 郭培清、董利民：《北极经济理事会：不确定的未来》，《国际问题研究》2015 年第 1 期。

② Nadezhda Filimonova，"Prospects for Russian-Indian Cooperation in the High North：Actors，Interests，Obstacles，" *Maritime Affairs*：*Journal of the National Maritime Foundation of India*，11 （1），（2015）：102.

③ 《美媒：俄罗斯转变立场 吸引中国共同开发北极》，观察者网，https：//www. guancha. cn/Neighbors/2016_10_03_376095. shtml；《专家：中俄北极领域的合作实现历史性突破》，俄罗斯卫星通讯社网，http：//sputniknews. cn/china/201609301020861852/。

④ 郭培清、董利民：《北极经济理事会：不确定的未来》，《国际问题研究》2015 年第 1 期。

⑤ Ministry of Foreign Affairs，Denmark，"Kingdom of Denmark Strategy for the Arctic 2011 – 2020"，p. 54.

⑥ 郭培清、董利民：《美国的北极战略》，《美国研究》2015 年第 6 期。

⑦ 王联合：《中美应对气候变化合作：共识、影响与问题》，《国际问题研究》2015 年第 1 期。

⑧ John Kerry，"Remarks at the Presentation of the U. S. Chairmanship Program at the Arctic Council Ministerial，" http：//www. state. gov/secretary/remarks/2015/04/241102. htm.

"利益攸关者"一词称呼包括中国在内的北极事务参与方。[1] 美国国务院北极事务特别代表罗伯特·帕普（Robert Papp）也表示："基于北极事务的全球属性，美国有意将受北极变化影响的部分域外国家纳入北极治理机制中，以便加强合作。"[2] 特别是近几年来，中国已经深入参与到北极议题中。2015年8月31日，美国组织召开的"北极全球领导力大会"，中国学者和官员获邀参加。[3] 为达成《预防中北冰洋不管制公海渔业协定》，加拿大、中国、丹麦、欧盟、冰岛、日本、韩国、挪威、俄罗斯和美国已经举行了数轮"十方会议"，就相关问题进行讨论。[4] 2016年9月在美国主导下召开的首届北极科学部长级会议，包括北极八国（美国、俄罗斯、加拿大、挪威、瑞典、丹麦、冰岛和芬兰）和其他北极研究主要国家（中国、英国、德国、法国、日本、韩国等）在内的25个国家和地区派出高级别代表团出席会议，并发表《部长联合声明》。[5] 这表明：美国、加拿大以及俄罗斯等北极国家，在事实上已经承认中国在气候变化、科学合作以及渔业等北极问题上就是重要的"利益攸关者"。中国正在并应进一步积极利用各种契机，更加广泛深入地参与各项北极议题，进一步夯实自己的"北极利益攸关者"身份。

---

[1] John Kerry, "Remarks at the U. S. Chairmanship of the Arctic Council Reception," http：//www. state. gov/secretary/remarks/2015/05/242731. htm; Center for Strategic and International Studie, "The New Foreign Policy Frontier U. S. : Interests and Actors in the Arctic," http：//csis. org/files/publication/130307_Conley_NewForeignPolFrontier_Web_0. pdf, p. 7; Oran R. Young, "The Arctic in Play：Governance in a Time of Rapid Change," *The International Journal of Marine and Coastal Law*, 24 (1), (2009)：429–430.

[2] Kevin McGwin, "Arctic Council Mr Consistency," http：//arcticjournal. com/politics/2605/mr-consistency.

[3] U. S. Department of State, "Conference on Global Leadership in the Arctic," http：//www. state. gov/e/oes/glacier/index. htm.

[4] "Meeting on High Seas Fisheries in the Central Arctic Ocean," http：//arcticjournal. com/press-releases/2733/meeting-high-seas-fisheries-central-arctic-ocean; European Commission, "The EU Engages in the Third Round of Negotiations to Prevent Unregulated Fishing in the Arctic High Seas," https：//ec. europa. eu/maritimeaffairs/content/eu-engages-third-round-Negotiations-prevent-unregulated-fishing-arctic-high-seas_en.

[5] United States Arctic Research Commission and Arctic Executive Steering Committee, "Support Arctic Science：A Summary of White House Arctic Science Ministerial Meeting," September 28, 2016.

此外，韩国、日本、印度和新加坡等国近年来也非常关注北极事务，但同中国一样，这些国家也受制于"非北极国家"身份，"北极利益攸关者"身份的提出，也为这些国家提供了建构新身份的契机。在日本看来，由北极国家决定北极事务必然导致其独占，不能充分反映日本的意志和利益。由"北极利益攸关者"决定北极事务最符合其自身利益。① 欧盟也认为自己是北极地区重要的"利益攸关者"，近年来通过申请加入北极理事会、加强同北欧国家政策协调、发布关于北极政策文件、积极参与北极治理等多种途径，为获得国际社会的认可提供合法性基础。② 同这些国家及组织开展合作，既有助于推动新身份的建构，也有助于中国"北极利益攸关者"身份获得更广泛的国际社会的支持。

（四）中国要做"负责任的北极利益攸关者"

为因应冷战结束以及国际社会甚嚣尘上的"中国威胁论"，中国自20世纪90年代中期便开始建构负责任大国身份。③ 近年来，随着中国综合实力的不断提升，在国际社会建设负责任大国形象的议题受到更多关注。习近平指出："随着中国发展，中国将更好发挥负责任大国作用。"④ 杨洁篪曾表示："中国致力于在国际社会发挥建设性、负责任的大国作用，积极承担国际责任和义务体现了中国外交的基本宗旨，揭示了新形势下中国外交的进取方向。"⑤ 积极承担国际责任和义务也被正式写入《中华人民共和国国民经济和社会发展第十三个五年规划纲要》。⑥ 据此，发挥负责任大国作用

---

① 日本國際問題研究所：《北極のガバナンスと日本の外交戦略》，2013 年 3 月，第 6 页。
② "EU Arctic Policy in Regional Context," European Parliament, 2016, p. 5; Kristine Offerdal, "The EU in the Arctic: In Pursuit of Legitimacy and Influence," *International Journal*, 2011, p. 873.
③ 徐正源：《权力与责任：冷战后中国负责任大国身份的建构》，《复旦国际关系评论》2008 年第 1 期。
④ 《习近平提三个"更加积极有为"，发挥中国负责任大国作用》，人民网，http://politics. people. com. cn/n/2014/0715/c1001-25284940. html。
⑤ 杨洁篪：《积极承担国际责任和义务》，《人民日报》2015 年 11 月 23 日。
⑥ 《中华人民共和国国民经济和社会发展第十三个五年规划纲要》，中国政府网，https:// www. gov. cn/xinwen/2016-03/17/content_5054992. htm。

在我国外交活动中已经占据十分重要的地位，成为未来一段时期我国外交努力的方向之一，这也符合国际社会对中国角色的期待。北极气候环境变化固然引起该地区地缘战略重要性上升，以及资源开发、航道利用等经济机会也出现了，但同时我们也应注意到，作为全球治理组成部分的北极地区治理，涵盖包括应对气候变化、推动地区可持续发展等在内的诸多议题，对全球性大国而言，参与上述议题是中国的责任和义务。同国际社会一道共同合作，应对北极地区气候变化，推动地区可持续发展，努力提升该地区人民生活水平，成为摆在中国面前的重要议题。因此，中国不仅仅是"北极利益攸关者"，还应当努力使自己成为"负责任的北极利益攸关者"。与此同时，在北极治理中积极发挥负责任大国角色作用，也有助于推动国际社会理解和接受我国对北极事务的参与，从而增强我国作为地区"利益攸关者"的合理性。事实上，无论在话语建构还是实践中，中国正积极努力扮演负责任的"北极利益攸关者"角色。中国外交部气候变化谈判特别代表高风在2016年第四届北极圈论坛大会开幕式上的讲话中指出："中国将继续秉持尊重、合作与共赢的政策理念，以负责任的态度建设性参与北极治理。"[1] 与此同时，中国通过不断开展多种形式的科学研究活动，以积极的姿态面对气候变化、地区环境保护、航运规则制定、经济开发和原住民权益保护等议题，在地区治理中努力承担与自身实力和地位相匹配的国际责任。

四　余论

身份问题的重要性在于，它作为群体意识观念上的建构，自发形成"内群体"与"外群体"，而通过对这两个群体的对比，又会导致群体内成员更加倾向自己的群体，并歧视群体外成员，进而又进一步加强二者之间的差别，这一身份的划分显然不利于各方之间开展真诚的合作。特别是对包括

---

[1] 《外交部气候变化谈判特别代表高风率团出席第四届北极圈论坛大会》，外交部网站，https：//www.fmprc.gov.cn/wjbxw_673019/201610/t20161026_383486.shtml。

北极事务等在内的全球性治理议题，过分夸大群体成员之间的身份差异，将有可能阻碍成员间合作。然而，包括气候变化、中北冰洋不管制公海渔业管理等在内的全球性议题，并不是某个国家或国家群体能够单独解决的，而是需要国际社会的通力合作。基于此，中国提出"北极利益攸关者"身份，试图通过建构这一新身份，化解各方行为体在北极治理过程中由于身份差异导致的合作不畅，将受北极变迁影响和有能力有意愿影响北极事务的行为体统一纳入到"利益攸关者"群体中，消解"北极国家"对"非北极国家"参与地区治理的误解乃至歧视，增强各方互信，共同推动北极地区的和平合作以及可持续发展。与此同时，"北极利益攸关者"身份的建构，不仅为包括中国、日本、韩国和新加坡等在内的热心参与北极治理的区域外国家提供了一定的理论支撑，也促使这些国家重视参与北极事务时应当承担的国际责任，而不仅仅是利用北极变化的经济机会。值得指出的是，由于身份建构过程的复杂性，虽然中国已经付出很多努力，但"北极利益攸关者"身份尚未获得充分的"外在承认"。这意味着如何确保这一新身份获得充分外在承认仍然是摆在我们面前的难题。

此外，对于本文借鉴的"利益攸关者"概念，虽然国内外学者已经进行过大量研究，然而其中的一些问题仍然需要我们进一步思考，这些问题包括：在"利益攸关者"这一"内群体"中，行为体是否依然存在不同等级或层次，这是否又会导致在这一群体内出现新的"我者—他者"区分？本文借鉴的"利益攸关者"划分标准是否仍然过于宽泛？如何制定更为严格的标准？随着中国的不断发展，参与国际事务的深度与密度必将持续增加，如何处理诸如上述参与身份的议题，还需要我们继续深入研究。

后　记

　　《海洋治理与中国的行动（2023）》是中国海洋大学人文社会科学重点研究团队——"海洋治理与中国"研究团队和中国海洋大学中澳海岸带管理研究中心有关人员的学术作品，以及学术团队外单位成员的研究成果的集成。在时间上，作品基本界定在 2022～2023 年；在内容上，涉及全球海洋治理、海洋环境治理前沿、福岛核污染水治理，以及国际与区域海洋综合管理，是一部从多个学科、多个领域共同研究海洋治理的研究成果，特别反映了中国在这些领域的立场与态度，以及实施效果。其出版对于进一步了解中国在海洋治理上的作为、贡献等有一定的促进作用。

　　回顾近年我们学术团队组织的有关活动和成果，主办的学术活动包括《海洋治理青岛论坛（第四期）：日本福岛核污染水排放所涉法律问题研讨会》（2021 年 10 月 22 日）、《第一届海洋空间规划与海岸带综合管理学术研讨会》（2021 年 11 月 6 日）、《第二届海洋空间规划与海岸带综合管理研讨会》（2022 年 11 月 6 日）和《第三届海洋空间规划与海岸带综合管理学术研讨会》（2023 年 11 月 18 日），以及《海上通道安全问题座谈会》（2023 年 3 月 8 日）、《福岛核污染水有关的法律问题圆桌会议》（2023 年 4 月 8 日）（学术成果《"福岛核污染水有关的法律问题"笔谈》，载《中国海洋大学学报（社会科学版）》2023 年第 4 期）。

　　同时，为贯彻落实习近平总书记于 2022 年 4 月 10 日下午考察中国海洋大学三亚海洋研究院时提出的"建设海洋强国是实现中华民族伟大复兴的重大战略任务"精神，我们于 2023 年 4 月 10 日下午主办了"为加快建设海洋强国贡献智慧暨习近平考察中国海洋大学三亚海洋研究院一周年"座谈会。有关专家学者的发言内容，形成《"中国建设海洋强国的安全环境与保障制度"笔谈》(载《中国海洋大学学报(社会科学版)》2023年第5期)。通过这些学术活动和成果,进一步增强了我们学术团队的凝聚力和创造力,强化了对海洋政治与安全问题的认知和作用,也加强了与外界的联动和合作,希望继续得到社会各界和同人的关注和指导,使我们的工作更上一层楼。

本书的出版得到社会科学文献出版社王绯老师、黄金平编辑的大力支持。他们的热情、高效和精益求精的作风和态度,确保了本书的质量和出版的周期。中国海洋大学"海洋治理与中国"研究团队的李大陆秘书长,张景惠、崔婷、冯元等博士研究生,为本书的编辑和出版也做了较多的工作,作出了较大的贡献。本书的出版得到中国海洋大学一流大学建设专项经费、中国海洋大学海洋发展研究院的资助,在此表示感谢!

总之,本书是集体智慧和合作的产物,感谢各位作者和有关人员的贡献。其中的不足和疏漏等,由作者个人负责,欢迎学界和读者等批评指正。谢谢大家!

中国海洋大学海洋发展研究院

"海洋治理与中国"研究团队首席专家

2023年11月20日于青岛

图书在版编目（CIP）数据

海洋治理与中国的行动. 2023 / 金永明主编. —
北京：社会科学文献出版社，2024.7. -- ISBN 978-7
-5228-3907-3

Ⅰ. P7

中国国家版本馆 CIP 数据核字第 202461BX63 号

海洋治理与中国的行动（2023）

主　　编／金永明
执行主编／李大陆

出　版　人／冀祥德
责任编辑／黄金平
责任印制／王京美

出　　版／社会科学文献出版社·文化传媒分社（010）59367004
　　　　　地址：北京市北三环中路甲 29 号院华龙大厦　邮编：100029
　　　　　网址：www.ssap.com.cn
发　　行／社会科学文献出版社（010）59367028
印　　装／三河市龙林印务有限公司

规　　格／开　本：787mm×1092mm　1/16
　　　　　印　张：16.5　字　数：251 千字
版　　次／2024 年 7 月第 1 版　2024 年 7 月第 1 次印刷
书　　号／ISBN 978-7-5228-3907-3
定　　价／98.00 元

读者服务电话：4008918866